教师教育系列教材

U0655865

数学史概论

何春艳　朱　刚　主　编

于海杰　杨海鹏

彭爱波　杨跃义　副主编

清华大学出版社

北京

内 容 简 介

本书以小学数学教材中涉及的数学史为切入点介绍了中外数学家及其主要数学成就、中国古典数学著作的主要内容，以及中国古典名题的出处和原文的解决方法，从数学的维度展现了中华优秀传统文化的魅力。本书包括 18 个独立主题，主题之间没有必然的逻辑关系，方便教师与学生选取合适的章节进行教学和阅读。每个主题都附有对应的教学案例供参考，并配有巩固练习题，以便读者检测学习效果。

本书实用性较强，可以作为小学教育专业、学前教育专业以及数学专业的数学史课程的教材，也可以作为一线数学教师的参考书，还可以作为数学史爱好者的兴趣读物。

图书在版编目(CIP)数据

数学史概论 / 何春艳，朱刚主编. -- 北京 ：清华大学出版社，2025.6.
(教师教育系列教材).
ISBN 978-7-302-69323-9

Ⅰ. O11

中国国家版本馆 CIP 数据核字第 2025LV1042 号

责任编辑：陈冬梅
封面设计：刘孝琼
责任校对：么丽娟
责任印制：宋　林
出版发行：清华大学出版社
　　　　网　　　址：https://www.tup.com.cn, https://www.wqxuetang.com
　　　　地　　　址：北京清华大学学研大厦 A 座　　　邮　　编：100084
　　　　社 总 机：010-83470000　　　　　　　　　邮　　购：010-62786544
　　　　投稿与读者服务：010-62776969, c-service@tup.tsinghua.edu.cn
　　　　质量反馈：010-62772015, zhiliang@tup.tsinghua.edu.cn
　　　　课件下载：https://www.tup.com.cn, 010-62791865
印 装 者：三河市人民印务有限公司
经　　销：全国新华书店
开　　本：185mm×260mm　　印　张：14.5　　字　数：362 千字
版　　次：2025 年 8 月第 1 版　　　　　　　印　次：2025 年 8 月第 1 次印刷
定　　价：49.80 元

产品编号：101145-01

前　言

　　大量将数学史融入教学的实践证明，数学史具有诸多教育价值。结合西方学者的讨论与总结，这些价值可分为六类，即知识之谐、方法之美、探究之乐、能力之助、文化之魅、德育之效。对于一线小学数学教师来说，从数学史与数学教育(History and Pedagogy of Mathematics，HPM)视角开展数学教学是一件知易行难的事情。首先，大多数教师并未接受过系统的数学史教育，对所教授数学知识的历史了解甚少，且缺乏可用的数学史材料，真可谓"巧妇难为无米之炊"。其次，大多数教师缺乏 HPM 知识，很多教师对于"将数学史融入数学教学"的认知仅停留在讲故事的层面。即使有了数学史材料，他们也往往不知如何对其进行筛选和加工，不知如何将整理好的材料融入教学设计。

　　2011 年，教育部颁布了《教师教育课程标准(试行)》，数学史在国家标准新设置的高校小学教育专业必修课程中属于跨学科学习领域，为小学数学教学设计课程服务。目前，针对小学教育专业编写的数学史教材极为匮乏。为此，我们邀请长期在小学数学教育专业执教的一线教师和小学名特优教师共同编写了本书，以满足小学教师职前培养的教学需求。本书以《教师教育课程标准(试行)》为指导，以《义务教育数学课程标准(2022 年版)》为依据，参照国内主要版本的小学数学教科书，坚持育人为本、实践取向、终身发展的教育理念，致力于将中华优秀传统文化主题融入小学数学课程，培养小学教育专业师范生解读小学数学教材与进行教学设计的能力，为其具备小学数学教学实践能力奠定坚实基础。

　　根据高校教学安排特点和学时条件，本书在体系架构上采用主题形式编写。从主题在小学数学教科书中出现的频次、数学史上的影响力以及高校课堂教学容量等方面综合权衡，设计了相对独立、容量适中的 18 个主题，便于进行教学设计与实践。每个主题中都设有"教材对接"板块，使师范生能够在较短时间内接触和熟悉小学数学教科书中数学文化的形式与内容。在介绍中国古典数学名著时，摘录原文及原文解法，旨在弥补学生缺少阅读古典数学著作的遗憾，让他们感受我国古典数学的文化特色，积累数学文化素材，为其在教学设计中融入中华优秀传统文化元素的意识埋下宝贵的种子。

　　根据基础教育课程改革这一战略决策的最新要求，本书在内容选择上，注重吸收小学数学研究的最新成果，精心挑选反映小学数学课改前沿的优秀案例，并从数学史料的选取和师范生学习的角度对所选案例进行二次加工，展开多维度研讨，着力提升师范生的数学文化素养和教育理解水平，为他们在较高起点上形成和发展小学数学教学设计能力奠定良好的基础。

　　本书由何春艳和朱刚担任主编，其中何春艳负责全书的策划与构思、审阅与统稿，朱刚负责后期的加工。其他具体编写人员及其分工如下：何春艳(第三、六、七、九、十、十

二、十三、十五章)、朱刚(第一、二、四、五章)、于海杰(第九、十六、十七章)、杨海鹏(第八、十八章)、彭爱波(第六、十一章)和杨跃义(第十四章)。本书由哈尔滨市特级教师刘清姝及其主持的数学名师工作室核心成员刘晶、高晶、杨谚艳和边维佳等几位教师提供了最新案例,在此表示衷心的感谢。

全体编写人员以高度负责的态度参与本书的编写工作,从立意到构思反复研讨,从选材到表达仔细推敲,力求实现本书的既定目标。尽管我们用心编写,数易其稿,但因水平有限,书中难免存在疏漏和不妥之处,敬请广大读者不吝指正。

编 者

目　录

第一章　中国古代数学

学习目标

➤ 了解"鸡兔同笼""百僧百馍"和"以碗知僧"问题的出处及原文解法。

➤ 能够阐述《周髀算经》《孙子算经》和《算法统宗》的主要内容。

➤ 深切感受我国古代数学家的智慧和传统文化的魅力，从而增强学生的文化自信，激发学生的爱国情感与责任感。

重点与难点

➤ 理解"物不知数"问题的内容及其历史影响。

人教版、北师大版和苏教版等多个版本的小学教材中，都不约而同地出现了古典名题"鸡兔同笼"。有些版本的教材中还选取了"百僧百馍"及"以碗知僧"等古典题目。人教版教材介绍了刘徽、祖冲之和朱世杰等优秀的中算家。名家、名著和名题是相伴而生的。古代名家所散发的人格魅力、古典名著所承载的深邃数学思想，以及古代名题所运用的巧妙解题方法，在激发小学生的数学兴趣、提升小学生的数学素养方面具有不可估量的作用。除了后面章节介绍的中算家及著作之外，本章以小学教材中出现频次较高的几个古典数学题目为切入点介绍其他一些成就斐然的数学家、经久不衰的著作和趣味十足的数学问题。

第一节　《算经十书》

拓展：算经十书.mp4

隋唐时期，中国数学教育界发生了两件大事：数学教育制度的建立和数学典籍的整理，二者相互联系。7世纪初，隋代开始在国子监中设立"算学"机构，并"置博士、助教、学生等员"，这是中国封建教育中数学专科教育的开端。唐代不仅沿袭了算学制度，还在科举考试中开设了数学科目，称为"明算科"，考试及第者也可做官，不过只授予最低官阶。

算学制度及明算开科都需要适用的教科书，唐高宗亲自下诏对以前的十部数学著作进行注疏整理。李淳风奉诏负责这项工作，于656年编成后，该书成为国子监的标准数学教科书，称为《算经十书》，它们分别是《周髀算经》《九章算术》《海岛算经》《孙子算经》《张丘建算经》《夏侯阳算经》《五曹算经》《五经算术》《缀术》和《缉古算经》。其中《缀术》在唐、宋之交失传，后来宋代刊刻的《算经十书》中便以《数术记遗》来替补。《算经十书》成为唐以后各朝代的数学教科书，对唐以后的数学发展产生了巨大影响，特别是为宋元时期数学的高度发展创造了条件。本章简略介绍小学教材中涉及的《周髀算经》和《孙子算经》等内容。

一、《周髀算经》

《周髀算经》是《算经十书》之首，原名为《周髀》，入选《算经十书》时更名，沿用至今。《周髀算经》并非一人一时之作，是中国现存最古老的一部天文学、数学著作。它是历史上首次以数理化的方式阐述"盖天说"宇宙体系的著作，周髀学说是先秦至西汉对于宇宙认识的最主要的三种学说之一，其中论述的勾股定理也使《周髀算经》成为中国古代重要的算学经典著作。

周指周代，髀为圭表(见图 1-1)，是一种测量影长的工具。圭表测影是中国古代重要的天文观测手段，是历法制定中不可或缺的工具，因此，圭表测影一直受到古代天文学家的重视。中国古代的圭表测影，多用"八尺表"。据研究，"表高八尺"的制度在东周已经形成，其后 1000 多年里，历朝官方几乎都用八尺表进行测影。元代郭守敬建"四丈表"之前，官方仅在南朝梁武帝时使用过九尺表，郭守敬之后，明清官方还使用过四丈表、六丈表和一丈表。

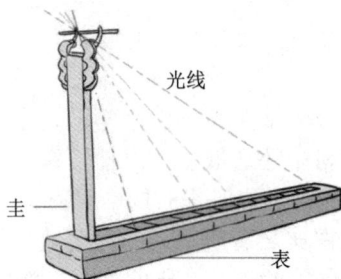

光线

圭

表

图 1-1　圭表

《周髀算经》全文以两组对话的形式展开，即数学大师商高与周公①的对话和陈子与荣方的对话，前者称为"商高篇"，后者称为"陈子篇"。《周髀算经》中的数学内容比较丰富，包括勾股定理、分数运算、等差数列、一次内插法和开平方等。

在《周髀算经》中有对勾股定理的阐述，"商高篇"中有"……勾广三，股修四，径隅五……"，"陈子篇"中有"若求邪至日者，以日下为勾，日高为股。勾股各自乘，并而开方除之，得邪至日。"前者为三边之比为 3:4:5 的特殊情况，后者为一般化的描述，这表明华夏祖先早已熟知勾股定理的一般化表达，勾股定理又称为"商高定理"。

拓展：勾股定理证明-出入相补法.mp4

除了数学知识，《周髀算经》还对数学的来源、特点、作用以及学习方法等方面进行了有趣而精辟的论述。虽历经两千余年，仍不失其夺目之光彩。

《周髀算经》开宗明义地阐述了数学的来源。

昔者周公问于商高曰："……夫天不可阶而升，地不可得尺寸而度，请问数安从出？"

商高曰："数之法出于圆方。圆出于方，方出于矩，矩出于九九八十一。……此数之

---

① 周文王姬昌四子，周武王的弟弟姬旦。

所由生也。"

对话发生在公元前 1 000 多年的周朝，周公是主张以礼治国的典范，他向商朝旧贵族数学大师商高请教时，问道："……天空没有台阶可供攀登，大地也无法用尺子度量，请问那些数据是怎样得来的？"商高的回答是："数学的方法出自圆和方，圆面积可由多边形面积推导而来，多边形面积可由矩形面积推导而来，矩形的面积可通过乘除法计算得到。……数据就是这样得来的。"其中"圆出于方"后给出了"圆径一而周三"的注释，由此看来这时的圆周率为 3，一般称这个圆周率为"古率"。

不难看出，3 000 多年前的周朝，华夏祖先便知晓圆周率，能够运用圆周率解决问题，熟知圆和矩形的面积计算方法，掌握了比较丰富的几何知识。

【教材对接】2022 年人教版《数学》六年级上册第五单元"圆的认识"中"你知道吗？"板块介绍了我国古代著作《周髀算经》中的圆周率(古率)为 3(见图 1-2)。

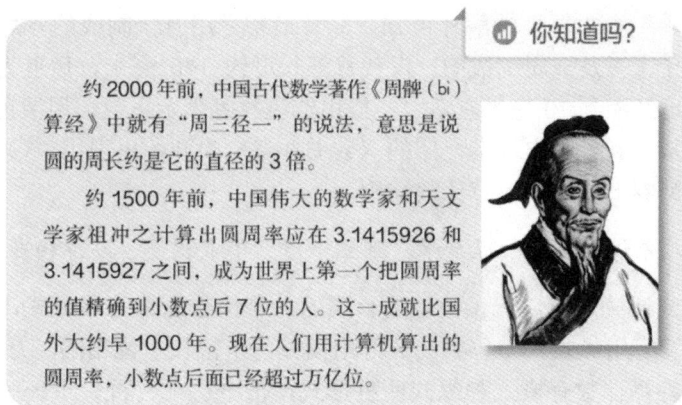

图 1-2　小学教材中的《周髀算经》

《周髀算经》中对数学特点的描述相当通透，荣方请教陈子："今者窃闻夫子之道。知日之高大，……天地之广袤，夫子之道皆能知之。其信有之乎？"陈子曰："然。此皆算术之所及。……此亦望远起高之术，……夫道术，言约而用博……"短短数语，道破了解决天文方面众多问题的关键；数学的原理叙述起来十分简要，而应用却极其广泛。这样就把数学的两大特点即数学原理的抽象性及其应用的广泛性都阐明了。

当荣方根据陈子的指点，苦思冥想多日仍不得要领又去请教陈子时，陈子对他说："思之未熟。……则子之于数，未能通类。……问一类而以万事达者，谓之知道。"这就是说，学习数学必须要掌握归纳与推理的方法。只有这样，才能举一反三、触类旁通，才能算是真正的"知道"。

陈子接着又说："夫道术所以难通者，既学矣，患其不博；既博矣，患其不习；既习矣，患其不能知。"这就是说，要想突破学习数学的难关，有几个环节是必不可少的。首先，要博览群书，扩大知识面；其次，必须对所学习的知识反复研习，以求其精深；最后，必须善于总结、归类，把知识系统化、条理化。

关于学习态度，陈子也有独到的见解，他说："夫学同业而不能入神者，此不肖无智而业不能精习。"这就是说，在学习过程中必须专心致志，那种心神游荡、意不入神的态度是绝对不可取的。

二、《孙子算经》

《孙子算经》作者不详，是我国古代的一部启蒙算书，成书于四五世纪。《孙子算经》现传本分上、中、下三卷。卷上叙述度量衡制度、大数计法、筹算计数、筹算乘除算法及比例算法，在充分准备后，让初学者练习自然数的乘除运算，这是最基本的运算；卷中由自然数的四则运算扩展到正分数的四则运算，并用几道简单的应用题说明筹算分数算法、开平方以及面积、体积计算；卷下是应用数学解决各种贴近生活的问题。内容安排遵循了由易到难的原则，逻辑结构十分严密，对当今的数学教育颇具借鉴意义。

(一)筹算计数法则

算筹是我国古代的计数或计算工具，数学古籍中均将算筹写为"筹筹"。从许慎的《说文解字》中对"筹"和"算"的解释可知，算筹最初是用竹子制成的，后世出土文物中还有用木、骨、象牙、玉及金属制成的。汉代算筹长度约 140 毫米，后世为便于布筹，长度逐渐变短，隋代已经缩到 70 毫米左右。一般用红色算筹表示正数，用黑色算筹表示负数，零最初用空位表示，到了南宋，秦九韶的《数书九章》中开始出现用"〇"表示 0。

《孙子算经》卷上给出了筹算计数法则。

"凡算之法，先识其位。一纵十横，百立千僵。千十相望，万百相当。"

意思是计数或计算之前，辨识数位是首要的。个位数的算筹用纵式，十位数的算筹用横式，百位数的算筹用纵式，千位数的算筹用横式。千位和十位相同，万位和百位相同。

由此可知，筹算计数有横式和纵式两种形式，按个、十、百、千……的次序，从右向左纵横相间，遇零添加空位或"〇"，这样就可以表示一个数字了。算筹具有使用方便、运算迅速的特点，我国古代数学的辉煌成就大多是在使用算筹时期取得的。算筹在中国使用了近 2 000 年，直到 15 世纪中叶被更方便的计算工具"算盘"代替，才逐渐退出历史舞台。

【教材对接】2022 年人教版《数学》一年级上册第四单元"10 的认识"中"你知道吗？"板块介绍了我国古代计算工具算筹的形式及材质(见图 1-3)。

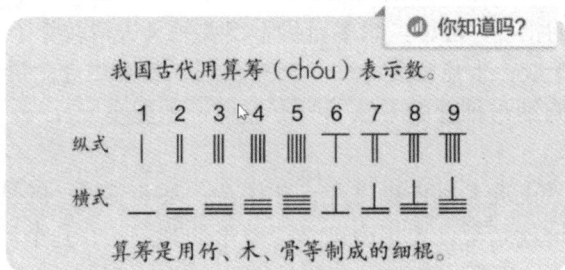

图 1-3　小学教材中的算筹

(二)物不知数

《孙子算经》中题目的阐述方式与《九章算术》基本一致，正文一般由问、答、术三部分组成。问是提出问题，答是问题答案，术是解题过程。《孙子算经》对后世数学发展影响深远，特别是卷下第 26 题"物不知数"问题，原文如下。

"今有物不知其数。三三数之，剩二；五五数之，剩三；七七数之，剩二。问物几何？

答曰：二十三。

术曰：三三数之剩二，置一百四十；五五数之剩三，置六十三；七七数之剩二，置三十。并之，得二百三十三。以二百一十减之，即得。

凡三三数之剩一，则置七十；五五数之剩一，则置二十一；七七数之剩一，则置十五。一百六以上，以一百五减之，即得。"

大意是求一个被 3 除余数为 2、被 5 除余数为 3、被 7 除余数为 2 的正整数。首先通过现代数学的解决方法解释一下"一次同余组"的含义。

设 x 为所求之数，根据题意可得方程组 * $\begin{cases} x=3a+2(1) \\ x=5b+3(2) \\ x=7c+2(3) \end{cases}$，这里的 x、a、b、c 均为未知量。

由于方程组 * 中所有未知量的最高次数都是一次，所以这是一个一元一次方程组。方程(1)的解为被 3 除所得余数是 2 的所有数，像(1)这样的方程，叫作一次同余方程。综上所述，称方程组 * 为一次同余方程组，简称一次同余组。其中的 3、5、7 称作模，记作 mod3、mod5、mod7，方程组 * 也可表示为

$$x\equiv 2(\mathrm{mod}3)\equiv 3(\mathrm{mod}5)\equiv 2(\mathrm{mod}7)$$

读作 x 同余 2 模 3 同余 3 模 5 同余 2 模 7。

《孙子算经》中"物不知数"问题是我国古算书关于一次同余组的最早记载，原文给出的解决问题的"术"文很简略，只说明了得到结果的程序，并没有说明得到结果的依据，这样的机械化算法是古算书的普遍做法。但解的结构十分清晰，因此，容易将其类推到一般情形，从类推中可以初步窥见古代解一次同余组的大体过程。

本题原文解法为：(5 和 7 的公倍数中)被 3 除余数为 2 的数是 140，(3 和 7 的公倍数中)被 5 除余数为 3 的数是 63，(3 和 5 的公倍数中)被 7 除余数为 2 的数是 30，三数相加：140+63+30=233，233-210=23，23 就是满足条件的最小正整数解。

一次同余组的一般解法为：以模为 3、5、7 的情况为例，先找满足 $x\equiv 1(\mathrm{mod}3)\equiv 1(\mathrm{mod}5)\equiv 1(\mathrm{mod}7)$ 的数，然后将同余其他数的情况转化为同余 1 的情况。5 和 7 的公倍数中 70 模 3 余 1，3 和 7 的公倍数中 21 模 5 余 1，3 和 5 的公倍数中 15 模 7 余 1，70+21+15=106，106 是满足条件的最小正整数解。大于 106 的数减去 105 即得所求数，105 是 3、5、7 的最小公倍数。

在《孙子算经》成书时代，我国的历算家已经掌握了按一定程序来计算一次同余组的解的方法。《孙子算经》以数学游戏的形式对其进行记叙，正是这一算法普及于民间的具体体现。这是今天关于一次同余组一般解法的剩余定理的特殊形式。"物不知数"问题引导了南宋秦九韶求解一次同余组的一般算法——"大衍求一术"。南宋数学家秦九韶(见图 1-4)为

中国剩余定理.mp4

中国古代数学做出了杰出贡献，同时也为中世纪世界数学的发展提供了巨大的推力。秦九韶的《数书九章》是一部划时代的巨著，内容丰富，精湛绝伦。特别是"大衍求一术"的

中国独特解法及高次代数方程的数值解法,在世界数学史上占有崇高的地位。现代文献中往往把求解一次同余组的剩余定理称为"中国剩余定理"或"孙子定理"。

"物不知数"问题引起了后世算学家的极大兴趣,很多人为之创作诗歌以助记忆。宋人周密的《志雅堂杂钞》卷下"鬼谷算"条,除抄录"物不知数"原题外,还对"术"文中的四个数字作了隐语诗,即

"三岁孩儿七十稀,五留廿一事尤奇。七度上元重相会,寒食清明便可知。"

图 1-4　秦九韶画像

明代程大位《算法统宗》卷五录有"物不知数","术"文也同样用诗歌写出,且对四个数据和盘托出,即

"三人同行七十稀,五树梅花廿一枝。七子团圆正月半,除百零五便得知。"

(三)雉兔同笼

《孙子算经》卷下第 31 题是一道有趣的"雉兔同笼"问题。

"今有雉兔同笼,上有三十五头,下有九十四足,问雉、兔各几何?

答曰:雉二十三,兔一十二。

术曰:上置三十五头,下置九十四足。半其足,得四十七,以少减多,再命之,上三除下三,上五除下五,下有一除上一,下有二除上二,即得。

又术曰:上置头,下置足,半其足,以头除足,以足除头,即得。"

题意大致为一些鸡和兔被关在同一个笼子里,从上面看能看到 35 个头,从下面看能看到 94 只脚。问笼中有鸡和兔各多少只?

"术"呈现了用算筹进行减法运算的过程,上、下是算筹的摆放位置,原文中的"除"为现代的减法运算。

《孙子算经》中的两种解决方法可称为"半足法",解题的思路和步骤大致如图 1-5 所示。

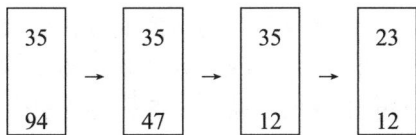

图 1-5　《孙子算经》中的半足法

鸡和兔如果都保持头数不变且只保留各自真实足数的一半,那么笼中动物总足数降为

$$94 \div 2 = 47(只)$$

此时,鸡变成独脚鸡,兔变成双足兔,即鸡的足数与头数相等,兔的足数是头数的 2 倍,头足比分别为 1∶1 和 1∶2。

此时,每个动物再减去 1 只脚,鸡变为无脚鸡,兔变为独脚兔,所剩的脚均为兔脚,则兔子的数量为

$$47-35=12(只)$$

【教材对接】图 1-6(a)所示为 2022 年人教版《数学》四年级下册第九单元"数学广角",图 1-6(b)为 2014 年苏教版六年级下册"解决问题的策略"中"你知道吗"板块,图 1-6(c)所示为 2014 年北师大版数学五年级上册"数学好玩"中"尝试与猜测"板块介绍的鸡兔同笼问题。

我国古代数学名著《孙子算经》中记载了一道数学趣题——"鸡兔同笼"问题。

今有雉兔同笼,上有三十五头,下有九十四足,问雉兔各几何?

鸡兔同笼.mp4

(a) 人教版

你知道吗

"鸡兔同笼"问题是我国古代的数学名题之一。它出自唐代的《孙子算经》。书中的题目是这样的:今有鸡兔同笼,上有三十五头,下有九十四足,问鸡兔各几何?

你能算出这道题中的鸡和兔各有多少只吗?

(b) 苏教版

尝试与猜测

● 鸡兔同笼,有 9 个头,26 条腿。鸡、兔各有几只?

"鸡兔同笼"问题出自我国古代数学名著《孙子算经》。

(c) 北师大版

图 1-6 小学教材中的"鸡兔同笼"问题

现代"鸡兔同笼"问题解决方案中的"抬腿法"可以看作这个解法的升级版。

如果笼中的鸡和兔都是训练有素的,教官每吹一次哨它们就抬起一只脚。教官第一次吹哨后,所有动物抬一只脚,落在地面的总脚数变为 94-35=59(只);教官第二次吹哨后,落在地面的脚数变为 59-35=24(只),此时,鸡已经没有脚,一屁股坐在地上了,所有脚都是兔子的,每只兔子剩两只脚,所以共有兔子 24÷2=12(只)。

"雉兔同笼"问题是今天"鸡兔同笼"问题的始祖,后来传到日本,变成"鹤龟算";传到俄罗斯,变成"人狗问题"。该问题在明代数学家程大位的《直指算法统宗》(以下简称《算法统宗》)中被称作"鸡兔同笼"问题,此称呼沿用至今。

第二节 《算法统宗》

《算法统宗》是明代珠算理论和实践的集大成之作,其结构严谨,内容由浅入深,文字通俗易懂。《算法统宗》于 1592 年问世后,不久便风行全国,数百年来长盛不衰,而且传到了朝鲜、日本、越南、泰国等地，对推动汉字文化圈的数学发展起到了重要作用，成为明清之际研习数学者必读的教材，现行版本共17卷。《算法统宗》的作者是明代数学家程大位(见图1-7)，字汝思，号宾渠，安徽休宁率口(今安徽省黄山市屯溪区)人，年少时"酷嗜算学"，成年后利用在吴楚一带经商的机会，积累数学资料，参加交流活动，收集了大量与数学有关的问题原型。

图1-7　明代数学家程大位

作者依从《九章算术》的体例，集前人之大成，写出了这部契合民间日用需求的实用珠算算书。全书有595个应用问题，大多数是从数学传本中摘录的，其中也不乏创新之处。程大位使用珠算完成了所有题目的计算，其中珠算开带从诸乘方、截两成斤法、新丈量步车等均为原创内容。全书内容除了附录大略可分为如下5个部分。

(1) 首篇总说"数有本源"，列举河图、洛书、八卦、黄钟等。

(2) 卷一至卷二是对数学术语的解释，介绍算学常识与珠算知识。例如，大数、小数、度量衡单位、算盘图式、珠算定位法、九九表、九归诀、撞归诀、起一诀等，并举例说明其在珠算盘上的用法。

(3) 卷三至卷十二是应用问题解法汇编。除了《粟米》改称《粟布》，《盈不足》改称《盈朒》外，其余各卷均以《九章算术》九章名和刘徽的《海岛算经》为卷标题。卷三《方田》中记录了作者自己创造的测量田地用的"丈量步车"。卷六、卷七为开平方、开立方的珠算方法。

(4) 卷十三至卷十六是难题汇编。这部分都是与卷三至卷十二中10类算法相应的算题。所谓"难题"，其解法实质上都很简单，只不过有些题目用诗歌形式表达，有些题意比较隐晦。

(5) 卷十七是杂法汇编。"杂法"就是一切不能归入前面几卷里的各种算法，包括写算、纵横图、律吕相生等。

《算法统宗》中收集了大量趣味题，并以诗词歌诀的形式命题，让读者在思考问题的同时感受诗词之美，具体如下。

"今携一壶酒，游春郊外走。逢朋添一倍，入店饮斗九。相逢三处店，饮尽壶中酒。试问能算士，如何知原有？"

小学阶段用"还原法"解决问题时常借用"李白买酒"的故事，上述题目就是李白买酒的原型。

"李白街上走，提壶去买酒，遇店加一倍，见花喝一斗，三遇店和花，喝光壶中酒。借问此壶中，原有酒几斗？"

《算法统宗》涉及的内容丰富多彩、妙趣横生，有很多至今仍在社会上流传。卷十四第 36 题"僧分馒头歌"便是其中之一。它的记载如下。

"一百馒头一百僧，大和三个更无争。小和三人分一个，大小和尚得几丁？

答曰：大和尚二十五人，该馒头七十五个；小和尚七十五人，该馒头二十五个。

法曰：置僧一百名为实，以三一并得四为法除之，得大僧二十五人，以每人三个因之，得馒头七十五个。于总僧内减大僧，余七十五为小僧，以三人归之，得馒头二十五个。合问。"

【教材对接】 2022 年人教版《数学》四年级下册第九单元"数学广角"课后思考题介绍了"百僧百馍"问题(见图 1-8)。

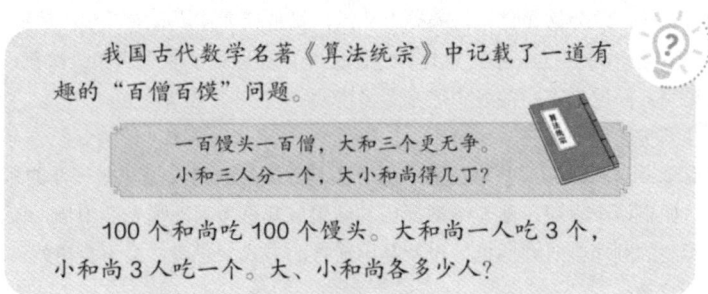

我国古代数学名著《算法统宗》中记载了一道有趣的"百僧百馍"问题。

一百馒头一百僧，大和三个更无争。
小和三人分一个，大小和尚得几丁？

100 个和尚吃 100 个馒头。大和尚一人吃 3 个，
小和尚 3 人吃一个。大、小和尚各多少人？

图 1-8　小学教材中的"百僧百馍"问题

第三节　小学数学案例分享

我们将中华优秀传统文化融入小学数学课堂的方式有多种，将传统文化作为知识点，例如，介绍古代数学名著名题便是一种重要的方式。学生在提高解决问题能力的同时，还能感受数学课堂的人文气息。学科融合能激发学生的学习兴趣。下面是一节呈现在小学数学课堂的、以"李白买酒"为线索培养学生数学思维的微课案例。

课题：中国古典名题——李白买酒[①]

教学目标： (1)教师通过解析古诗理解题意，让学生在感受诗词美感的同时明确其中蕴藏的数学信息和需要解决的数学问题。(2)通过画一画、算一算等数学活动探究解决问题的方法，培养学生解决问题的意识。(3)掌握图示法和方程法，能够利用逆向思维和正向思维解决还原问题，培养学生多角度思考问题的意识。(4)加强学生对于数学历史文化的了解，激发学生对学习数学的兴趣。利用不同学科之间的联系，培养学生逆向思维的能力。

课例-李白买酒.mp4

① 本案例由哈尔滨市刘清姝名师工作室设计，团队成员哈尔滨市清滨小学教师杨谚艳执教。

教学重点：从多角度思考问题，用多种方法解决问题。

学习准备：笔、尺、练习本。

中国古典名题——李白买酒课题设计流程如表 1-1 所示。

表 1-1　中国古典名题——李白买酒课题设计流程

教学板块	教学过程
名题介绍	在浩瀚的数学史天空中，中国古典名题犹如一颗颗璀璨的明星，闪烁着智慧的光辉。这节课我们就伴着一缕星辉，通过"李白买酒"这一古典名题来体会前人的智慧和数学的奥妙。提到李白喝酒，大家一定能想到"李白斗酒诗百篇"这样的诗句。我国唐代的天文学家、数学家张遂，曾以"李白买酒"为题材编了一道数学诗歌题，出示原诗
探究交流	(1)理解诗意，明确问题 李白去买酒，当他看到店时便进店打酒，打的酒量是原来的一倍，也就是壶中酒×2，如果遇到卖花的，便会饮酒作诗，喝掉 1 斗酒，就是减 1 斗。其中"斗"是我国市制容量单位，10 升为 1 斗，10 斗为 1 石。就这样一路走来，共遇到了 3 次店和 3 次花，结果正好把壶中的酒喝完，问题是李白的壶中原来有多少酒。 (2)自主探究，尝试解题 学习提示：这道题如果从李白壶中原有酒是遇店加一倍，见花减一斗的顺序思考，并不好解答。如果换个思路，从壶中酒最后的结果展开思考呢？喝光壶中酒，就是 0 斗，按照喝酒、买酒的顺序倒着往回推，也就是用逆推的方式来思考，会不会更好。 (3)展示交流 两位学生交流展示用图和语言描述并推解题的思路。 (4)方法总结 这道题，可以从结论出发，连续进行逆向推理，得出结论。那么，什么情况下可以用逆推法来解决问题呢？ 首先，最后的结果是已知的；其次，得出最后结果的每一步过程是清楚的；最后，要求的是原来最初的数量。 ①图示法。在用逆推解决问题的时候，可以借助画图策略，摘录出流程图，数形结合，使思考更加有序，过程更加简洁。 ②列方程解决。设壶中原有 x 斗酒，第一次遇见店和花之后，壶中酒为 $2x-1$，那么，第二次遇见店和花之后，壶中酒应该在此基础上乘 2 减 1……根据以上的思考，我们可以列方程解决问题。 今天，我们通过探究"李白买酒"这一数学问题，不仅学习了用逆向思考的方法解决问题，形成了新的解决问题策略，还体会到古诗中有数学，学数学有方法，好方法广拓展的趣味。
总结延伸	其实，我国古人使用逆向思维策略解决问题的事例还有很多，如司马光砸缸、孙膑智胜魏惠王等。中国古典名题不仅仅局限于这些我们耳熟能详的故事，在中国古代三大数学名著《孙子算经》《九章算术》《周髀算经》中记录了大量与当时生活息息相关的数学趣味问题。有兴趣的同学可以在课外阅读，也可以和小伙伴一起展开探究和解密，相信你们一定会从中获得更多智慧的启迪。

本章练习

一、填空题

1. 隋唐时期，中国数学教育界发生了两件大事：(   )和(   )。

2. 根据《孙子算经》给出的"一纵十横，百立千僵。千十相望，万百相当。"筹算计数法则，一个数的百位数应该用(   )算筹表示。

3. "物不知数"问题引导了南宋秦九韶求解一次同余组的一般算法——"大衍求一术"。现代文献中往往把求解一次同余组的剩余定理称为"(   )"或"孙子定理"。

二、单选题

1. "鸡兔同笼"问题出自《孙子算经》，后被程大位摘录到《算法统宗》中，(   )解决方法不出自这两本古算书。

  A. 半足法 B. 抬腿法 C. 倍头法 D. 四头法

三、多选题

1. 《算经十书》包括《张邱建算经》《夏侯阳算经》《五曹算经》《五经算术》《缀术》《缉古算经》和(   )。

  A. 《周髀算经》 B. 《九章算术》 C. 《海岛算经》 D. 《孙子算经》

2. 《周髀算经》中数学内容比较丰富，包括(   )和等差数列等，是中国现存最古老的一部天文学和数学著作。

  A. 分数运算 B. 开平方 C. 一次内插法 D. 勾股定理

四、计算题

1. 用四足法解答"鸡兔同笼"问题。

第二章　完美数与毕达哥拉斯学派

学习目标

➤ 明确完美数、过剩数和不足数的概念，并能准确判断给定正整数的类别。
➤ 明确毕达哥拉斯定理的内容、其他名称及毕达哥拉斯的证明方法。
➤ 明确毕达哥拉斯学派在数学上的主要理念和主要成就。
➤ 能够阐述第一次数学危机的始末。
➤ 从黄金比例在各领域的应用中领会数学与人类文化的关联，提升文化审美意识和能力。

重点与难点

➤ 理解不可公度量的内涵。
➤ 使用欧拉定理证明正多面体的种类有且只有五种。

很多版本的小学《数学》中数学文化板块都有完美数和黄金比的相关介绍，它们都与古希腊的毕达哥拉斯学派有关。本章就以完美数和黄金比例为切入点，介绍毕达哥拉斯学派在数学方面的理念及成就。

第一节　毕达哥拉斯学派

毕达哥拉斯(Pythagoras)是古希腊时期著名的数学家、哲学家，出生在古希腊的萨摩斯岛，卒于他林敦(今意大利半岛南部塔兰托附近)，是与我国"万世师表"孔子同期的学者，如图 2-1 所示。

萨摩斯岛是古希腊的岛屿，如图 2-2 所示。但相对于雅典，它距离小亚细亚更近，仅15 公里，所以毕达哥拉斯年少时便到小亚细亚学习，向古希腊最早的哲学学派——伊奥尼亚学派的学者学习数学和哲学，也曾到过古印度、古巴比伦、古埃及学习。这期间他接触了东方的宗教和文化，学习了诗歌和音乐，接受了很多古代流传下来的天文和数学知识。

伊奥尼亚学派的创始人泰勒斯(Thales)是公认的古希腊哲学鼻祖，他冲破了超自然的鬼神思想的羁绊，去探索宇宙的奥秘，如图 2-3 所示。在他的带动下，经过数百年的努力，古希腊科学进入繁荣时期。泰勒斯出生在伊奥尼亚的米利都，涉猎了数学、天文、工程、政治及哲学等几乎当时人类的全部思想和活动领域，获得崇高的声誉，被尊为"古希腊七贤之首"。实际上，七贤之中，只有他是学者，其余的多是政治家。历史上并没有留下泰勒斯完整的传记，但流传了许多关于他的逸事，虽然未必完全真实，但可以在一定程度上反映他的性格和生平。据说《伊索寓言》中驴子与盐的故事的主人公原型就是泰勒斯，泰勒斯曾成功预测橄榄丰收并通过垄断出租榨油机而大赚一笔，他也曾测量过金字塔的高度，成功预报日食并化解了部族间的战争。泰勒斯在数学方面的贡献是划时代的，他引入了命题证明的思想，即借助一些公理或真实性已经得到确定的命题来论证某一命题真实性的思想过程，这标志着人们对客观事物的认识方式已经从经验上升到理论，在数学史上是一次不寻常的飞跃，也可以看作是公理化思想的雏形。他发现了我们今天熟知的一些几何结论，有的还给出了证明。例如，圆的直径将圆平分；等腰三角形两底角相等；两相交直线的对顶角相等；有两角夹一边分别相等的两个三角形全等；半圆所对的圆周角为直角；等等。

毕达哥拉斯返回家乡萨摩斯岛后，开始讲学并开办学校，但是没有达到他预期的成效。40 岁左右，为了摆脱当时君主的暴政，他不得不离开萨摩斯岛，移居到西西里岛，后来定居在克罗托内。在克罗托内，他建立了一个宗教、政治、学术合一的秘密团体，即毕达哥拉斯学派。

图 2-1　毕达哥拉斯画像

图 2-2　萨摩斯岛

图 2-3　泰勒斯画像

在克罗托内，毕达哥拉斯的讲学吸引着各阶层的人士，很多贵族加入了听众行列，甚至还包括女性听众，这是毕达哥拉斯比其他开坛授课的学者进步之处，为该学派赢得了很高的声誉，产生了相当大的影响，但也因此引起了敌对派的嫉恨。后来受到民主运动的冲击，该学派在克罗托内的活动场所遭到了严重破坏。毕达哥拉斯被迫移居他林敦，并于公元前 500 年左右去世，享年约 80 岁。

毕达哥拉斯被害后，他的许多门徒逃回希腊本土重新建立据点，另一些人到了他林敦，继续进行数学哲学研究，以及从事政治方面的活动。毕达哥拉斯学派持续繁荣了两个世纪之久，一直到公元前 4 世纪中叶。

第二节　毕达哥拉斯学派的主要数学成就

毕达哥拉斯本人并没有留下什么著作，而毕达哥拉斯学派内部严格的保密制度使外人很难了解到其研究成果。在该学派发展的后期，组织管理渐渐松散，保密条款也逐渐被放弃，此时才出现一些公开讲述该学派教义和成果的著作，但我们很难区分它们究竟是毕达哥拉斯个人的研究成果还是该学派其他学者的，所以在此统称其为毕达哥拉斯学派的成果。

一、几何学

毕达哥拉斯学派对图形作了很多研究，并得到许多有价值的结论。

拓展：罗素悖论.mp4　　勾股定理证明-面积剖分法.mp4

1. 毕达哥拉斯定理

勾股定理在西方被称作毕达哥拉斯定理。公元前 2 世纪，古希腊学者阿波罗多罗斯(Apollodorus)在其著作《希腊编年史》中提到"毕达哥拉斯为了庆祝他发现了那个著名的定理，宰牛来祭神"。但没有指明是哪一个定理，不过后世都倾向于认为那个著名定理就是毕达哥拉斯定理。在此之前，古埃及、古巴比伦和古代中国都已经知道这个结论，并将其应用于生产生活中。古埃及人把绳子按 3 个、4 个和 5 个单位间隔打结，然后将三段绳子拉直形成一个三角形，他们知道最长边所对的角总是一个直角。现存于美国哥伦比亚大学图书馆的文物"普林顿 322(Plimpton 322)"，是一块年代为公元前 1900—公元前 1600 年的古巴比伦泥板，其内容是一个正割函数平方表，其中列出了 15 组勾股数。在中国古代公元前 2 世纪至公元前 1 世纪成书的著作《周髀算经》中也有"勾广三，股修四，径隅五"的记载。不过最早的证明可归功于毕达哥拉斯，1940 年出版的《毕达哥拉斯命题》中收集了 367 种不同的证法，近百年后的今天证明方法的实际数目已不止于此。在众多对毕达哥拉斯的证明方法的猜测中最有名的是普洛塔克(Plutarch)的面积剖分法(见图 2-4)，2 个以 $a+b$ 为边长的大正方形中都包含 4 个全等的以 a、b 为直角边、c 为斜边的直角三角形，因为等量减等量还是等量，所以剩余部分面积也是相等的，左侧剩余部分为分别以 a、b 为边长的 2 个正方形，右侧剩余部分为以 c 为边长的正方形，所以 $a^2+b^2=c^2$。

2. 宇宙形

毕达哥拉斯学派的另一几何方面的贡献是正多面体作图。正多面体是指由全等正多边形围成且各多面角都全等的多面体。毕达哥拉斯学派称正多面体为"宇宙形"，今天我们可以通过欧拉定理证明正多面体只有 5 种：正四面体、正六面体、正八面体、正十二面体和正二十面体，如图 2-5 所示。这 5 种正多面体中正十二面体最特别，每个面都是不易作图的正五边形，而毕达哥拉斯学派对其情有独钟，并以正五边形的对角线围成的正五角星作为该学派的 Logo(标志)。有这样一则故事：毕达哥拉斯学派的一个成员流落异乡，却因疾病不得不暂住在当地的一户人家，他随身携带的财物早已花光，无力回报恩人的关照，临终前要求这户人家在自家门前画五角星。若干年后，该学派的成员路经此地看到了标志，询问事情原委之后，代替同伴厚报了这户人家的恩惠。

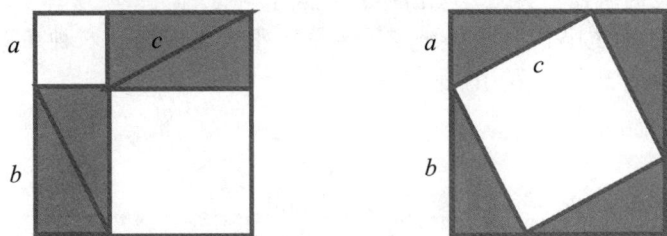

图 2-4　毕达哥拉斯定理的面积剖分法

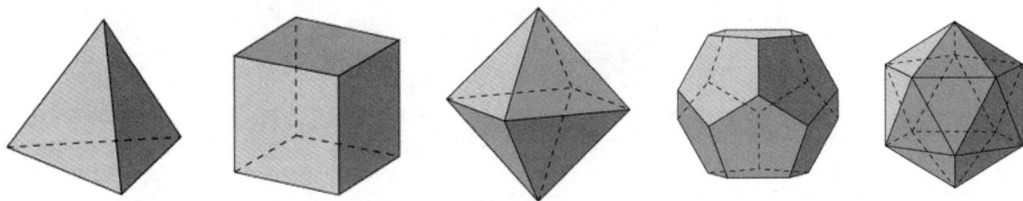

图 2-5　五种正多面体

3. 黄金比例

与正五角星相关的毕达哥拉斯学派的另一个成就是发现了黄金比例。

正五边形的作图与著名的"黄金分割"有关。正五边形的每条对角线与其他对角线的交点以一种特殊的方式分割与之相交的其他对角线：每条对角线都被交点分成两条不相等的线段，该对角线的整体与较长部分之比等于较长部分与较短部分之比，这就是我们熟知的"黄金分割"。以正五边形的对角线 AB 为例(见图 2-6)，

图 2-6　黄金分割

对角线 AB 与其他对角线相交于点 C，如果 $AC:CB=CB:AB$，则称点 C 对 AB 进行了黄金分割(或者最优分割)，称点 C 为黄金分割点(或者最优分割点)，称该比例为黄金比例，该比值等于 $\dfrac{\sqrt{5}-1}{2}$，是个无理数，一般取 0.618。显然，$CB:AC=AB:CB$ 也成立，该比值等于 $\dfrac{\sqrt{5}+1}{2}$，也是个无理数，一般取 1.618。0.618 是一个十分有趣的数字，通过以下简单的计算就可以发现

$$1\div0.618\approx1.618$$
$$(1-0.618)\div0.618\approx0.618$$
$$1\div(1+0.618)\approx0.618$$

德国数学家马丁·欧姆(M. Ohm，1792—1872)是最早在著作中使用"黄金分割"这一术语的数学家，他是发现电学中欧姆定律的物理学家乔治·西蒙·欧姆(G.S. Ohm，1789—1854)的弟弟。黄金分割在实际生活中得到了广泛应用。古希腊时期，人们就在土木建筑和雕塑中应用了这一知识。黄金分割知识在最优化理论中也有重要应用，如优选法中就有 0.618 法等。另外，在管理、工程设计等方面，它也有不可忽视的作用。

【教材对接】2022 年人教版《数学》六年级上册第四单元介绍了比的基本性质后，又介绍了有关黄金比的内容，如图 2-7(a)所示。2021 年北师大版《数学》六年级上册“比的应用”单元中“你知道吗？”板块介绍了古希腊雅典古城巴台农神庙剖面图中矩形的长宽比为黄金分割比，如图 2-7(b)所示。

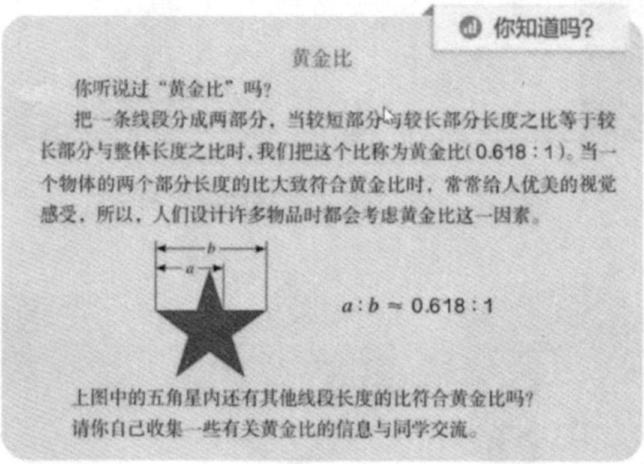
你知道吗?

黄金比

你听说过“黄金比”吗?

把一条线段分成两部分，当较短部分与较长部分长度之比等于较长部分与整体长度之比时，我们把这个比称为黄金比(0.618 : 1)。当一个物体的两个部分长度的比大致符合黄金比时，常常给人优美的视觉感受，所以，人们设计许多物品时都会考虑黄金比这一因素。

上图中的五角星内还有其他线段长度的比符合黄金比吗?

请你自己收集一些有关黄金比的信息与同学交流。

(a) 人教版

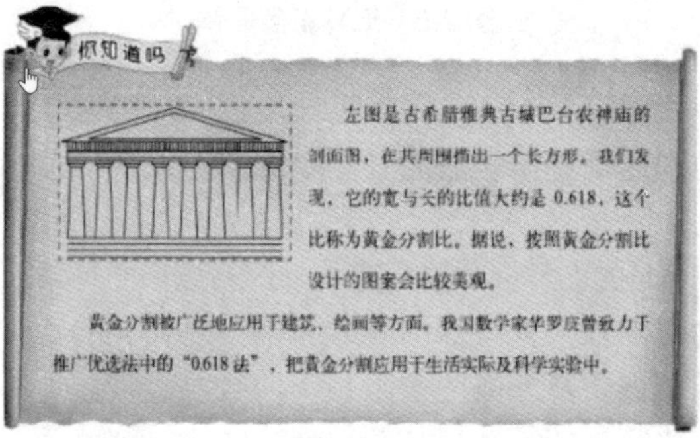
你知道吗

左图是古希腊雅典古城巴台农神庙的剖面图，在其周围画出一个长方形。我们发现，它的宽与长的比值大约是 0.618，这个比称为黄金分割比。据说，按照黄金分割比设计的图案会比较美观。

黄金分割被广泛地应用于建筑、绘画等方面。我国数学家华罗庚曾致力于推广优选法中的“0.618 法”，把黄金分割应用于生活实际及科学实验中。

(b) 北师大版

图 2-7　小学教材中的黄金分割比介绍

二、万物皆数

毕达哥拉斯学派很重视数学和哲学的研究。在数学方面，他们把数的概念放在突出的位置，对整数进行多维度的深入研究；在哲学方面，认为宇宙万物的本原是数，把数当成构成宇宙万物的基础。“万物皆数”是毕达哥拉斯学派观察世界和表达世界的方式和理念。

(一)完美数

毕达哥拉斯学派在数学领域有很多创造，尤其对整数兴致浓厚，并进行了许多深入的研究。他们认为数 1 能生成所有的数，是产生所有数的原因和根本，故命名为“原因数”。每个整数都被赋予了特定的属性和内涵。例如，2 是女性数，3 是男性数，5 则是婚姻数。而在一切数中最神圣的数是 10，也就是说，毕达哥拉斯学派信奉和崇拜数 10，将 10 看作完美、和谐的标志。

毕达哥拉斯学派还定义了完美数与亲和数。如果一个正整数的全部真因数之和等于本身，那么称这个数是完美数(也称作完全数)，如 28 的全体真因数为 1、2、4、7 和 14，而 $1+2+4+7+14=28$，所以 28 是完美数，另外 6 是最小的完美数，该学派认为 $6=1+2+3$ 为喜庆、健康和美好的含义。完美数的定义被收录进欧几里得的《几何原本》中，书中还给出了一个关于完美数的定理，即若 2^p-1 是素数，那么 $(2^p-1)\times 2^{p-1}$ 就是完美数，例如

$$6=(2^2-1)\times 2^{2-1}=3\times 2$$

$$28=(2^3-1)\times 2^{3-1}=7\times 4$$

截至 2018 年，已发现 51 个完美数，其中最大的一个完美数中的 p 值为 82 589 933。一个正整数的真因数之和与它本身的大小关系除了相等外还可能是大于或者小于。毕达哥拉斯学派称真因数之和大于本身的正整数为过剩数，称真因数之和小于本身的正整数为不足数。例如，12 是过剩数，8 是不足数。

若 a 是 b 的全体真因数的和，同时 b 又是 a 的全体真因数的和，则两数互为亲和数(也可称为相亲数或者情侣数)。220 的真因数 1、2、4、5、10、22、44、55 与 110 的和等于 284，284 的真因数 1、2、4、71 与 142 的和等于 220，所以 220 和 284 是一对亲和数，这也是最早由毕达哥拉斯学派发现的一对最小的亲和数。有人对毕达哥拉斯的“万物皆数”的理念表示怀疑，向他提出这样一个问题：“我结交朋友时，存在着数的作用吗？”毕达哥拉斯毫不犹豫地回答：“朋友是你的灵魂的倩影，要像 220 和 284 一样亲密。”但 220 和 284 不是唯一的一对亲和数，不过第二对亲和数 17 296 与 18 416 是在 2 000 多年后由法国数学家费马(P. Fermat，1601—1665)发现的。目前，在计算机的帮助下人们已经找到了 4 万多对亲和数。

【教材对接】2022 年人教版和 2022 年苏教版《数学》都在五年级下册“因数与倍数”中介绍了有关完全数(也叫作完美数)的内容，如图 2-8 所示。

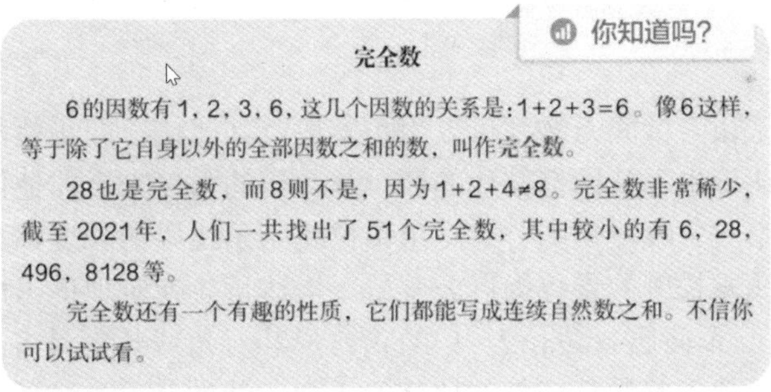

你知道吗？

完全数

6的因数有1，2，3，6，这几个因数的关系是：1+2+3=6。像6这样，等于除了它自身以外的全部因数之和的数，叫作完全数。

28也是完全数，而8则不是，因为1+2+4≠8。完全数非常稀少，截至2021年，人们一共找出了51个完全数，其中较小的有6，28，496，8128等。

完全数还有一个有趣的性质，它们都能写成连续自然数之和。不信你可以试试看。

(a) 人教版

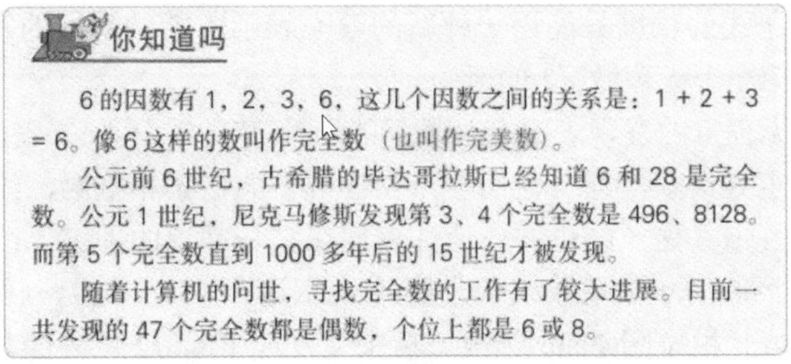

你知道吗

6 的因数有 1，2，3，6，这几个因数之间的关系是：1 + 2 + 3 = 6。像 6 这样的数叫作完全数（也叫作完美数）。

公元前 6 世纪，古希腊的毕达哥拉斯已经知道 6 和 28 是完全数。公元 1 世纪，尼克马修斯发现第 3、4 个完全数是 496、8128。而第 5 个完全数直到 1000 多年后的 15 世纪才被发现。

随着计算机的问世，寻找完全数的工作有了较大进展。目前一共发现的 47 个完全数都是偶数，个位上都是 6 或 8。

(b) 苏教版

图 2-8 小学教材中的完全数

(二)形数

在毕达哥拉斯学派看来，数为宇宙提供了一个概念模型，数量和形状决定一切自然物体的形式，数不仅有量的多少，还具有几何形状。该学派把宇宙间的一切现象都归结为正整数和正整数之比，他们还把正整数与用小石子排列的图形相类比，称其为拟形数，简称为形数，借此对正整数进行另一种分类。

图 2-9(a)所示为三角形数：1，3，6，…，各项的结构特点为 1，1+2，1+2+3，…，通项是 $1+2+\cdots+n=\dfrac{n(n+1)}{2}$。

图 2-9(b)所示为正方形数：1，4，9，16，…，n^2，即平方数列。

图 2-9(c)所示为五边形数：1，5，12，22，…，各项的结构特点为 1，1+4，1+4+7，…，通项是 $1+4+7+\cdots+(3n-2)=\dfrac{n(3n-1)}{2}$。

图 2-9(d)所示为六边形数：1，6，15，28，…，各项的结构特点为 1，1+5，1+5+9，…，通项是 $1+5+9+\cdots+(4n-5)=(2n-1)n$。

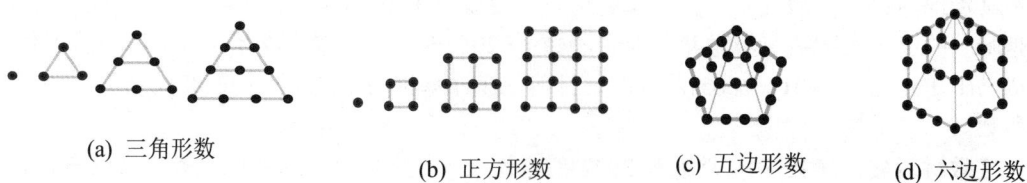

| (a) 三角形数 | (b) 正方形数 | (c) 五边形数 | (d) 六边形数 |

图 2-9 形数

(三)无理数

毕达哥拉斯学派认为世间万物都可以用正整数及其比值，即正整数和正分数来表示，除此以外，他们不认识也不认同有其他的数。从几何的角度来看，他们认为对于任意两条长度的线段都存在第三条线段作为公共度量单位使两条线段的长度都是整数，毕达哥拉斯学派将表示这两条线段长度的量称为可公度量。毕达哥拉斯定理提出后，学派成员希帕索斯(Hippasus)提出了一个问题：边长为 1 的正方形其对角线长度是多少呢？他发现找不到两个正整数使它们的比值等于对角线的长度，也就是找不到边长 1 和对角线的公共度量单位，这意味着 1 和对角线的长度是不可公度的，而对角线的长度只能用一种新的数来表示，希帕索斯的发现导致了数学史上第一个无理数 $\sqrt{2}$ 的诞生。

拓展：根号 2 是无理数的证明.mp4

不可公度量即无理量的发现表明有些量不能用数(整数或分数)来表示。这个发现是毕达哥拉斯学派的一个重大贡献，却与他们"万物皆数"的信条相抵触，给学派成员秉持的数学理念造成了致命打击。这一结论的悖论性表现在它与常识的冲突上：对角线的长度明明存在，却找不到一个准确的数(整数或者分数)来表示这个长度，这是一件：违反常识令人难以接受的荒谬的事情！柏拉图(Plato)记载，后来又发现了除 $\sqrt{2}$ 以外的其他一些无理数，这些"怪物"深深地困扰着古希腊的数学家。希腊数学中出现的这一逻辑困难，引发了西方数学史上的一场轩然大波，被称为"第一次数学危机"。大约一个世纪以后，这一危机才因毕达哥拉斯学派晚期成员阿契塔斯(Archytas)的学生欧多克斯(Eudoxus)提出的新比例理论而暂时消除，直到 19 世纪实数理论建立才真正消除。

数学史上共发生过三次危机。第二次数学危机是由牛顿和莱布尼茨创立的微积分基础不牢靠引发的。后来经过柯西、魏尔斯特拉斯和黎曼等众多数学家的努力，夯实了微积分的基础第二次数学危机才彻底克服。第三次数学危机是由康托尔的集合概念不严密引发的。后来数学家策梅洛和弗兰克尔构造了一套 ZF 公理系统，有效地排除了集合论悖论，从而解除了第三次数学危机。

第三节　小学数学案例分享

在小学数学课堂中，让学生了解数学文化、体会数学之美，是实现情感态度和价值观目标的有效途径。下面的教学片段选自《让数学文化走进课堂——以"黄金分割"的内涵与赏析课为例》，本节内容略作调整。

环节 1：认识黄金分割

黄金分割问题的研究起源于古希腊毕达哥拉斯学派，毕达哥拉斯从铁匠的打铁声中受到启发，反复测量比较铁锤和铁砧的尺寸，发现优美和谐的声音来源于恰当的比例。欧多克斯曾提出一个问题：能否将一条线段分成不等的两部分，使较短线段与较长线段之比等于较长线段与原线段之比？公元前 300 年左右，欧几里得在撰写《几何原本》时吸收了欧多克斯的研究成果，进一步系统地论述了黄金分割。黄金分割与几何、代数、数列密切相关，因其蕴含的美学价值，被广泛应用于各个领域。

学生画正五角星，教师展示优秀学生作品。

师：我国国旗上有五颗正五角星，所以被称作五星红旗。不仅当今许多国家国旗上有正五角星，古希腊的毕达哥拉斯学派也以正五角星为标志。这是因为大家都认为正五角星很美，实际上正五角星里藏着看起来美的秘密——黄金分割。

环节 2：欣赏黄金分割之构图美

世界各地的建筑中常常能看到黄金分割的影子。上海东方明珠电视塔的上球体到塔底距离与整个塔高之比约为 0.618；古埃及金字塔地面的边长和高之比接近于 0.618；巴台农神庙、多伦多塔、巴黎圣母院等建筑都应用了黄金分割比。这些雄伟壮观的建筑结构让人赏心悦目。意大利画家达·芬奇也运用黄金矩形构图，如《蒙娜丽莎》和《维特鲁威人》等。

环节 3：体会黄金分割之应用美

黄金分割的比例美与和谐美已被应用到社会生活的各个领域，它已成为创造和谐生活环境的一种常见方式。人的正常体温约为 36℃，而让人感觉舒适的温度大约为 22℃，因此，人们常将室温调至 22℃，这一数值接近黄金分割比；主持人报幕时会选择站在舞台全长的 0.618 处；家具外观设计长宽之比接近 0.618；那些令人赏心悦目的摄影作品，在构图时，也会考虑黄金分割比；二胡为获得最佳音色，其"千斤"需放在琴弦长度的 0.618 处；中国古代画论中说"丈山尺树，寸马分人"，山水画中山、树、马、人的大致布局接近于黄金分割比。

华罗庚先生的优选法于 20 世纪 70 年代在我国进行推广，因其简洁高效被运用于电子、机械、化工、石油、交通运输、粮食加工等多个领域，其中包含 0.618 法，也称为黄金分割法，即在优选时将尝试点放在黄金分割点上寻找最优选择。0.618 法能以较少的试验次数，找到合理的组合方案、合适的工艺条件。

小结：这几个教学片段，使学生能够感受数学与美的结合。精美有趣的图片、动画、视频，使学生从形和数的角度感受黄金分割之美、数学之美、自然之美、生活之美，引导学生发现美、探索美、欣赏美、领悟美、应用美、创造美。

本章练习

一、填空题

1. 正整数集(除 1 外)可以根据(   )被分成完全数、过剩数和不足数。其中完全数是指(   )，过剩数是指(   )，不足数是指(   )。

2. 亲和数是指(   )，最小的一对亲和数是(   )。

3. "万物皆数"是(   )学派的信条，其中"数"是指(   )。

4. 由不可公度量即(   )的发现引发的希腊数学逻辑困难，被称为(   )。

5. 由微积分基础不牢靠引发的危机被称为(   )。

6. 由康托尔的集合概念的不严密引发的逻辑困难被称为(   )。

二、单选题

1. 毕达哥拉斯定理指的不是(   )。
   A. 商高定理　　　B. 勾股定理　　　C. 中国剩余定理　　　D. 百牛定理

三、多选题

1. 毕达哥拉斯学派将正多面体称为宇宙形，以下为宇宙形的是正(   )面体。
   A. 三　　　B. 四　　　C. 五　　　D. 六

2. 毕达哥拉斯学派从形的角度研究数，反映了他们将数作为几何思维元素的精神，下列(   )是正方形数。
   A. 1　　　B. 2　　　C. 3　　　D. 4

四、简答题

1. 简述第一次数学危机的始末。

五、证明题

1. 选择一种你喜欢的方法证明勾股定理。

2. 用欧拉定理 $V+F-E=2$(其中 V、F、E 分别是正多面体的顶点数、面数和棱数)证明正多面体只有五种。

第三章 《几何原本》与欧几里得

学习目标

➤ 简要了解欧几里得的生平。
➤ 掌握《几何原本》的结构框架、各章主要内容以及历史价值。
➤ 掌握《几何原本》的中译本情况。
➤ 能够简要阐述非欧几何的含义。
➤ 感受非欧几何产生过程中数学家们的精神力量。

重点与难点

➤ 掌握《几何原本》的结构框架、各章主要内容以及历史价值。
➤ 阐述非欧几何的含义。

欧几里得的《几何原本》是公理化演绎体系的开端,是人类历史上的重要著作。它不仅是欧洲数学发展的源头,还对世界数学的发展产生了影响。现今义务教育阶段《数学》课本的主体内容仍被《几何原本》占据。对于如此有名望的数学家及其影响深远的著作,2022 年人教版《数学》五年级下册也在文化板块中做了具体介绍,本章我们将走进欧几里得和他的数学王国。

第一节 欧几里得

欧几里得(Euclid)是古希腊著名的数学家,论证几何的集大成者,开创了欧氏几何,被誉为"几何学之父"(见图 3-1)。欧几里得是历史上最早专注于学术研究的科学家,他从不参与那些可以扬名立万的活动,而是将全部精力投入研究中,这种学术风格使历史上关于他的生平记载几乎为零,今天他很多流传甚广的经历说法都是后人根据有限的记载推断甚至演绎的。欧几里得早年在雅典的柏拉图学院受过教育,学习了希腊古典数学和科学文化。因雅典的衰落,数学界和其他科学一样处于困境,约在公元前 300 年,欧几里得受邀到亚历山大城的缪斯学院教授数学,成为亚历山大学派的奠基人。

图 3-1 欧几里得画像

欧几里得的教学态度一丝不苟。他专注于学术，心无旁骛，有两则关于他的逸事，我们从中可以体会其治学态度。据传，托勒密王索特(Soter)曾问欧几里得，除了学习他的《几何原本》之外，是否还有其他学习几何的捷径。欧几里得回答，"几何学无王者之道"，意思就是生活中的道路可以因地位不同而有区分，百姓走巷道国王走御道，但学习几何的道路对任何人都是一样的，要循序渐进、刻苦钻研，没有可以投机取巧的便捷之路。另一则逸事说，一个学生刚学了一个几何命题便问欧几里得，学了这些他能获得什么呢？欧几里得叫来一个仆人吩咐道："给这位先生三个分币，因为他一心想从学过的东西中捞点什么。"欧几里得的教学和研究聚焦于知识本身，不太关注其实用性，更不赞赏用功利之心求学的态度。

《几何原本》是人类历史上伟大的著作之一，对数学、自然科学乃至整个人类科学文化领域都产生了极其深远的影响，欧几里得几乎成了几何的代名词。事实上，除了《几何原本》，他还撰写了不少数学、天文学、光学和音乐方面的著作。仅在数学方面，他就撰写了《圆锥曲线》《曲面轨迹》和《纠错集》等，可惜大多已失传，至今幸存的只有 5 部，即《几何原本》《图形的分割》《已知数》《现象》和《光学》。其中，《几何原本》最为重要，也是现存最古老的希腊数学著作。

第二节　《几何原本》

基于亚里士多德(Aristotle)的逻辑学，欧几里得将自泰勒斯以来 300 多年的初等几何、初等数论及几何代数等零散的数学知识作了系统化、理论化的总结，以少量定义、公设和公理为逻辑起点，利用逻辑推理的规则由简到繁地推演出全部命题，《几何原本》(见图 3-2)构成了历史上第一个数学公理化体系。

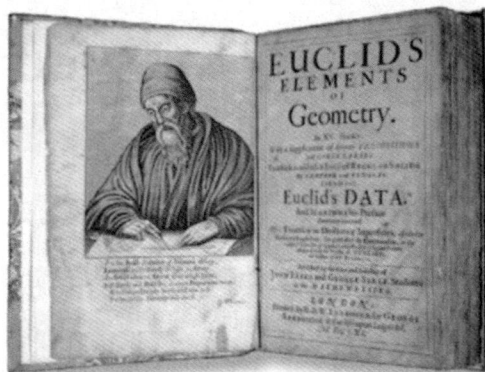

图 3-2　《几何原本》(英文版)

一、精华内容

"原本"的希腊文原意为学科中具有广泛应用的最重要命题，它是证明的逻辑起点，也是其他命题得以成立的基础，类似于字母在语言中的作用。

《几何原本》总计 13 卷，包括 5 个公设、5 个公理、119 个定义和 465 个命题，其在文中的具体分布情况，如表 3-1 所示。

表 3-1 《几何原本》的内容分布

卷序	I	II	III	IV	V	VI	VII	VIII	IX	X	XI	XII	XIII	总数
定义(个)	23	2	11	7	18	4	22	0	0	4	28	0	0	119
公设(个)	5	0	0	0	0	0	0	0	0	0	0	0	0	5
公理(个)	5	0	0	0	0	0	0	0	0	0	0	0	0	5
命题(个)	48	14	37	16	25	33	39	27	36	115	39	18	18	465

第 I 卷作为全书之首，开篇没有多余的铺垫，直接给出了 23 个最基本的定义，包括点、线、面、形、角、圆和平行直线等，具体如下。

点是没有部分的物体。

线是有长度但没有宽度的物体。

面是有长度和宽度但没有厚度的物体。

形是由某一边界或若干边界所围成的物体。

平面角是一个平面上两条相交且不在同一直线上的线之间的倾斜度。

圆是由一条线围成的平面形，该平面形内有一点，它与这条线上的点所连成的所有线段都相等。

平行直线是在同一平面上沿两个方向无限延伸且不论从哪个方向延伸都不相交的直线。

欧几里得采用形象化的方式对基本概念进行了定义，这虽与现代公理体系的做法有很大的不同，但有其合理性。因为从内容的基础性推断，《几何原本》应该是写给学生的授课讲义而非写给同行的学术专著，所以对概念作了一些形象化描述，虽逻辑上有微瑕但有助于直观理解，对教学而言不失为有益的选择，这种做法对今天的小学数学教学实践仍有借鉴价值。

另外，第 I 卷给出了全书所有的公设和公理，具体如下。

1. 公设

(1) 从任意一点到另外任意一点可作一条直线。

(2) 一条有限直线可不断延长。线段是有限的，直线是无限的。

(3) 以任意点为中心，以任意距离为半径可以作圆。

(4) 所有直角都彼此相等。

(5) 同平面内若一条直线与另外两条直线相交，且在该直线同侧的两个内角和小于 180°，那么将两条直线无限延长后会在这一侧相交。

2. 公理

(1) 等于同量的量彼此相等。

(2) 等量加等量，其和仍相等。

(3) 等量减等量，其差仍相等。

(4) 彼此重合的物体是全等的。

(5) 整体大于部分。

《几何原本》采用了亚里士多德的观点对公理和公设进行区分，即公设是指某一学科独有的"真理"，对《几何原本》所列的公设而言这一学科指的就是几何；公理则是适用于所有科学的"真理"。如今，不再区分公设与公理，均称为公理。

第Ⅰ、Ⅱ、Ⅲ、Ⅳ及Ⅵ卷是几何基础，包含了平面几何的一些基本内容，除前面已呈现的定义外，还有毕达哥拉斯定理、作图及相似性等内容。第Ⅱ及Ⅵ卷中还涉及了几何代数的内容，即以几何方式表述和解决代数问题。第Ⅴ卷是比例论，是以欧多克斯的成果为基础的。有人认为这一卷代表了《几何原本》的最大成就，因为当时人们认为它消除了由不可公度量引起的数学危机。第Ⅶ、Ⅷ和Ⅸ卷是关于数论的内容，其中陈述了求两数最大公因子的辗转相除法，即著名的欧几里得算法。第Ⅹ卷讨论了不可公度量，即讨论了可表示为 $\sqrt{\sqrt{a}\pm\sqrt{b}}$ 形式的无理数，是全书篇幅最长的部分。第Ⅺ、Ⅻ和ⅩⅢ卷主要是立体几何的内容，包括棱柱、棱锥、圆柱、圆锥和球等立体几何的体积定理及对正多面体的讨论，其中第Ⅻ卷详细陈述了穷竭法。

综览全书内容，《几何原本》并非只是一部几何著作，除了几何内容还包含了比例论、数论和无理数，但其阐述体系却是几何化的，所有公设都是几何公设，其他领域的内容也是用几何语言来描述的，且代数问题也是用几何方式求解的。所以，著作用《几何原本》命名。

以下通过呈现著作中的一些命题，展现其特色和魅力。

第Ⅰ卷命题47：在直角三角形中，直角所对边上的正方形的面积等于夹直角两边上的正方形的面积之和。

第Ⅰ卷命题48：在一个三角形中，若一边上的正方形面积等于该三角形其余两边上的正方形面积之和，则其余两边所夹的角为直角。

勾股定理证明-面积相等法.mp4

比例理论.mp4

显而易见，第Ⅰ卷命题47与第Ⅰ卷命题48分别是勾股定理及其逆定理。

图3-3所示为证明勾股定理的大致思路：以直角边为边长的两个小正方形面积分别等于以斜边为边长的大正方形对应的相同颜色的一部分，即深色区域与深色区域面积相等，浅色区域与浅色区域面积相等。

第Ⅱ卷命题1：若有两条直线，其中一条被截成任意几段，则这两条直线所围成的矩形面积等于未截直线与各段围成的矩形面积之和。

这个命题阐述的是分配律，也就是前面所说的"几何代数"，即用几何方式表述并解决了代数问题，结论相当于以下代数关系式，如图3-4所示。

$$a(b_1+b_2+\cdots+b_n)=ab_1+ab_2+\cdots+ab_n$$

《几何原本》第Ⅴ卷定义5给出了比例的定义，该定义可用现代数学语言表述如下。

设 A、B、C、D 是任意四个量，其中 A 和 B 同类（即 A、B 同为线段长度、角的大小或平面图形面积等），C 和 D 同类。对于任何两个正整数 m 和 n，如果 $mA>nB$ 意味着 $mC>$

nD，$mA=nB$ 意味着 $mC=nD$，$mA<nB$ 意味着 $mC<nD$，则称 A、B、C、D 四个量成比例，即 $A:B=C:D$。

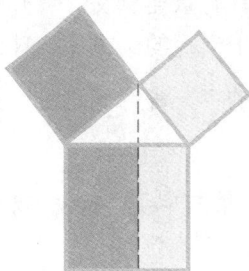

图 3-3　勾股定理的证明

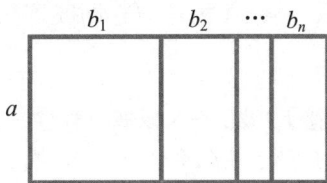

图 3-4　几何代数

将 $mA>nB$ 换成 $A:B>n:m$，将 $mC>nD$ 换成 $C:D>n:m$，依此类推，这条定义就可以表述为：对 A、B、C、D 四个量以及任意正整数 m 和 n，如果 $A:B>n:m$ 意味着 $C:D>n:m$，如果 $A:B=n:m$ 意味着 $C:D=n:m$，如果 $A:B<n:m$ 意味着 $C:D<n:m$，则称 $A:B=C:D$。

由于 m 和 n 是任意正整数，因此 $\frac{n}{m}=n:m$ 可表示任意有理数，上述定义则意味着 $\frac{A}{B}=\frac{C}{D}$ 是通过 $\frac{A}{B}$ 和 $\frac{C}{D}$ 与任意有理数 $\frac{n}{m}$ 的大小关系相同来定义的，反过来说，可以通过与全体有理数之间的大小关系来定义(唯一的)数。

定义并未限制涉及的量是可公度的还是不可公度的，因此可以运用它来证明许多早期毕达哥拉斯学派只对可公度量证明了的命题。

《几何原本》中求两个正整数最大公因数的辗转相除法，也叫欧几里得算法。

第Ⅶ卷命题 2：已知两个不互素的数，求它们的最大公因数。

该命题用现代数学语言陈述为：设 a、b 是两个不互素的数，求 a、b 的最大公因数。具体做法举例说明，求 35 和 91 的最大公因数。

首先，用两个数中的大数减小数，91-35=56。

其次，比较差与减数的大小，用较大数减较小数，56-35=21。

最后，再比较差与减数的大小，用较大数减较小数，重复这个程序，35-21=14，21-14=7，14-7=7，7 就是 35 与 91 的最大公因数。用乘法表示上述算式，可更方便理解算法。

$$91=35+56=2\times35+21 \qquad 35=1\times21+14 \qquad 21=1\times14+7 \qquad 14=2\times7$$

即：

$$91\div35=2\cdots\cdots21 \qquad 35\div21=1\cdots\cdots14 \qquad 21\div14=1\cdots\cdots7 \qquad 14\div7=2$$

整除算式的除数就是所求的最大公因数。这与我国《九章算术》中"约分术"中的"更相减损术"完全一致。

《几何原本》第Ⅹ卷是全书命题最多的章节，共有 115 个命题，约占全书命题总数的 $\frac{1}{4}$。其中命题 1 值得一提，内容如下。

第Ⅹ卷命题 1：给定两个不相等的量，若从较大的量中减去一个大于其一半的量，再从余量中减去大于其一半的量，如此连续进行，则必能得到一个更小的量。

"较小的量"是任意的，因此由这一命题所得到的是任意小的量，这是"穷竭法"的基础，有微积分思想的萌芽。穷竭法是古希腊数学家阿基米德(Archimedes)用于计算几何图形面积和体积的一种有效方法，对于了解古希腊数学具有重要意义。《几何原本》的第Ⅻ卷中用它证明了一系列重要命题，如圆的面积之比等于半径的平方比，球的体积之比等于半径的立方比，圆锥体积是与它同底等高的圆柱体积的 $\frac{1}{3}$，等等。这是《几何原本》的重要亮点之一。

【教材对接】2022 年人教版《数学》在五年级下册第三单元"长方体和正方体"中"你知道吗"板块介绍了几何学与欧几里得(见图 3-5)。

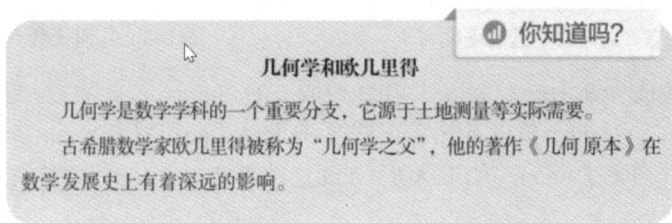

🔊 你知道吗？

几何学和欧几里得

几何学是数学学科的一个重要分支，它源于土地测量等实际需要。

古希腊数学家欧几里得被称为"几何学之父"，他的著作《几何原本》在数学发展史上有着深远的影响。

图 3-5　小学教材中的"几何学与欧几里得"

二、中译本

《几何原本》大约在公元前 300 年成书，之后被反复传抄。1482 年，《几何原本》的第一个印刷版本在意大利威尼斯问世，这是第一个完整的拉丁文版本，其译自阿拉伯文版本而非希腊文版本。1533 年，第一个希腊文印刷本出版。1570 年，第一个英文译本出版。之后出版了上千个版本，几乎被翻译成了各种语言。在数学著作中，其影响力几乎无人能及的，欧几里得称得上是史上畅销书作者之一。

明朝万历年间(1607 年)，我国著名的政治家、科学家和翻译家徐光启(1562—1633)(见图 3-6)和意大利传教士利玛窦(Matteo Ricci，1552—1610)以德国数学家克拉维乌斯(C. Clavius，1537—1612)的拉丁文评注本《欧几里得原本十五卷》为底本合作出版了《几何原本》前 6 卷的中译本，并定名为《几何原本》(称为"明本")。这个版本文字简洁、通俗易懂，在丰富中国几何学科内容的同时，也确定了中国现代数学的基本术语，如几何、点、线、面、三角形、角、直角等。日本、印度等国均采用我国的译法并沿用至今。该译本的成功出版是中国近代翻译西方科学文献的开端，开启了中国与西方学术交流的大门，同时也深深地影响了之后的中国科学家。晚清著名数学家李善兰(1811—1882)(见图 3-7)正是在学习了徐光启和利玛窦合译的《几何原本》前 6 卷后开始全面翻译西方经典数学著作的。咸丰七年(1857 年)，李善兰和英国传教士伟烈亚力(A. Wylie，1815—1887)以英国数学家巴罗(I. Barrow，1630—1677)的《几何原本》英译本为底本合作出版了《几何原本》后 9 卷的中译本(称为"清本")。1865 年，曾国藩出资将《几何原本》前 6 卷和后 9 卷一并在南京重刻刊行，并命其子曾纪泽代其为全刻本作序。至此，《几何原本》全刻本(称为"明清本")诞生。

图 3-6　徐光启画像

图 3-7　李善兰画像

三、非欧几何

非欧几何.mp4

欧几里得几何中的第五公设，也称平行公设，在欧氏几何的所有公设中较为特殊。它的叙述不像其他公设那样简洁、明了，甚至有很多数学家怀疑它不是公设而是定理。从古希腊开始，数学家们就一直努力消除对第五公设疑问。他们或者寻求以一个比较容易接受、更加自然的等价公设来代替它，或者试图把它当作一条由其他公设、公理推导出来的定理。

在众多的替代公设中，今天最常用的是：同一平面内，过已知直线外一点能且只能作一条直线与已知直线平行。

一般将这个替代公设的发现归功于苏格兰数学家、物理学家普莱菲尔(J. Playfair，1748—1819)，所以此公设也称为普莱菲尔公设。然而问题是，所有这些替代公设并不比原来的第五公设更好接受、更加自然。

许多数学家投入证明第五公设的行列中，有些数学家自认为已经"证明"了，古希腊天文学家托勒玫(C. Ptolemaeus)就是历史上的第一位。可是在他们所谓的"证明"中或者存在推理错误，或者自觉或不自觉地引进了新的假定，而这些新假定恰恰都是等价于平行公设的，托勒玫在"证明"中就使用了普莱菲尔公设。

直到 19 世纪 20 年代，俄国数学家罗巴切夫斯基(N.I. Lobachevsky，1792—1856)(见图 3-8)才在前人的基础上运用反证法解决了第五公设问题。他引用与第五公设相矛盾的命题"过直线外一点可作两条共面平行线"作为替代公设，将其与其他公设和公理联系起来进行推导。他的思路是，如果这个替代公设与其他公设和公理不相容，在推理过程中就会出现逻辑矛盾，这样便可以从反面证明第五公设是独立的。然而，在实际的推演过程中并未出现这种矛盾，于是罗巴切夫斯基得出了以下三个结论。

图 3-8　罗巴切夫斯基画像

第一，用欧氏几何的其他公设和公理无法证明第五公设，第五公设是一个独立的公设。

第二，将与第五公设相矛盾的公设"直线外一点可作两条共面平行线"与欧氏几何的其他公设和公理相结合展开一系列推理，获得了许多在逻辑上无矛盾的命题，构成了不同于欧氏几何的新的几何学。

第三，这种逻辑上无矛盾的几何学的真理性与物理学上的命题一样，只能凭实验(如天文观测)来检验。

非欧氏几何由此诞生，人们将罗巴切夫斯基合乎逻辑地推出的新的几何体系称为罗氏几何，也称为双曲几何。

1854 年黎曼(G.F.B. Riemann，1826—1866)(见图 3-9)以"过直线外一点没有直线与已知直线共面而不相交"为替代公设，创立了另一种非欧几何，人们称之为黎曼几何，亦称为椭圆几何。

图 3-9　黎曼画像

非欧几何的发现是 19 世纪最重要的数学成就之一，它打破了几何空间的唯一性，反映了空间形式的多样性。到了 20 世纪初，爱因斯坦在非欧几何的基础上提出了相对论，为人们重新构建了整个宇宙的时空结构。平坦的时空只不过是宇宙中小尺度上的特例，而在大尺度上并不存在所谓的平坦时空，因此，非欧几何才是宇宙的本质。

罗巴切夫斯基发表非欧几何后备受挖苦与攻击，人们并不接受他的思想，把它当作超现实的奇谈怪论。准备刊登罗巴切夫斯基论文的学报呈报给圣彼得堡科学院后，审稿的院士轻率地认为其结论没有价值予以否定，可见传统观念的强大。其中的原因固然很多，但主要原因还是非欧几何是一个难以凭借直观经验体会的几何世界，例如，三角形的内角和不一定等于 180°；过不在同一直线上的三点不一定能作一个圆；点 A 比点 B 高，点 B 比点 C 高，则点 A 不一定就比点 C 高。或许伟大的数学家高斯(C.F. Gauss，1777—1855)迟迟不愿把自己在非欧几何方面的研究结果公之于众，也出于担心难以抵制人们的攻击。高斯离世后，人们在他遗留的书稿中吃惊地发现他也曾经深入地研究了非欧几何。由于高斯无与伦比的威望和才能，人们责难非欧几何的声音渐渐微弱，而且非欧几何一改过去长期无人问津的局面，开始受到数学家的普遍关注和深入研究，并取得了许多新的成果。罗巴切夫斯基也得到学术界的高度评价和一致赞美，他的独创性研究也就得到广泛承认，人们称赞他为"几何学中的哥白尼"，并将他宣读论文的那一天，即 1826 年 2 月 23 日，定为非欧几何诞生的日子。

第三节　小学数学案例分享

《几何原本》作为数学史乃至科学史上最伟大的教科书，当今小学数学教材主要内容仍然取材于它。在小学数学课堂中，教师除了介绍教材中的简短材料外，还可以丰富材料内容，使材料更有故事性。

课题：三角形的三边关系(数学文化拓展片段)[①]

教学内容：根据 2022 年苏教版《数学》四年级下册第七单元"三角形、平行四边形和

[①] 本案例参考张奠宙的《扩大文化视野，弘扬人文精神——关于小学数学教材里数学文化因素的设计》与黄苏萍和陈六一的《"三角形三边的关系"教学片断与思考》设计。

梯形"中练习十二第 8 题改编。

教学目标：(1)引导学生通过观察、操作、比较和分析，自主发现三角形两边长度之和大于第三边；(2)培养学生的几何直观、空间观念和推理意识。

片段一：深入思维，发展想象、推理能力

师：怎样证明"三角形中任意两边之和都大于第三边"这一结论是正确的呢？我们来看下面的例子。

师：谁来说一说，如图 3-10 所示，学校到少年宫走哪条路更近？为什么？

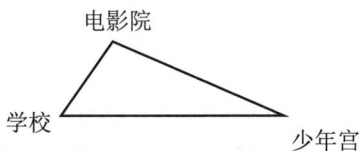

图 3-10

拓展：最短路线问题.mp4

生 1：从学校到少年宫，肯定是走这条直路比较近，而从学校经过电影院再到少年宫是一条弯路。

生 2：这条直路其实就是学校和少年宫两点间的距离，因为在两点之间的所有连线中线段最短。所以，沿着三角形的一条边走是最近的。

师：你能根据两点间的距离进行推理，真好！用他的方法，我们能说明从少年宫到电影院、从电影院到学校的最短路线吗？

指定学生交流推理过程，再让学生与同桌相互说一说。

师：根据刚才的推理过程，你能确定地说，刚才我们发现的"三角形中任意两边之和都大于第三边"的结论是正确的吗？

生 3：能确定！因为三角形中任意一条边都可以看作两个顶点之间的距离，而另两条边都可以看作这两点之间的其他连线。根据两点间的距离，可以断定上面的结论是正确的。

【设计意图】本环节引导学生联系生活实例，证明"三角形中任意两边之和都大于第三边"这一定理。熟悉的问题情境，激活了学生原有的知识储备，促使他们想到根据"两点间的距离"来说明规律背后的道理，这就让学生能主动通过演绎推理论证所获得的结论，感受"从一些事实或命题出发，依据规则推理其他命题或结论"的过程，从而培养推理意识。

片段二：回顾反思，提升认识

师：我们今天学习了什么？是怎样发现三角形三边关系的？你有哪些收获和体会？还有哪些疑问或问题？

··········

师：大家的收获真不少！同学们用"两点之间所有连线中线段最短"推出"三角形中任意两边之和都大于第三边"的结论的过程，与古希腊数学家欧几里得证明结论的过程不谋而合，他的著作《几何原本》就是从一组大家公认的基本事实(公理)出发，推演出一系列正确定理的。《几何原本》研究的这种几何学，中国古代数学中没有涉及。17 世纪，徐光启和利玛窦将它翻译成中文，这通常被看作中国近代数学文明进步的开端。19 世纪，俄国数学家罗巴切夫斯基提出了一种新的几何学，和欧几里得的几何学不一样，称为"非欧几何"。

【设计意图】数学文化的内容不要求学生全部理解，只要能帮助学生有所了解即可。在小学数学中做这样的铺垫，可以为学生今后理解中学数学打下良好的数学文化基础。

本章练习

一、填空题

1. 《几何原本》的作者是(　　)，全书总计(　　)卷，包括(　　)个命题、(　　)个定义、(　　)个公理和(　　)个公设。

2. 《几何原本》第Ⅰ、Ⅱ、Ⅲ、Ⅳ及Ⅵ卷是(　　)，第Ⅱ及Ⅵ卷中还涉及了(　　)的内容，第Ⅹ卷讨论了(　　)，第Ⅺ、Ⅻ和ⅫⅠ卷主要是(　　)的内容。

3. 《几何原本》第Ⅴ卷代表了全书的最大成就，主要研究了(　　)。

二、单选题

1. 1607 年，徐光启和利玛窦合作翻译了《几何原本》的(　　)卷，是中国近代翻译西方科学文献的开端。

　　A. 前 6　　　　　　B. 后 6　　　　　　C. 前 9　　　　　　D. 后 9

2. 作为爱因斯坦广义相对论数学基础的是(　　)。

　　A. 欧氏几何　　　B. 高斯几何　　　C. 罗氏几何　　　D. 黎曼几何

三、多选题

1. 由欧氏几何第五公设引发的新几何是(　　)。

　　A. 双曲几何　　　B. 椭圆几何　　　C. 罗氏几何　　　D. 黎曼几何

2. 《几何原本》第(　　)卷是关于数论的内容。

　　A. Ⅶ　　　　　　B. Ⅷ　　　　　　C. Ⅸ　　　　　　D. Ⅹ

四、简答题

1. 用欧几里得算法求 2023 和 615 的最大公因数。

五、证明题

1. 用一种小学生能理解的方式证明交换律 $ab=ba$ 和分配律 $a(b+c)=ab+ac$。

第四章　圆柱容球与阿基米德

学习目标

➢ 简要了解阿基米德生平。
➢ 掌握圆柱容球的含义及其表面积、体积比。
➢ 掌握阿基米德主要著作的主要内容。
➢ 能够举例说明穷竭法和平衡法。
➢ 通过阿基米德为国捐躯的经历感受数学家的爱国精神。

重点与难点

➢ 掌握穷竭法和平衡法。

数学史家贝尔(E.T. Bell，1883—1960)说，任何一张列出有史以来三个伟大的数学家的名单中，必定会包括阿基米德(Archimedes，公元前 287—公元前 212)，另外两位通常是牛顿和高斯。不过从他们的丰功伟绩、所处的时代背景以及对当代和后世的深远影响这几个方面进行比较，还应首推阿基米德。2022 年人教版《数学》六年级下册在文化板块中对阿基米德和圆柱容球进行了具体介绍。

第一节　阿基米德

阿基米德.mp4

阿基米德(见图 4-1)是古希腊哲学家、数学家、力学家和天文学家。他出生于西西里岛的叙拉古(Syracuse，今意大利锡拉库萨)的一个贵族家庭，受到了系统规范的教育，从小就与其他贵族男孩一起进行严格的体育和智育训练，学习了经典的《荷马史诗》《伊索寓言》和其他社会伦理著作，他本人似乎对与自然科学相关的内容更感兴趣。一次偶然的机会，阿基米德从奴隶市场中营救了欧几里得的门生科农(Conon)，他是著名的亚历山大学派学者，在圆锥曲线和日食的研究方面贡献卓著。科农对心地善良、思维活跃、见解深刻独到的阿基米德非常赏识，邀请他去亚历山大城学习。在亚历山大城，阿基米德又结识了许多同行，甚至与有些学者成为终生挚

图 4-1　阿基米德画像

友，如多西修斯(Dositheus)和埃拉托塞尼(Eratosthenes)等。亚历山大城是学术中心，聚集了众多学界精英。阿基米德置身于向往已久的学术殿堂，在璀璨群星的光照之下潜心研究，经过三年既紧张又充实的学习生活，他博采众长，学业有了长足进步，并初步形成了稳定、独特的科研风格。阿基米德告别良师益友回到了叙拉古后，继续克服种种困难潜心研究，并与远在亚历山大城的科农、多西修斯及埃拉托塞尼等学者保持通信。他的研究成果不断传到亚历山大城乃至整个古希腊，他的许多著述都是通过信件的形式保存下来的，所以，阿基米德通常被看作亚历山大学派的成员。

由于商业和殖民利益的冲突，迦太基和罗马进行了三次大规模战争，史称布匿战争(Punic Wars，公元前264—公元前146)。叙拉古因与迦太基缔结同盟而成为罗马的敌人。公元前214年，罗马名将马塞勒斯(M.C. Marcellus，约公元前268—公元前208)率领大军从海陆两路围攻叙拉古。在国家存亡之际，年逾古稀的阿基米德毅然以科学家的责任和担当肩负起保卫祖国的重任，竭尽心力为国效力。阿基米德发明了很多攻击力极强的军事机械。起重机能把靠近墙根的敌船抓起来，像玩掷钱游戏一样抛来抛去，有的敌船被撞得粉碎，有的沉入海底，敌船被搅得一片混乱；投石机能快速抛出巨大石块，将敌军连船带人一并摧毁。在敌军官兵眼中，阿基米德比神话里的百手妖怪还厉害，他们不得不改变战争策略，放弃主动进攻，采用长期围攻策略。两年过去了，叙拉古终因粮食耗尽，被叛徒出卖，于公元前212年陷落。当破城而入的罗马士兵冲到阿基米德身边时，这位老人正在全神贯注地思考数学问题，他让罗马士兵别碰沙盘上的几何图形，他泰然自若的态度激怒了罗马士兵，失去理智的罗马士兵挥剑刺向老人的胸膛，一颗科学巨星缓缓陨落了(见图4-2)。据说曾下令勿杀阿基米德的罗马主将马塞勒斯得知噩耗后十分悲痛，除严肃处理那个愚蠢的士兵外，还对阿基米德的亲属给予抚恤以示敬意。在了解到阿基米德生前曾希望将他最引以为傲的数学发现——圆柱容球的图形刻在墓碑上的愿望后，特意为阿基米德建墓立碑，帮他完成心愿，以表达对这位旷世科学伟人的景仰。

图4-2 阿基米德之死

第二节 阿基米德的主要成就

阿基米德著述极为丰富，不过大多以类似论文手稿的形式呈现，而非大部头的巨著。这些著述的内容涉及数学、力学以及天文学等多个领域。

一、穷竭法

古希腊存在三大几何问题：化圆为方、倍立方体和三等分角。现代数学方法已证明，仅利用无刻度的直尺和圆规，是无法完成这些任务的。雅典时期诡辩学派的代表人物安提丰，率先提出用圆内接正多边形逼近圆面积的方法来解决化圆为方问题。他从一个圆内接正方形开始，逐步将边数加倍，得到正八边形、正十六边形等，并无限重复这一过程。随着圆面积逐渐被"穷竭"，最终会得到一个边长极小的圆内接正多边形。安提丰认为这个内接正多边形会与圆重合。由于我们通常能够做出一个面积等于任意正多边形的正方形，所以他觉得也能做出一个面积等于圆的正方形。尽管这种推理未能真正解决化圆为方问题，但安提丰却因此成为古希腊穷竭法(method of exhaustion)的开创者。古希腊大数学家欧多克斯提出了新比例理论，将穷竭法理论建立在科学基础之上。公理"任意正实数 a、b，存在自然数 n，使 $na>b$"，这是现代数学的表述方式。欧多克斯以此为依据，对安提丰提出的穷竭法进行了改造，使其有了逻辑依据。该命题就是阿基米德在《论球和圆柱》(*On the Sphere and Cylinder*)中提出的"阿基米德公理"，阿基米德明确将其归功于欧多克斯。阿基米德能够熟练运用穷竭法证明命题，且技巧高超，解决了一批重要的面积和体积命题。穷竭法是一种严格的证明方法，需要预先知晓所求结果，然后运用反证法进行证明。

《圆的度量》(*Measurement of Circle*)命题 1 的证明就是利用穷竭法完成的，具体如下。

命题 1 圆面积等于以其半径和周长为直角边的直角三角形面积。

已知圆的半径为 r，面积为 S，周长为 C，直角三角形面积为 $S_\triangle$，如图 4-3 所示。
求证：$S = S_\triangle$

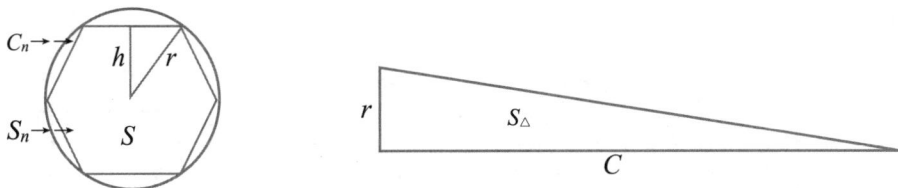

图 4-3 化圆为直角三角形

证明：假设 $S \neq S_\triangle$，
当 $S > S_\triangle$，即 $S-S_\triangle > 0$ 时，
作圆内接正 n 边形，设其面积为 S_n，周长为 C_n，边心距为 h，存在足够大的 n 使 $S-S_n < S-S_\triangle$，即 $S_n > S_\triangle$。

而 $S_n = C_n h/2$，$S_\triangle = Cr/2$，又 $r > h$，故 $S_\triangle > S_n$，这与假设矛盾，所以该假设不成立。

同理，作外切正多边形可证当 $S < S_\triangle$ 时假设也不成立。从而证明 $S = S_\triangle$。

在证明过程中，"存在足够大的 n 使 $S - S_n < S - S_\triangle$，即 $S_n > S_\triangle$" 就是用圆的内接正多边形去穷竭圆的过程，"假设 $S \neq S_\triangle$" 就是反证的过程。

二、平衡法

平衡法.mp4

阿基米德作为数学与物理领域的跨界科学家，具有独特优势。他不仅能够运用数学手段解决物理问题，还能借助物理手段解决数学问题，"平衡法"便是典型例证，仅其名称就透露出浓郁的力学气息。穷竭法虽能严格证明已知结论，却无法用于发现新结果。阿基米德凭借其独特的思维模式弥补了这一缺陷，他运用力学方法"平衡法"得出新结论，再利用穷竭法对结论的正确性进行严格证明。这种将发现与求证相结合的做法，在古希腊时期是独一无二的。从现代数学的视角分析"平衡法"，其本质是一种原始积分法，堪称阿基米德数学研究的最大功绩。他运用该方法解决了一系列几何图形的面积和体积计算问题。阿基米德把图形的面积或体积视为一片或一块质地均匀、具有重量的物体，此物体可被分割成许多极其细小的长条或薄片。阿基米德"平衡法"的思路是：若要求图形甲的体积，可借助体积已知或易于计算的图形乙、丙的体积。具体操作是，先将这三个图形以相同方式分割成细小的薄片，然后建立一个有合适支点的天平，使甲与乙、丙在天平上达到平衡，再利用杠杆原理计算出所求图形甲的体积。

阿基米德的数学著作《处理力学问题的方法》(*The Method Treating of Mechanical Problems*)的命题 2 就运用平衡法得出了两个结论。

命题 2 (1)球的体积是以它的半径为底面半径和高的圆锥体体积的 4 倍。

(2)球的体积是以它的直径为底面直径和高的圆柱体体积的 $\frac{2}{3}$。

以命题 2(2)为例简要说明平衡法。阿基米德借助第三个几何体——与圆柱等底等高的圆锥体体积得出了这个结论。如图 4-4 所示，$2R$ 为球的直径，也是圆柱和圆锥的高。在距离圆柱上底面 x 处，$x \in [0, 2R]$，对三个几何体同时进行切割，截得三个薄片：柱片、球片和锥片。将它们悬挂在天平上，天平保持平衡，依据杠杆原理，便可得出球的体积与圆锥、圆柱体积之间的关系。

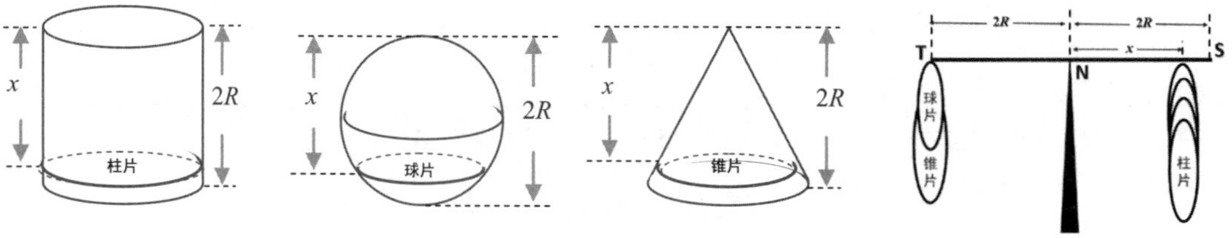

图 4-4 平衡法

平衡法的理论基础是著作《平面图形的平衡或其重心》(*On the Equilibrium of Planes or the Centres of Gravity of Planes*)中的杠杆原理。该著作分两卷，卷 1 先给出 7 个公理，这些公理都显而易见，其中命题 6 和命题 7 便是我们熟悉的杠杆原理，分别针对可公度量与不可公度量两种情形进行讨论。

命题6/7 当所处的距离(与支点的距离)与重量成反比时,两重物平衡。

阿基米德"给我一个支点,我可以撬动地球"(见图4-5)的豪言壮语是否可信不得而知,但作为理论依据它让平衡法大放光彩。任何怀疑都无法动摇一个基本判断,即阿基米德是古希腊伟大的科学家之一,也是科学史上屈指可数的科学巨匠之一。因为阿基米德的科学地位并非依靠传说确立,而是有扎实的史料依据。

图 4-5 可以撬动地球的阿基米德

三、圆周率

圆周率是各个古老文明都有所涉猎的内容。古埃及与古巴比伦都有过圆周率的分数表达形式,但得出这些表达形式的依据是什么就不得而知了。历史上第一个有确切计算原理的圆周率是阿基米德在《圆的度量》中给出的。这部著作篇幅较短,只包括与圆计算相关的3个命题,具体如下。

命题1 圆面积等于以其半径和周长为直角边的直角三角形面积。

命题1是圆面积的计算公式,这与我国魏晋时期数学家刘徽在《九章算术注》中"半周乘半径而为圆幂"的说法不谋而合。

命题2 圆与以其直径为边长的正方形面积比为 $11:14$。

命题2相当于给出了圆周率的分数近似值是 $\frac{22}{7}$,与我国南北朝时期数学家祖冲之独立给出的圆周率的分数近似值 $\frac{22}{7}$ 相同。这就是著名的阿基米德圆周率的出处,简称为"阿氏率",也称为"约率"。

命题3 圆的周长 C 与直径 d 之比 $3\frac{1}{7}<C:d<3\frac{11}{70}$。

在命题3的证明中,阿基米德将穷竭法应用于圆周率的计算。他从圆内接正三角形出发,将边数逐次加倍,计算到正96边形而得到圆周率的范围,即 $\pi\in\left(\frac{22}{7},\frac{221}{70}\right)$。阿基米德弥补了欧几里得在《几何原本》中未提及圆周率的值以及圆面积、圆周长计算方法的不足，并且在科学史上首次采用上下界来确定一个量的近似值，还提供了误差估计。

四、圆柱容球

圆柱容球.mp4

当圆柱与其内部的球相切，即圆柱的高、圆柱的底面直径和球的直径相等时，圆柱与其内切球构成的组合图形称为圆柱容球。阿基米德在其数学著作中给出了圆柱容球中圆柱与球的体积比和表面积比，并在《论球和圆柱》中用穷竭法证明了该结论，具体如下。

以球的大圆为底、球直径为高的圆柱的体积与表面积分别是球的体积与表面积的 $\frac{3}{2}$。

也就是说，$V_{圆柱}$：$V_{球}$=3：2，$S_{圆柱}$：$S_{球}$=3：2。两个体现完全不同几何量关系的数据竟然相同，数学之美难以掩盖，这或许是阿基米德偏爱圆柱容球并希望将其刻在墓碑上的原因。

【教材对接】2022 年人教版《数学》在六年级下册第三单元"圆柱与圆锥"中"你知道吗？"板块详细介绍了圆柱容球与阿基米德，如图 4-6 所示。

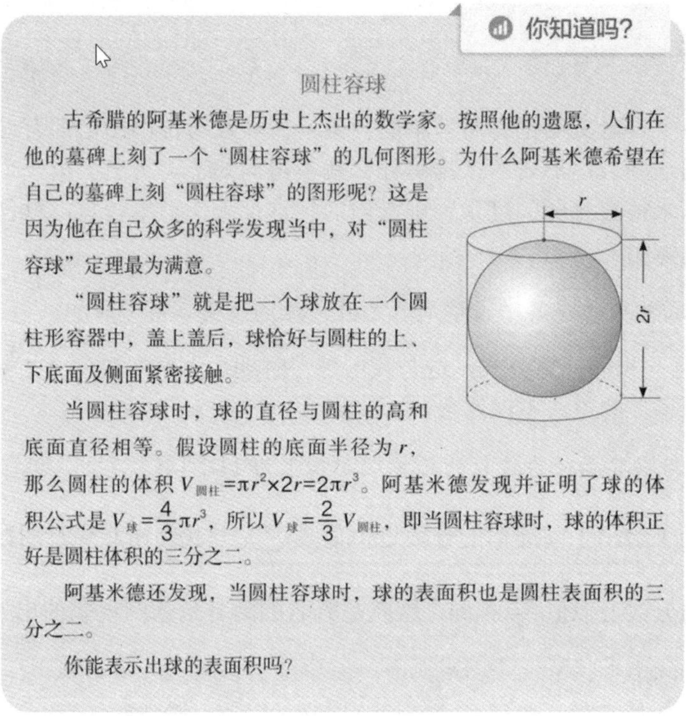

（ⅰ）你知道吗？

圆柱容球

古希腊的阿基米德是历史上杰出的数学家。按照他的遗愿，人们在他的墓碑上刻了一个"圆柱容球"的几何图形。为什么阿基米德希望在自己的墓碑上刻"圆柱容球"的图形呢？这是因为他在自己众多的科学发现当中，对"圆柱容球"定理最为满意。

"圆柱容球"就是把一个球放在一个圆柱形容器中，盖上盖后，球恰好与圆柱的上、下底面及侧面紧密接触。

当圆柱容球时，球的直径与圆柱的高和底面直径相等。假设圆柱的底面半径为 r，那么圆柱的体积 $V_{圆柱}=\pi r^2 \times 2r=2\pi r^3$。阿基米德发现并证明了球的体积公式是 $V_{球}=\frac{4}{3}\pi r^3$，所以 $V_{球}=\frac{2}{3}V_{圆柱}$，即当圆柱容球时，球的体积正好是圆柱体积的三分之二。

阿基米德还发现，当圆柱容球时，球的表面积也是圆柱表面积的三分之二。

你能表示出球的表面积吗？

图 4-6 小学教材中的圆柱容球

阿基米德在《论球和圆柱》中还运用穷竭法证明了以下两个结论。

(1) 任一球面积等于其大圆面积的 4 倍，即 $S_{球}=4\pi r^2$。

(2) 棱柱(或者圆柱)的体积等于同底等高的棱锥(或者圆锥)体积的 3 倍。

在阿基米德写给在亚历山大城的良师益友埃拉托塞尼的一封信中包括 15 个命题，集中阐释了求面积和体积公式的方法。在中世纪时，作为书写材料的羊皮纸非常昂贵，因此，在抄写书籍时，有时会选择将原有书籍的文字刮去，在上面重新书写，这部著作就是其中的代表。1906 年，哥本哈根大学教授海伯格(J.L. Heiberg，1854—1928)在君士坦丁堡(Constantinople，今伊斯坦布尔)发现了一部关于中世纪宗教的羊皮纸书文献(见图 4-7)，他辨认出宗教文字之下还留有 10 世纪撰写内容的旧字迹。海伯格是古文字学家兼历史学家，对古希腊数学有着较为深入的研究，编写过包括阿基米德在内的若干古希腊学者的文集。他在抹去原先文字后书写了新内容的稿本里，隐约见到底稿上有一些关于数学的希腊文，并惊喜地发现这是阿基米德的著作。后来经过不懈努力，终于使 185 页的文字(除少数完全看不清者外)重见天日并发表出来，这是 20 世纪数学界的重要事件。

图 4-7　阿基米德作品(羊皮纸书文献)

关于阿基米德的著作，还有两个特点值得一提。一是与同时代的其他数学家相比，阿基米德的版权意识要强得多，在他的著作中，涉及他人研究之处常会注明。二是神在阿基米德的著作中没有地位。这两个特点不仅在当时，甚至在此后很长时间里都是独树一帜的。

在研究中，阿基米德注重理论与实践相结合。他在实践中凭直觉洞察事物的本质，然后运用逻辑方法使直观经验上升为严谨的理论(如浮力定律、杠杆原理)，再用理论去指导实际工作(如判断金冠掺银、发明抗敌军械)，善于将计算技巧与逻辑分析结合起来。阿基米德完全接受经欧几里得奠定的公理化方法，他提出的每一个命题都是由公理推导出来的，这使他的整个理论成为一个严密的逻辑演绎体系。在严格性方面，穷竭法超过了 15—17 世纪的分析学家，他的理论比牛顿(I. Newton，1643—1727)、莱布尼茨(G.W. Leibniz，1646—1716)更加接近柯西(A.L. Cauchy，1789—1857)、魏尔斯特拉斯(K.T.W. Weierstrass，1815—1897)的 ε-δ 方法，只是当时没有迫切的生产需要和适宜的社会环境，所以未能进一步发展起来。

第三节　小学数学案例分享

阿基米德的数学思想极为丰富，但在小学教学实践中经常被提及的是与他的"豪言壮语"和"裸奔事件"相关的数学故事，涉及数学思想方法的情况并不多见，究其原因是教学设计者考虑到了小学生的认知基础。下面这个课题是一个改编的教学片段[①]，它以圆的面

---

① 方芳. 在数学史中启迪数学思想——《圆的面积》教学设计(一)[J]，小学教学设计，2021(11).

积为切入点呈现了三位科学家不同的思想方法，能为我们在小学教学设计中渗透数学思想提供一条实践途径。

课题：圆的面积教学片段设计

教学内容：2022 年苏教版《数学》五年级下册第六单元"圆"中的例 7"圆的面积"。
教学过程如下。

1. 实践运用刘徽割圆术，探究圆与正多边形的关系

师：同学们，今天的课程将围绕历史上三位著名数学家的三则故事展开。我们先来听第一则"刘徽与圆面积公式"的故事。263 年，我国数学家刘徽在《九章算术注》中写道："割之弥细，所失弥少，割之又割，以至于不可割，则与圆周合体而无所失矣。"你们听过这句话吗？

操作 1：正向操作，将正方形的纸剪成一个圆形。

师：你能把正方形的纸剪成一个最大的圆形吗？可以怎样剪？

师：有的同学是对折后剪一个半圆，有的同学是对折两次后再剪。想一想，怎样剪才能让展开后的图形更接近圆呢？

生：对折无数次。

师：的确，对折的次数越多，剪后得到的圆形就越接近圆。如果能将纸片对折无数次，再用剪刀沿直线段剪开，就会得到一个近似的圆。

(用几何画板演示正方形逼近圆的过程)

师：通过剪圆的过程我们感受到了"方中有圆"，这对我们求圆的面积有什么启发吗？

生：可以把圆的面积看作一个正多边形的面积。

操作 2：反向操作，将圆形的纸剪成正多边形。

师：现在反过来，你能把一张圆形纸片剪成正多边形吗？

(学生操作)

师：通过操作我们可以发现，圆对折的次数越多，正多边形和圆的面积差值就越小。如果无限次对折，那么它们的面积就相等了。

师：现在你们能再说说数学家刘徽所说的话是什么意思吗？

生："割之弥细，所失弥少"是说随着圆内接正多边形的边数不断增加，正多边形的面积与圆的面积就越接近。当边数多到不能再多的时候，圆内接正多边形就与圆一样了。

【设计意图】学生通过两次操作，探究圆和正多边形的关系，使正多边形的面积不断逼近圆的面积。两次操作分别从圆的外部和内部逼近圆，这也涉及阿基米德的"双侧逼近法"。通过几何画板的直观演示以及对刘徽"割圆术"的进一步理解，学生能了解到数学家也是利用求圆内接正多边形的面积来求圆的面积，圆被分割得越细，正多边形的面积就越接近圆的面积，在极限状态下，正多边形的面积就等于圆的面积。正是有了两次实际操作的经历，学生对"割圆术"的理解不仅停留在字面意思上，还能亲自应用"割圆术"的原理，对极限思想的运用有更深的体会。

2. 思考开普勒分割变形法，转化图形推导面积公式

师：刚才所讲的数学家刘徽的故事告诉我们求圆的面积的过程是把圆转化成正多边形

来进行的，那怎样计算圆的面积呢？我们接着看第二个数学家的故事。17 世纪，德国著名天文学家、数学家开普勒在一次饮酒时发现酒桶形状各异，于是开始思考葡萄酒桶体积的算法，要解决这个问题，就要先求出圆的面积。经过思考，他想出了一种名为"分割变形法"的方法，即把圆分割并转化为我们熟悉的图形。你们是想直接了解他的方法，还是自己先尝试一下呢？(学生自主活动后汇报)

方法一：将圆转化成平行四边形。

生：我把圆平均分成了 8 份。

生：我平均分成了 16 份。

生：我平均分成了 32 份，此时更像长方形了。

师：当我们将圆平均分成 8 份、16 份、32 份时，仔细观察图 4-8，你有什么发现？

(预设：转化后的图形越来越接近长方形，转化前后图形的面积相等)

师：如果继续分下去，转化后的图形会发生怎样的变化？面积又会如何呢？

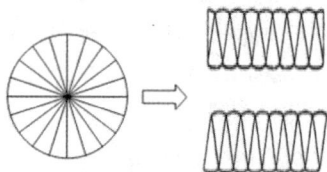

图 4-8　圆转换成平行四边形

师：将这个圆平均分成无数份时，转化后的图形就变成了长方形。此时，转化前和转化后的图形有什么联系呢？(预设：面积不变)求圆的面积就转化为求这个长方形的面积。长方形的面积怎么计算呢？

生：长方形的面积=长×宽，长等于圆周长的一半，宽等于圆的半径，所以长方形面积 $=\pi r \times r = \pi r^2$。

师：刚才我们通过转化的方法将圆转化成与它等面积的我们熟悉的长方形来研究，并推导出了圆的面积的计算方法。还有不同的方法吗？

方法二：将圆转化成三角形。

生：将圆沿半径分割出来的图形可以看作一个又一个等腰三角形，我们算出一个三角形的面积，再乘小三角形的个数。具体来说，就是小等腰三角形的底=圆的周长÷分成的份数 n，它的高相当于圆的半径，所以 $S=2\pi r \div n \times r \div 2 \times n = \pi r \times r = \pi r^2$。

生：也可以转化成梯形，也需要想象将圆分成无数份进行计算。

师：同学们真厉害，自己想出了这么多转化计算的方法，现在我们来看看开普勒的方法。(出示图 4-9 和图 4-10)刚才这位同学的推导过程就有数学家开普勒的"分割变形法"的影子，很多同学都能想到在极限的情况下可以把曲线看作直线，化曲为直，你们真了不起！

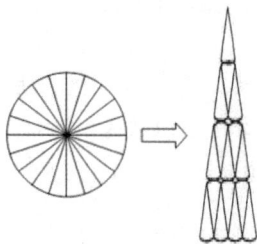

图 4-9　圆转换成三角形

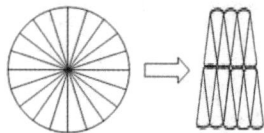

图 4-10　圆转换成梯形

【设计意图】在学生推导圆面积的计算公式时，开普勒的"分割变形法"也已经悄然现身，学生在不知不觉中亲身经历了数学家的推导方法，体会到成功带来的喜悦，也更加真切感受到数学的极限思想。数学家的解题方法就是学生感受数学思想的一个有力支点，让学生借助数学家们的探究过程体会数学中的极限思想和化曲为直的思想。

3.阅读材料重温数学经典，了解阿基米德同心圆法

师：最后我们一起来看看第三位数学家阿基米德与圆面积公式的故事。公元前3世纪，古希腊数学家阿基米德在《圆的度量》中说：圆的面积等于一个直角三角形的面积，其中直角三角形的一条直角边长等于圆的半径，另一条直角边长等于圆的周长"的直角三角形的面积。他是这样发现圆的面积的计算公式的，将圆从圆心开始直到边缘分成一些细窄的同心圆环，并逐一展开叠成一个直角三角形，将圆无限细分时，圆面积与直角三角形面积就近似相等，如图4-11所示。

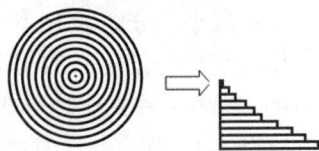

图4-11　圆转换成直角三角形

师：看完阿基米德的方法，你有什么收获和感受？

生：我觉得不一定要拼成直角三角形，摆成等腰三角形也是一样的道理。

生：阿基米德也要把圆进行无限分割，找到极限状态。

生：数学家们很厉害，想出了很多不同的推导圆面积计算公式的方法。

【设计意图】在数学史上，不同数学家不断创新，创造了很多探索圆面积计算公式的方法，在学生已经了解不同的圆面积计算公式推导方法的基础上，再次提出新的方法，能让学生领悟数学家们的创新精神，学习他们对知识孜孜不倦的追求态度，同时也能进一步加深对圆面积计算公式的认识，深刻体会极限思想。

本章练习

一、填空题

1. 平衡法的理论基础是著作《平面图形的平衡或其重心》中的(　　)。

二、单选题

1. 建立了新比例理论的欧多克斯给出的公理"任意正实数 a、b，存在自然数 n，使 $na>b$"是(　　)的理论基础。

    A. 穷竭法　　　　　B. 平衡法　　　　　C. 割圆术　　　　　D. 极限法

2. 阿基米德的数学著作《圆的度量》中给出的圆周率近似值是(　　)。

    A. 355/113　　　　B. 22/7　　　　C. 157/50　　　　D. $(16/9)^2$

三、多选题

1. 圆柱容球中的圆柱与球的(　　)之比为3：2。

    A. 表面积　　　　B. 全面积　　　　C. 侧面积　　　　D. 体积

2. 任何一张列出有史以来三个最伟大的数学家的名单中，必定会包括阿基米德，另外两个通常是(   )。

    A. 牛顿   B. 欧几里得   C. 高斯   D. 毕达哥拉斯

3. 阿基米德通常被看作亚历山大学派的成员的原因是他的很多成果都保留在与亚历山大城的(   )等学者的信件中。

    A. 欧几里得   B. 埃拉托塞尼   C. 多西修斯   D. 科农

四、简答题

1. 列举至少三个阿基米德用穷竭法证明的命题。

第五章 《九章算术》与刘徽

学习目标

➤ 能够阐述刘徽的主要数学成就。
➤ 能够阐述《九章算术》各章的主要内容。
➤ 掌握约分术和更相减损术。
➤ 掌握方程术和遍乘直除法。

重点与难点

➤ 理解约分术与更相减损术。
➤ 掌握方程术与遍乘直除法。

2022 年人教版五年级上册《数学》中"你知道吗"板块中多次提及有关《九章算术》的内容，从教材编写专家的重视程度可以看出《九章算术》这部典籍的重要性，我们有必要多了解一些与《九章算术》有关的内容。

第一节 《九章算术》原著概略

五家共井.mp4

　　《九章算术》是中国古代最重要的数学典籍，也是古代东方数学的代表作，它并非一时一人之作，而是在从西周到秦汉的很长一段历史时期里众多学者编撰、修改而成的一部数学著作，在公元前 1 世纪至公元 1 世纪之间最后成书，其中西汉的张苍、耿寿昌做了很重要的删补和整理工作。《九章算术》在唐、宋两代都被国家明令规定为教科书，北宋元丰七年(1084 年)由政府进行过刊刻，这是世界上最早的印刷本数学著作。在现存传本《九章算术》中，最早的版本是上述北宋本的南宋翻刻本(1213 年)，现藏于上海图书馆(孤本，只有前五卷)。作为一部世界数学名著，《九章算术》早在隋唐时期就已传入朝鲜、日本等国家，现已被译成日、俄、德、法等多种文字版本，对中国数学、东方数学乃至世界古代数学的发展起到了巨大的推动作用。

　　《九章算术》是以集成应用问题解法的体例编撰成书的，收有 246 个与生产、生活实践有联系的应用问题，这些问题依照应用范围和解题方法划分为九个部分：方田、粟米、衰(音：cuī)分、少(音：shǎo)广、商功、均输、盈不足、方程及勾股，故名"九章算术"。正文一般包括三个部分：问、答、术，问是需要解决的数学问题，答是问题的最终结果，术是较为详细的解题步骤，但没有证明。有的是一题一术，有的是多题一术或一题多术。

【小贴士】《九章算术》的各章标题可以这样记：少广均输盈不足，商功方程定勾股，衰分粟米直方田，筹算天地演万物[①]。

第一章《方田》主要论述平面图形面积的计算方法。因为面积并不都是整数，所以这章还系统地讲述了分数的四则运算法则，以及求分子与分母最大公约数的方法。

古时各种图形都叫作"田"，如方田(正方形)、直田(矩形)、圭田(三角形)、邪田(直角梯形)、箕田(等腰梯形)、圆田(圆形)、弧田(弓形)、环田(圆环)等，这充分说明我国古代几何学起源于实践，是从测量田亩的大小的过程中产生的，《方田》中就介绍了这几种图形面积的计算方法。

【教材对接】2022 年人教版《数学》五年级上册"你知道吗？"板块介绍了《九章算术》中求"平面图形面积"的方法，如图 5-1 所示。

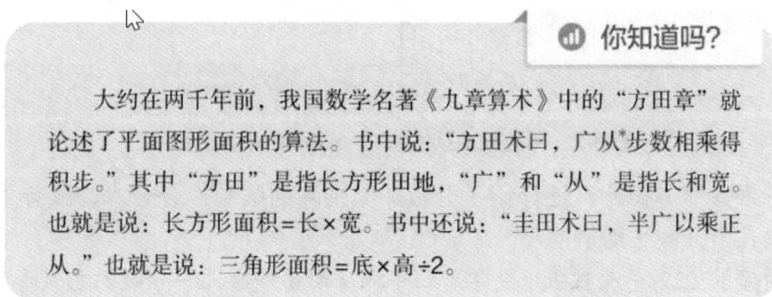

🔊 你知道吗？

大约在两千年前，我国数学名著《九章算术》中的"方田章"就论述了平面图形面积的算法。书中说："方田术曰，广从[*]步数相乘得积步。"其中"方田"是指长方形田地，"广"和"从"是指长和宽。也就是说：长方形面积=长×宽。书中还说："圭田术曰，半广以乘正从。"也就是说：三角形面积=底×高÷2。

图 5-1 小学教材中的《九章算术》之"方田章"

例如，原著中《方田章》第 1 题按照"问""答""术"的顺序给出了计算长方形面积的方法。

今有田广十五步，从十六步。问为田几何[②]？

答曰：一亩。

术曰：广从步数相乘得积步[③]，以亩法[④]二百四十步除之，即亩数。百亩为一顷[⑤]。

《方田章》第 6 题解决了约分的问题。给出了约分的程序化算法——约分术，其中求分子与分母最大公因数的方法为"更相减损术"。

有九十一分之四十九。问约之得几何？

答曰：十三分之七。

约分术曰：可半者半之；不可半者，副置分母、子之数，以少减多，更相减损，求其等也。以等数约之。

需要约分的分数，如果分子、分母均为偶数，就都约去 2；如果结果还都是偶数，那就

---

① 《阿牛讲九章》音频，喜马拉雅。

② "广"就是横向的长度，是长方形的宽，"从"即纵，指纵向的长度，是长方形的长。

③ 得到乘积的平方步数。

④ 亩与平方步数之间的换算标准是 1 亩=240 平方步。

⑤ 顷与亩的换算标准是 1 顷=100 亩。

重复约去 2，直到得到既约分数为止。如果分子、分母不都是偶数且不是既约分数，具体做法如图 5-2 所示：以 49/91 为例，把分子、分母分别放在竖线两侧，比较分子分母大小，大数减小数，比较差与减数大小，继续大数减小数，重复操作，直到差与减数相等为止。这个相等的数，就是所求的分子、分母的最大公因数，用它约分即可。这个求两数最大公因数的方法就是更相减损术。

$$
\begin{array}{c|c}
91 & 49 \\
91\text{-}49\text{=}42 & 49\text{-}42\text{=}7 \\
42\text{-}7\text{=}35 & \\
35\text{-}7\text{=}28 & \\
28\text{-}7\text{=}21 & \\
21\text{-}7\text{=}14 & \\
14\text{-}7\text{=}7 & \\
\end{array}
$$

图 5-2　用更相减损术求 91 与 49 的最大公因数

除了约分术，《方田章》还介绍了分数加减乘除的法则：合分术、减分术、乘分术和经分术以及求几个分数平均值的平分术。

【教材对接】2022 年人教版《数学》五年级下册第四单元"分数的意义和性质"的"你知道吗？"板块介绍了《九章算术》中的"约分术"及求两个数最大公因数的"更相减损术"，如图 5-3 所示。

> **⑩ 你知道吗？**
>
> 我国古代数学名著《九章算术》介绍了"约分术"："可半者半之；不可半者，副置分母、子之数，以少减多，更相减损，求其等也。以等数约之。"意思是说：如果分子、分母全是偶数，就先除以 2；否则用较大的数减去较小的数，把所得的差与上一步中的减数比较，再用大数减去小数，如此重复进行下去，当差与减数相等即出现"等数"时，用这个等数约分。

图 5-3　小学教材中的《九章算术》之"约分术""更相减损术"

第二章《粟米》讨论了谷物粮食交换时的计算问题。开篇处先规定了其他谷物粮食与粟之间的交换率，然后用今有术来计算。

今有术就是根据已知数及比率关系推求未知数的算法，也就是现今所讲的四项比例算法，从三个已知数即所有率(设为 a)、所求率(b)、所有数(c)去求第四个所求数(x)的算法，相当于现代表示法 $a : b = c : x$，求得 $x = bc/a$。

今有术的名称一直沿用到清代才改为比例。《白芙堂算学丛书》(1872—1877 年)解释今有术说，"所有率、所求率者，举以为例之两数也。……惟此两率者，为例定也，故今之所设之数可比照以求，所以亦名比例式也"。

《粟米》章第 1 题为"以粟换粝"。

今有粟一斗^①，欲为粝米。问得几何？

答曰：为粝米六升。

术曰：以粟求粝米，三之五而一^②。

第三章《衰分》是解决按照一定比例进行递减分配的问题。所提出的按比例分配法则称为衰分术，具体做法是将所分配的比例按次序排列出来，另外取众比例之和作为除数，以所分之总数乘所分配的比例各自作为被除数，用除数去除被除数，除不尽时则得到分数。

《衰分》章第1题为"五官分鹿"。

今有大夫、不更、簪袅、上造、公士^③，凡五人，共猎得五鹿。欲以爵次分之，问各得几何？

答曰：大夫得一鹿三分鹿之二。不更得一鹿三分鹿之一。簪袅得一鹿。上造得三分鹿之二。公士得三分鹿之一。

术曰：列置爵数，各自为衰，副并为一，以五鹿乘未并者，各自为实。实如法得一^④。

具体做法是先将五个爵位按照递减方式排列并赋值，

大夫、不更、簪袅、上造、公士这五个爵位分别赋值5、4、3、2、1，

他们分得鹿的比例为5：4：3：2：1，比例和为1+2+3+4+5=15，

所分总数为5只鹿，则大夫分配到鹿的数量为5×5÷15=$\frac{5}{3}$（只）。

其他人所分数量同理可得。

第四章《少广》是已知图形的面积或者体积，反过来求其边或直径大小的算法，介绍了世界上最早的多位数开平方和开立方的法则，即开方术和开立方术。

《少广》章第1题如下。

今有田广一步半。求田一亩，问从几何？

答曰：一百六十步。

术曰：下有半，是二分之一。以一为二，半为一，并之得三，为法。置田二百四十步，亦以一为二乘之，为实。实如法得从步。

具体解法是将1.5步分成整数部分1和分数部分$\frac{1}{2}$，将两数从上到下递减摆放（见图5-4）得到数列1，用最下面的分数的分母2乘每个数后得到数列2，1+2=3（步），用3作为除数。因为1亩=240平方步，故面积为240×2=480（平方步），其中的

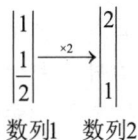

数列1 数列2

图5-4 "少广"第1题解法

---

① 1斗=10升。

② 原文规定粟米与粝米之间的交换率为粟：粝=50：30，即以粟换粝时，粝的数量是粟的3/5。

③ 秦的军功爵位制共分二十级，级别从低到高分别为：一为公士，二为上造，三为簪袅，四为不更，五为大夫，六为官大夫，七为公大夫，八为公乘，九为五大夫，十为左庶长，十一为右庶长，十二为左更，十三为中更，十四为右更，十五为少上造，十六为大上造（大良造），十七为驷车庶长，十八为大庶长，十九为关内侯，二十为彻侯。

④ 实：被除数。法：除数。实中若有与法相等的部分便商一，有几次相等，商便得几。

2 是数列 2 中的 2，以 480 为被除数，480÷3=160(平方步)，便是田地的长了。

第五章《商功》介绍各种立体图形体积的计算方法，除给出了各种立体图形体积公式外，还有工程分配方法。

自大禹治水以来，我国古人在筑城、建堤、挖沟、修渠等工程方面积累了丰富的经验。他们通过总结、提炼、加工和理论探讨，推导出多种工程土方的计算方法。这些方法统称为"商功"。

与《粟米》章类似，《商功》章先规定了各种土方量的换算比率，然后利用比率解决问题。

《商功》章第 1 题为"挖地求土"。

今有穿地积一万尺。问为坚、壤各几何^①？

答曰：为坚七千五百尺。为壤一万二千五百尺。

术曰：穿地四，为壤五，为坚三，为墟^②(音：xū)四。以穿地求壤，五之；求坚，三之，皆四而一。以壤求穿，四之；求坚，三之，皆五而一。以坚求穿，四之；求壤，五之，皆三而一。

规定换算比率是挖地：松土：坚土：挖坑=4：5：3：4，已知挖地 10 000 立方尺，根据规定的比率即可得出所求结果。

第六章《均输》解决了粮食运输、合理摊派赋税等方面的问题。它综合运用了《九章算术》前几章中介绍的"今有术"和"衰分术"，构建了一套包括现代正比例、反比例、比例分配、复比例、连锁比例的比例理论。而西方直到 15 世纪末以后才形成类似的完整方法。

《均输》章第 1 题为"四县赋粟"。

今有均输^③粟：甲县一万户，行道八日；乙县九千五百户，行道十日；丙县一万二千三百五十户，行道十三日；丁县一万二千二百户，行道二十日，各到输所^④。凡四县赋，当输二十五万斛，用车一万乘。欲以道里远近，户数多少，衰出之。问粟、车各几何？

答曰：甲县粟八万三千一百斛，车三千三百二十四乘。乙县粟六万三千一百七十五斛，车二千五百二十七乘。丙县粟六万三千一百七十五斛，车二千五百二十七乘。丁县粟四万五百五十斛，车一千六百二十二乘。

均输术曰：令县户数，各如其本行道日数而一，以为衰。甲衰一百二十五，乙、丙衰各九十五，丁衰六十一，副并为法。以赋粟、车数乘未并者，各自为实。实如法得一车。有分者，上下辈之。以二十五斛乘车数，即粟数。

第七章《盈不足》介绍了盈亏问题及其解法，这是我国古代解决问题的一种巧妙方法。
《盈不足》章第 1 题如下。

---

① 穿地：挖地。为：折合。坚：坚实的土、硬土。壤：松软的土、松土。

② 墟：坑。

③ 均输：分摊并运输。

④ 输所：收纳赋、粟的场所。

今有共买物，人出八，盈三；人出七，不足四，问人数、物价各几何？

答曰：七人，物价五十三。

盈不足[①]术曰：置所出率，盈、不足各居其下。令维乘[②]所出率，并以为实，并盈、不足为法，实如法而一。有分者，通之。盈不足相与同其买物者，置所出率，以少减多，余，以约法、实。实为物价，法为人数。

具体解法是：

所出率	8	7
盈/不足	3	4

对角线相乘得 8×4+7×3=53 作被除数，3+4=7 作除数。每人应出钱数为 $53÷7=\frac{53}{7}$，$\frac{53}{7}$ 是分数，而 8-7=1，则用 1 分别去除 7 和 53，结果为人数和物价。

盈不足术是中国数学史上求解应用问题的一个别开生面的创造，在我国古代算法中占有相当重要的地位。它还经过丝绸之路向西传到中亚阿拉伯国家，受到特别重视，被称为"契丹算法"。另外盈不足术还有很多名称，如试位法、夹叉求零点、双假设法等。根据史料推测，西方的双假设法(即中国的盈不足术)可能是由中国传过去的。由此可见，《九章算术》对世界数学的影响很大。

第八章《方程》给出了一次方程组的普遍解法，并且使用了负数。这在数学史上有重要意义。《方程》章采用分离系数的方法表示线性方程组，相当于现在的矩阵；解线性方程组时使用的"遍乘直除法"，与矩阵的初等变换一致。除了符号、术语和计算工具不同之外，"遍乘直除法"与现在的消元法实质是一样的。这是世界上最早的完整的线性方程组的解法。在西方，直到 17 世纪才由莱布尼兹提出完整的线性方程组的解法法则。

本章第 1 题为"异禾出实"。

今有上禾三秉，中禾二秉，下禾一秉，实[③]三十九斗；上禾二秉，中禾三秉，下禾一秉，实三十四斗；上禾一秉，中禾二秉，下禾三秉，实二十六斗。问上、中、下禾实一秉各几何？

答曰：上禾一秉，九斗、四分斗之一，中禾一秉，四斗、四分斗之一，下禾一秉，二斗、四分斗之三。

方程[④]术曰：置上禾三秉，中禾二秉，下禾一秉，实三十九斗，于右方。中、左禾列如右方。以右行上禾遍乘中行，而以直除。又乘其次，亦以直除。然以中行中禾不尽者遍乘左行，而以直除。左方下禾不尽者，上为法，下为实。实即下禾之实。求中禾，以法乘中

---

① 盈不足：李籍的《九章算术音义》说："盈者，满也。不足者，虚也。满虚相推，以求其适，故曰盈不足。"此处意为用假设的方法求解数学难题。

② 维乘：对角线相乘。

③ 禾：粮食的总称。上禾：品质上乘的粮食。中禾、下禾的品质依次递减。秉：(量词)捆、束。实：果实，指谷物去壳后的部分。

④ 方程：相当于现今解线性方程组时列出的增广矩阵。方指系数左右排列，形状方正。程指考察相关数据构成的比率关系。

行下实，而除下禾之实。余如中禾秉数而一，即中禾之实。求上禾亦以法乘右行下实，而除下禾、中禾之实。余如上禾秉数而一，即上禾之实。实皆如法，各得一斗。

这是"方程"一词的最早出处，是指现代的线性方程组。下面用古代的排列方式及现代符号来表示方程，并说明用"遍乘直除法"解线性方程组的步骤，如图 5-5 所示。首先把 3 捆上禾、2 捆中禾及 1 捆下禾去壳后共得果实 39 斗中的 3、2、1、39 放在最右侧，另两种情况依次放在中间和左侧，如图 5-5 中的方程 1 所示，这就是古时的方程表示方法，由此可以感受名称中"方"字的由来。其次，用右行的 3 去乘中行和左行的所有数，即遍乘后得

方程术拓展：天元术.mp4

到方程 2。接下来在中行和左行中依次减掉右行对应数，直到中行、左行的第一个数字变为 0 为止，得到方程 3。这里的减，便是"直除"。然后，重复上述操作，用中行的 5 遍乘左行的所有数后，左行直除中行对应数，直到左行的第二个数字变为 0 为止，得到方程 4，其中 99 为 36 捆下禾得到的果实。中禾出果实数的求法是(36×24-99)÷5=153，得到方程 5。上禾出果实数的求法是(36×39-2×153-99)÷3=333，得到方程 6。把方程 6 中的右行、中行、左行中位于上面的非 0 数字当作除数，把下面的当作被除数，运算后便可得到 1 捆上、中、下禾能得到果实的数量，即为所求。

左行	中行	右行
1	2	3
2	3	2
3	1	1
26	34	39

方程 1

左行	中行	右行
3	6	3
6	9	2
9	3	1
78	102	39

方程 2

左行	中行	右行
0	0	3
4	5	2
8	1	1
39	24	39

方程 3

左行	中行	右行
0	0	3
0	5	2
36	1	1
99	24	39

方程 4

左行	中行	右行
0	0	3
0	5	2
36	0	1
99	153	39

方程 5

左行	中行	右行
0	0	3
0	5	2
36	0	0
99	253	333

方程 6

图 5-5 《九章算术》中方程的表示法和"遍乘直除法"

用"遍乘直除法"解线性方程组时会有正负数之间的加减运算，所以《方程》章还引入和使用了负数，并提出了正负数的加减运算法则——正负术，与现今代数中的法则完全相同。这是世界数学史上的一项重大成就，第一次突破了正数的范围，扩展了数系。外国则是到 7 世纪才由印度的婆罗摩笈多认识负数。

第九章《勾股》是利用勾股定理求解的各种问题，其中绝大多数内容是与当时的社会生活密切相关的，包括勾股定理、解勾股形、勾股容方、勾股容圆以及简单的测望问题。

《勾股》章第 1 题如下。

今有勾三尺，股四尺，问弦几何？

答曰：五尺。

勾股术曰：勾股各自乘，并而开方除之，即弦。

在古代，将直角三角形的短直角边称为勾，长直角边称为股。具体解法是把勾股各自平方相加后进行开方便得到弦的长。

《九章算术》确定了中国古代数学的框架，即以计算为中心的机械化算法体系，对后世数学研究影响深远，此后的中国数学著作大体有两种形式：仿其体例著书和为之作注。西方数学传入中国之后，人们译著时甚至常常把包括西算在内的数学知识纳入九章的框架。在众多注本中，三国时期魏国的刘徽在景元四年(263年)完成的《九章算术注》可以作为注本典范，为方便区分，我们将刘徽的《九章算术注》简称为《刘注》。

第二节　布衣数学家刘徽

刘徽的祖籍是淄乡，位于今山东省邹平市。刘徽一生在数学领域的最大成就，是完成了《刘注》。据《晋书·律历志》记载：魏陈留王景元四年刘徽注九章。

刘徽对数学概念的定义抽象而严谨，他揭示了概念的本质，基本符合现代逻辑学和数学对概念定义的要求。而且，他使用概念时也保持了其同一性。例如，他提出凡数相与者谓之率，把率定义为数量的相互关系。又如，他把正负数定义为"今两算得失相反，要令正负以名之"，摆脱了正为余，负为欠的原始观念，从本质上揭示了正负数得失相反的相对关系。

《九章算术》的算法不仅抽象，而且算法之间的相互关系不清晰，显得较为零散。刘徽深化发展了中算里早已运用的率概念和齐同原理，并将它们视为运算的纲领。许多数学问题，只要找出其中的各种率关系，通过"乘以散之，约以聚之，齐同以通之"，都能够归结为今有术来求解。

刘徽修正了《九章算术》中的若干错误和不精确之处，提出了许多新的公式和解法，极大地完善并丰富了《九章算术》的内容。他为若干重要的数学概念给出了明确的定义，以演绎逻辑为主，全面论证了《九章算术》的算法。他的论证往往是真正意义上的数学证明，为世界数学的算法证明做出了巨大贡献。此外，《刘注》中还有很多刘徽自己的原创性数学思想，主要包括"出入相补原理"和出入相补原理"无穷小分割思想"。。

一、出入相补原理

一个平面(或立体)图形经过平移或旋转后，其面积(或体积)保持不变。把一个平面(或立体)图形分割成若干部分，各部分面积(或体积)之和与原图形面积(或体积)相等。基于这两条不言而喻的前提的出入相补原理，是中国古代数学进行几何推演和证明时最常用的原理。刘徽进一步发展了出入相补原理，成功证明了许多面积、体积以及可以转化为面积、体积问题的勾股、开方的公式和算法的正确性。下面以证明三角形面积公式为例，说明出入相补原理，该方法比较简单、直观。《刘注》中这样论述："半广知，以盈补虚，为直田也。亦可半正从以乘广。"

图5-6所示为刘徽用出入相补原理将三角形转化为矩形，并利用矩形面积公式得到三角形面积的两种方法，图5-6(a)是将Ⅰ移到Ⅰ'，图5-6(b)是将Ⅰ移到Ⅰ'、Ⅱ移到Ⅱ'。

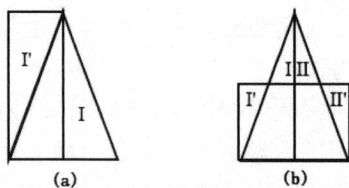

图 5-6　出入相补原理示意图

【教材对接】2022 年人教版《数学》五年级上册第六单元"多边形面积"中"你知道吗？"板块介绍了刘徽的"出入相补原理"，如图 5-7 所示。

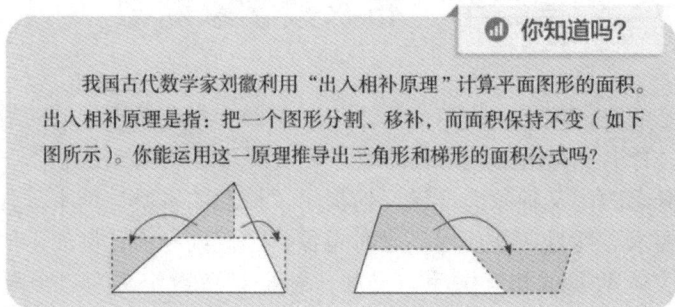

图 5-7　小学教材中的"出入相补原理"

二、无穷小分割思想

　　刘徽运用无穷小分割思想证明了圆的面积公式和几何体阳马(直四棱锥)的体积公式，还在近似计算方面有所应用。"割圆术"是刘徽证明圆的面积公式的方法，他从圆的内接正六边形开始，逐次加倍边数，将圆看作这样一个圆的内接正多边形序列的极限，即原文所说的"割之弥细，所失弥少。割之又割，以至于不可割，则与圆周合体而无所失矣"。圆的内接正多边形面积和外接组合图形的面积是圆面积的下界和上界，随着边数的加倍，它们的值从增大和缩小两个方向无限趋近于圆的面积，如图 5-8 所示。

图 5-8　刘徽的割圆术

　　刘徽不仅多次明确地使用了极限思想，而且采用了对直线形进行无穷小分割，然后求其极限状态的和的方式解决圆的面积问题，已经有了今天积分学思想的萌芽。刘徽的极限思想之深刻，不仅前无古人，而直至李善兰提出某些相当于积分公式的命题，即尖锥术之前，中国再无他人能达到其高度，历时大约 1 600 年。不仅如此，刘徽的无穷小分割思想，在上古和中世纪世界数学史上也是独具特色，超越了其他民族的同类思想。

第三节　小学数学案例分享

在小学数学课堂中合理融入数学史，能让数学课堂散发人文气息，使学生了解知识的来龙去脉，有效激发学生的学习兴趣。下面以"三角形的面积"一课为例，阐述在小学课堂中渗透数学史的一种方式。

课题：三角形的面积(数学文化拓展片段)[①]

教学内容：2022 年人教版《数学》五年级上册第六单元"你知道吗？"，教材第 93 页。

课例-三角形的面积.mp4

教学目标：(1)在理解、推导得出三角形面积计算公式的基础上，了解、初探《九章算术》中推导三角形面积计算公式的其他方法；(2)通过操作、观察、比较，进一步发展学生的空间观念，培养学生认真思考、主动探究的良好学习习惯；(3)在自主探究、迁移学习的过程中渗透数学文化，让学生初步了解我国古代数学家刘徽及《九章算术》的内容，感受数学学科的文化特质，培养学生乐学、爱学数学的积极情感。

教学重点：在观察、探究、交流等学习活动中，渗透数学文化，发展学生的空间观念。

教学手段：数学书、彩纸若干、笔、直尺、练习本。

三角形的面积教学流程，如表 5-1 所示。

表 5-1　三角形的面积教学流程设计

教学环节	视听呈现	
回顾导入	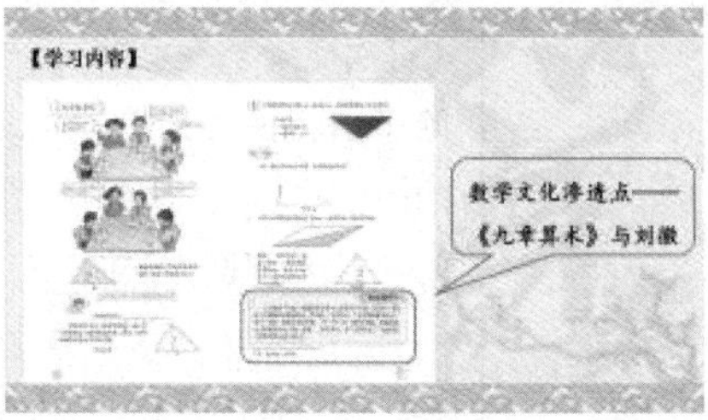	同学们，上节课我们通过转化总结出平行四边形的面积和与它等底等高的长方形面积的关系。今天我们来探究三角形的面积。
探究交流		1.自主探究 (1)想一想，能把三角形转化成学过的什么图形。 (2)做一做，选择合适的方法，动手将三角形转化成学过的图形。

[①] 本案例由哈尔滨市刘清姝名师工作室设计，团队成员哈尔滨市清滨小学教师高晶执教。

教学环节	视听呈现	
探究交流		(3)说一说,你是怎样把三角形转化成学过的图形的,以及转化后的图形和原三角形有什么关系。 2.展示交流 让我们来看看,大家都有什么好方法。 (2位学生交流展示) 3.方法总结 我们通过倍拼法将三角形转化成平行四边形。下面我们来观察这几组图形,看拼成的平行四边形与原来三角形的底、高和面积之间有什么关系。我们发现,平行四边形的底等于三角形的底,平行四边形的高等于三角形的高,平行四边形的面积等于三角形面积的两倍,平行四边形的面积等于底乘高,那三角形的面积应该等于什么?三角形的面积等于拼成的平行四边形面积的一半,所以三角形的面积等于底乘高除以二。如果用 S 表示三角形的面积,用 a 表示三角形的底,用 h 表示三角形的高,那么三角形的面积公式可以写成:$S=ah\div2$。 4.再次交流 除了倍拼法,还有一位同学是这样想的…… (学生交流不同方法)

续表

教学环节	视听呈现	
文化拓展	 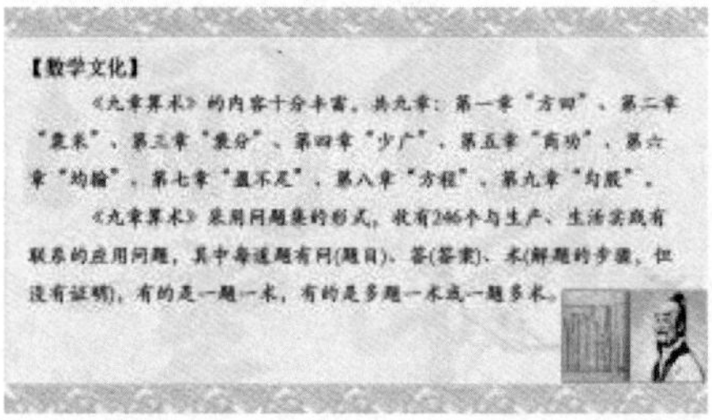 	你们的方法真是太有智慧了,竟然和古代数学家的想法完全一样。下面让我们来看看被称为"布衣数学家"的刘徽提出的方法。刘徽在童年时代学习数学时,以《九章算术》为主要读本,成年后又对该书深入研究,于263年写成《九章算术注》,这本书是刘徽留给后世的十分珍贵的数学遗产,是中国传统数学理论研究的奠基之作。 《九章算术》共九章,内容十分丰富。它采用问题集的形式,收有246个与生产、生活实践有联系的应用问题,其中每道题都包括问、答、术三部分。 书中记载的三角形面积的计算方法为"半广以乘正从"。广是指三角形的底,正从是指底边上的高。《九章算术》没有给出任何推导和证明,后来刘徽专门为此做了注释。他的推导思路是"以盈补虚为直田",换而言之,就是我们现在采用的割补法,即将三角形转化为长方形,进而求得面积。
总结延伸		同学们,今天我们不但运用转化的思想,将三角形进行了倍拼和割补推导出其面积的算法,还揭开了《九章算术》的面纱,与中国古代数学家刘徽的思想有了碰撞。接下来留给大家一道思考题,刘徽在注释中提出"半正从以乘广",即三角形面积还可以用"半正从以乘广"来计算,你知道如何用今天学习的方法来验证吗?快动手做一做吧!

本章练习

一、填空题

1. "约分术"中求最大公因数的方法(   )与《几何原本》中的(   )基本一致。

2. 盈不足术在阿拉伯文献中被称为"(   )"。

3. 《九章算术》中用( )法求解线性方程组的唯一解，这个方法与今天求解方程组的消元法本质上是相同的。

4. 刘徽的"割圆术"使用了极限思想，已经有了今天( )的萌芽。

二、单选题

1. "约分术"出现在《九章算术》的( )章中。
   A. 《粟米》　　　　B. 《方田》　　　　C. 《衰分》　　　　D. 《方程》

2. 《九章算术》《少广》章给出了"开方术"，解决下面( )需要使用这个方法。
   A. 已知圆面积求半径　　　　　　　B. 已知圆半径求面积
   C. 已知球体积求半径　　　　　　　D. 已知球半径求体积

三、判断题

1. 《九章算术》对于它所给出的几何问题的算法，一般都附有推导证明。　　( )

四、计算题

1. 用约分术将 $\dfrac{35}{105}$ 化为最简分数.

五、简答题

1. 试简要介绍《九章算术》的内容，并列举其中具有世界意义的成就(至少举 3 项)。

六、教学片段设计题

2. 将第三题融入教学片段设计。

第六章　Ⅱ与祖冲之

学习目标

➤ 能够陈述圆周率 π 的历史。
➤ 了解祖冲之的伟大成就。
➤ 掌握密率及其重要的历史地位。
➤ 感受我国古代数学文化的辉煌，培养矢志不渝、笃行不怠的优秀品质。

重点与难点

➤ 了解祖冲之的伟大成就。
➤ 掌握密率及其重要的历史地位。

2022 年人教版《数学》六年级中"你知道吗"板块中出现了"π 与祖冲之"的内容，从教材编写专家的重视程度可以看出"π 与祖冲之"内容的重要性，因此我们有必要多了解一些和"π 与祖冲之"有关的内容。

第一节　圆　周　率

圆周率的推导.mp4

圆周率，现代用符号 π 表示，其应用很广泛，尤其是在天文、历法方面，凡牵涉到圆的一切问题，都要使用圆周率来推算。如何正确地推求圆周率的数值，是世界数学史上的一个重要课题。

国外关于圆周率的最早记录出自约公元前 1650 年古埃及人阿姆士抄写的《莱茵德纸草书》(*Rhind Papyrus*)。手稿认为以圆直径的 $\frac{8}{9}$ 作为正方形的边长，就可得到和圆等面积的正方形，如图 6-1 所示。即 $S_{圆} = \frac{\pi d^2}{4}$、$S_{正} = a^2$，$a = \frac{8}{9}d$ 且 $S_{圆} = S_{正}$，由此计算可得 $\pi_{古埃及} = \frac{256}{81}$ 或 3.16049。与圆周率的五位近似值 3.14159 相比，古埃及的圆周率误差还不到 1%。由此可见，当时的测量已经很精确了，但这个圆周率并未广泛流传。虽然数学史家常说，埃及人认为 $\pi_{古埃及} = \frac{256}{81}$，但并没有证据可以证明古埃及人将其视为一个常数，更不用说计

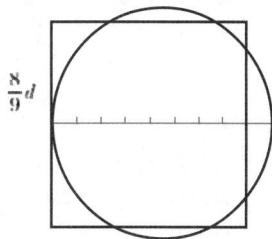

图 6-1　古埃及的化圆为方

算它的值了。其实他们只关心圆和正方形的关系，也许是为了精确地测量土地和进行建筑。

1936 年，在离古巴比伦城 300 多千米的苏萨出土的一块泥版文书中给出了正方形与其外接圆周长之比等于 0;57,36，化为十进制是 $\frac{57}{60}+\frac{36}{3600}=\frac{24}{25}$，由原文知，$C_{正六}:C_{圆}=6r:2r\pi_{古巴比伦}=24:25$，由此可知，$\pi_{古巴比伦}=\frac{25\sqrt{2}}{12}\approx3.125$。这样看来，千年之后的美索不达米亚河谷地区的学者所用的圆周率误差竟然比《莱茵德纸草书》古本中的还大。圆周率的精确度随着历史的发展不断提升，虽然其间不乏像古巴比伦这样的小幅波动。

古希腊的阿基米德利用穷竭法从圆的内接和外切三角形出发将正多边形边数逐次加倍到 96 边，把圆周率定位在了 $\frac{22}{7}$ 和 $\frac{221}{70}$ 之间。200 年后，著名的古希腊天文学家托勒密(Ptolemy，87—165)算出用六十进制表示的新圆周率 3;8,30，化为十进制为 $3+\frac{8}{60}+\frac{30}{3600}=3.14167$，与正确值的误差还不到万分之一。古印度推算出圆周率的时期较晚，最好的结果出现在 530 年左右，印度数学大师阿耶波多(Aryabhata，476—550)利用正 384 边形的周长，计算出圆周率为 $\sqrt{9.8684}$，并给出其近似值 3.1414。

虽然欧洲的圆周率研究在中世纪时从未间断过，但几乎没有任何进展，圆周率的精确度无法与古希腊、中国和古印度的成就相比。1220 年，意大利数学家斐波那契(L. Fibonacci，1170—1250)以逼近法求出圆周率的近似值为 3.1418，只比阿基米德的圆周率准确了万分之一，而祖冲之早在八百年前就算出更精确的结果，看来这项结果此时还未传到欧洲。直到 16 世纪末，欧洲才在圆周率计算上做出重大突破。这项突破来自法国律师兼业余数学家韦达(Vieta Francois，1540—1603)。1579 年，韦达效法阿基米德，将外切和内接正六边形的边数倍增 16 次，计算出两个 393216 边形的周长，从而得到圆周率的下限和上限，将圆周率精确到小数点后十位。但他还有一项杰出的成就：以无穷乘积的形式表达圆周率。1593 年，韦达将多边形切割成三角形后，发现正 n 边形的周长和边数倍增后的正 $2n$ 边形周长的比值，等于 θ 的余弦值，即 $\frac{C_n}{C_{2n}}=\cos\theta$，其中 θ 为正 $2n$ 边形一边所对应的圆心角。发现这一关系后，他便利用半角公式求出无穷乘积，其表达式为

$$\frac{2}{\pi}=\sqrt{\frac{1}{2}}\times\sqrt{\frac{1}{2}+\sqrt{\frac{1}{2}}}\times\sqrt{\frac{1}{2}+\sqrt{\frac{1}{2}+\sqrt{\frac{1}{2}}}}\times\cdots$$

这是人类第一次以无穷乘积的形式叙述圆周率的值，是数学发展史上的重要里程碑。虽然这个冗长的表达式在计算圆周率的真实值时作用有限，但它开拓了解析圆周率 π 的全新方向，产生了多种无穷乘积的表达式。

中国古典数学著作《周髀算经》和《九章算术》中都提出"径一周三"的古率，即圆周长是直径长的三倍，相当于认定圆周率为 3，这几乎是各个文明都使用过的圆周率。与大多数同时期的民族相比，1—10 世纪的中国拥有两大数学优势：一是十进制小数计数法，二是计数系统中有代表零的符号。现代人会将零视为理所当然的存在，但欧洲的数学家、银行家和工程师，直到中世纪接触过古印度和阿拉伯的思想家后，才慢慢懂得零的概念，并使用代表零的符号。这两大优势极大地缩短了中国数学家探索圆周率的进程，也使中国数

学家推算出的圆周率数值日益精确。

东汉太史令张衡曾写下关系式"圆周^2÷圆外切四边形的周长^2=5/8",相当于给出圆周率等于$\sqrt{10}$(约为 3.162)。虽然$\sqrt{10}$与圆周率的正确值相差甚远,但也许是因为它足够简单明了,所以曾一度在亚洲各地流行。

3 世纪的布衣数学家刘徽用割圆术从圆的内接正六边形出发,将边数倍增 5 次,得到圆周率为$\frac{157}{50}$(即 3.14)。刘徽这种让内接正多边形边数逐倍增加,边数越多就越和圆周贴近的思想,在当时是非常了不起的,显然已有了"极限"的思想。这是中国数学史上第一次对圆周率进行逻辑推导的结论。

但与同期世界各国的情况相比,5 世纪的天文学家祖冲之与其子祖暅推导出的结果更是光彩夺目。这对父子以 24576 边的多边形(猜测是沿用刘徽的割圆术),计算出圆周率介于 3.1415926 和 3.1415927 之间,得到了当时世界上最准确的圆周率,直到 1 000 年后,这个纪录才被打破。

伴随着西学东渐,西方传教士将计算多边形的方法引进中国。18 世纪,康熙钦定的《数理精蕴》中有一章专门介绍借用内接和外切多边形计算圆周率的方法(从正六边形开始)。计算结果精确到了 19 位小数。19 世纪初,朱鸿计算出有 40 位有效数字的圆周率(其中有 25 位是正确的)。19 世纪末,清朝大臣曾国藩之子曾纪鸿的《圆率考真图解》在圆周率计算上又做出重大的突破,计算出了有 100 位有效数字的圆周率。

第二节　祖　冲　之

祖冲之.mp4

【教材对接】2024 年青岛版《数学》六年级上册第五单元"圆"中"你知道吗?"板块介绍了祖冲之和他的数学成就,如图 6-2 所示。

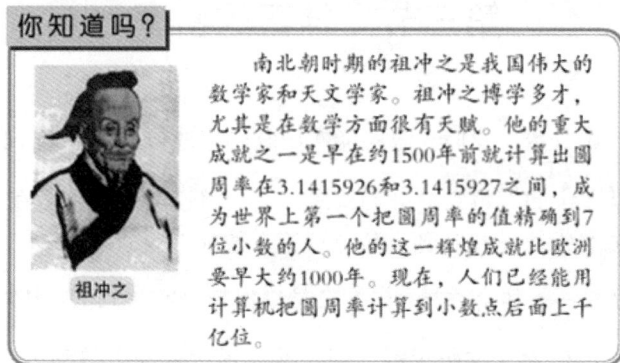

你知道吗?

南北朝时期的祖冲之是我国伟大的数学家和天文学家。祖冲之博学多才,尤其是在数学方面很有天赋。他的重大成就之一是早在约1500年前就计算出圆周率在3.1415926和3.1415927之间,成为世界上第一个把圆周率的值精确到7位小数的人。他的这一辉煌成就比欧洲要早大约1000年。现在,人们已经能用计算机把圆周率计算到小数点后面上千亿位。

祖冲之

图 6-2　小学教材中的祖冲之介绍

祖冲之的祖父是南北朝时期宋朝的大匠卿,祖冲之从小生长在这样一个重视教育的家庭,受到良好的熏陶。他祖父所收藏的各种奇巧机械装置便成了他最好的玩具。他对有些特殊的装置总是爱不释手,拆了装、装了拆,有时甚至连饭也忘记吃。比如,古代的指南车、诸葛亮制造的木牛流马等,他都进行了装拆,并在拆装过程中加以分析思考。祖冲之酷爱数学，他对数学世界中的奇妙变化达到了着迷的程度。《九章算术》《周髀算经》等当时能够找到的数学书，他都读得滚瓜烂熟，对其中比较重要的内容都要重新推导一遍。史书记载祖冲之少年时代便喜好"稽古""有思想"，年轻时便被任命为最高学府——华林学省的教授，并且得到了皇帝赏赐的住宅、车马和华丽的服装。

祖冲之一生从未间断过对数学的研究，因此在数学方面取得了很多辉煌的成果，他所发现的高精度圆周率就是最具代表性的一个。

中国古代，人们就已经知道了圆周率的近似值。比祖冲之早 200 多年的数学家刘徽，运用割圆术推算出圆周率等于 3.14。然而，祖冲之并不满足于前人的成就，而是致力于计算出圆周率的更精确值。他从圆内接正六边形、正十二边形、正二十四边形……一直计算到正 24576 边形，并依次求出它们的边长和面积。这项工作需要对有九位有效数字的大数进行加、减、乘、除和开方运算，共一百多步，其中有近五十次的乘方和开方，有效数字多达十七八位。传说他为了保证计算的准确性，每个数字都反复计算十几遍。然而，当时数学运算还没有纸、笔和数字符号等工具，唯一的运算工具是算筹，他只能通过纵横相间地摆放算筹，用特定的程序化算法进行细致计算。

正是由于祖冲之这种严肃认真的态度，他在圆周率研究方面取得了重大成就。他推算出圆周率的值在 3.1415926 到 3.1415927 之间，精确程度在世界数学史上也是前所未有的。这一纪录一直到千年以后，15 世纪阿拉伯数学家阿尔·卡西将圆周率的值计算到小数点后 16 位，才被打破。祖冲之明确指出了圆周率的上限和下限，用两个高准确度的固定数作为界限，精确地计算出了圆周率的误差范围，在我国也是前所未有的。祖冲之为了使圆周率更方便地应用于计算，提出约率为 $\frac{22}{7}$，密率为 $\frac{355}{113}$，具有很高的实用价值。

祖冲之是一位具有多方面才能的科学家，他在天文学、机械制造等领域也造诣颇深，他编制了《大明历》，制造过水碓磨，改良过指南车和千里船。

第三节　神奇的密率

密率.mp4

对于 $\frac{355}{113}$ 这样一个分数，我们一眼就能看出它的构成方式：把最小的三个奇数 1、3、5 各自重复一次，再从"中间"将它们分为两段，最后将这两段分别放在分母和分子的位置。神奇的是，它竟是著名常数 π 精确到小数点后第 6 位的值。

不过，要得到分数 $\frac{355}{113}$ 却不容易。祖冲之是用何种方法得到的，具体在何年得到的呢？如今已无文献记载了。既然无文献记载，那怎么知道是祖冲之得到了"密率"呢？原来记载"密率"内容的书籍是他自己所著的数学名著《缀术》。这本书是唐初国子监的数学教材《算经十书》中的一部，曾传到朝鲜、日本等国。但是，由于这本书所涉及的数学内容晦涩难懂，所以在流传了几百年之后，大约在北宋天圣(1023—1032)至元丰(1078—1085)年间或者更早便失传了。我们之所以得知他已求得"密率"，是其他数学典籍对《缀术》有所记载的缘故。例如，《隋书·律历志》中就有"祖冲之……密率圆径一百一十三圆周三百五十五”的记载(见图 6-3)。不过，《隋书 · 律历志》中没有记载祖冲之求得 $\frac{355}{113}$ 的方法，所以近代许多学者对此进行了不同的猜测，但至今仍没有定论。

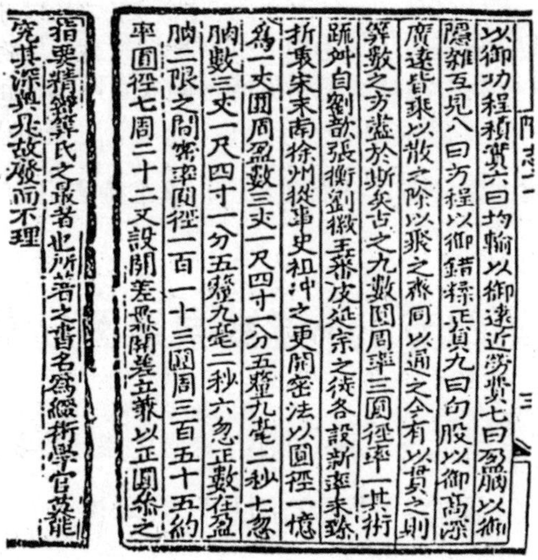
以御功程積實六曰均輸以御遠近勞費七曰盈朒以御
隱雜互見八曰方程以御錯糅正負九曰句股以御高深
廣遠皆乘以散之除以聚之齊同以通之今有以貫之則
算數之方盡於斯矣古之九數圓周率三圓徑率一其術
疏舛自劉歆張衡劉徽王蕃皮延宗之徒各設新率未臻
折衷宋末南徐州從事史祖沖之更開密法以圓徑一億
爲一丈圓周盈數三丈一尺四寸一分五釐九毫二秒七忽
朒數三丈一尺四寸一分五釐九毫二秒六忽正數在盈
朒二限之間密率圓徑一百一十三圓周三百五十五約
率圓徑七周二十二又設開差冪開差立兼以正圓參之
指要精密筭氏之最者也所著之書名爲綴術學官莫能
究其深奧是故廢而不理

图 6-3 《隋书 · 律历志》中关于祖冲之圆周率的记载

为什么密率如此重要？原来其中大有学问。它涉及连分数、最佳分数、渐进分数、最佳逼近理论等数学理论。这些理论现代人已经掌握，所以要求得 $\frac{355}{113}$ 并不困难。但是，距今 1000 多年前的祖冲之能求得这个值，不得不说是一个奇迹。下面我们通过简单介绍，来领略“密率”的风采。

根据最佳逼近理论，可以算出 π 的最佳分数。

$$\frac{3}{1},\frac{13}{4},\frac{16}{5},\frac{19}{6},\frac{22}{7},\frac{179}{57},\frac{201}{64},\frac{223}{71},\frac{245}{78},\frac{267}{85},\frac{289}{92},\frac{311}{99},\frac{333}{106},\frac{355}{113},\frac{52163}{16604}\cdots$$

其中 $\frac{3}{1},\frac{22}{7},\frac{333}{106},\frac{355}{113}$ 是 π 的渐进分数。

下面来看 $\frac{355}{113}$ 前后几个最佳分数与 π 之间的差的绝对值 Δ 。

$\frac{22}{7}=3.\dot{1}4285\dot{7}$，　　$\Delta_1=10^{-3}\times1.264\cdots$

$\frac{333}{106}=3.1\dot{4}150943396226\dot{4}$，　　$\Delta_2=10^{-5}\times8.321962\cdots$

$\frac{52163}{16604}=3.141592387\cdots$，　　$\Delta_3=10^{-7}\times2.662132\cdots$

而 $\frac{355}{113}$ 有循环节 112 位，　　$\Delta_4=10^{-7}\times2.667641\cdots$

比较以上 Δ 可看出，$\frac{333}{106}$ 和密率 $\frac{355}{113}$ 的繁简程度差不多，但 $\frac{333}{106}$ 的 Δ_2 却比 $\frac{355}{113}$ 的 Δ_4 大了约 311 倍 $311=(\Delta_2-\Delta_4)/\Delta_4$；而 $\frac{52163}{16604}$ 的 Δ_3 仅比 $\frac{355}{113}$ 的 Δ_4 小约 0.2%，但分母 16604 却约

是 113 的 147 倍，因此 $\dfrac{52163}{16604}$ 显得很繁杂。

此外，由最佳逼近理论可知，在分母小于 16604 的分数中，没有哪一个能比 $\dfrac{355}{113}$ 更接近 π 的准确值了。另外，中国数学家张景中用一种简单的初等数学方法，也得到类似的结果。

分母在 1000 以内的分数中没有比密率更能精确表示圆周率的分数。我国台湾 1982 年出版的《环球百科全书》甚至将 16604 减小到 113，这类说法显然显著低估了密率的优越性。

可见，密率 $\dfrac{355}{113}$ 确实非常神奇，既简单易记，又准确实用。

第四节　小学数学案例分享

下面以"圆的周长"一课为例，阐述在小学课堂中渗透数学史的一种方式。

课题："圆的周长"教学设计①

教学内容： 2024 年青岛版《数学》六年级上册第五单元"完美图形——圆"中的"信息窗 2"。

教学目标： (1)在具体的情境中，引导学生结合已有的知识与经验理解圆的周长的含义；(2)学生通过测量和计算，了解圆的周长和直径的比为定值，推导出圆的周长公式，并学会运用知识解决现实问题；(3)学生在观察、实验、猜想、验证等活动中，体会探索数学问题的一般方法，感受转化的数学思想，提高推理能力；(4)鼓励学生逐步养成乐于思考、勇于质疑、实事求是的良好品质。

教学重点： 引导学生在活动中探索圆的周长的计算方法。

教学难点： 引导学生正确认识圆周率。

教具准备： 课件和三个直径分别是 2、3、4 厘米的圆片。

学具准备： 每组一个材料袋(线绳，直尺，三个直径分别是 2、3、4 厘米的圆片，记录单)。

教学过程如下。

师：通过前面的学习，我们认识了完美的图形——圆，圆在我们生活中随处可见，特别是在古建筑中应用更为广泛。咱们的首都北京可是全球拥有世界文化遗产最多的城市，一起来看一段录像，欣赏一下北京的古建筑吧。(放录像)这是北京的天坛公园，天坛公园中有许多圆形的建筑，天坛主要由圜丘和祈谷两坛组成。圜丘坛俗称祭天台，共有三层，祈谷又叫祈年殿。好，同学们，轻松游览过后，让我们一起踏上学习的旅程吧。

1. 创设情境，提供素材

1) 根据数学信息提出问题

师：咱们一起来看看今天要学习的"信息窗 2"。

---

① 本案例由山东省青岛市平度市南京路小学特级教师代双芳设计。

出示课件(见图 6-4)：圜丘坛上层直径为 30 米，中层直径为 50 米，下层直径为 70 米。祈年殿殿顶周长是 100 米。

图 6-4　天坛

师：仔细阅读，从中你获得了哪些数学信息？

师：根据这些数学信息，你能提出什么数学问题？

引导学生提出：祭天台上层的周长是多少米？祈年殿殿顶的直径是多少米？

师：同学们提出的问题都很有价值，这节课我们先来解决"祭天台上层的周长是多少米"这个问题，好吗？

2）感知圆的周长

师：祭天台的上层是什么形状？(圆形)

追问：那么求祭天台上层的周长实际上就是求什么的周长？(圆的周长)

师：这节课我们就来研究圆的周长。

板书：圆的周长。

师：为了便于观察和研究，老师把祭天台的三层画在了一个平面上。

出示课件：你能指指上层的周长是指哪部分的长度吗？再指指中层和下层的周长？

追问：你能不能用一句话描述一下什么是圆的周长？

预设：圆一圈的长就是圆的周长。

小结：他们的意思也就是，围成圆的曲线的长度就是圆的周长。

【设计意图】从现实问题入手，创设学生感兴趣的情境，激发学生学习的兴趣，引出圆的周长的概念，同时让学生感受到学习圆的周长的计算方法是解决实际问题的需要，产生我要学的欲望。

2. 积极思考，引导猜想

1）猜想圆的周长可能与什么有关

师：想一想，圆的周长可能与什么有关？

预设：直径、半径。

追问：能说说你的理由吗？

预设：圆的直径/半径决定圆的大小。

2) 猜想圆的周长与直径有怎样的关系

师：那么你认为圆的周长与它的直径到底有怎样的关系？我们来联想一下以前学过的图形的周长。

板书：联想。

追问：长方形和正方形的周长与它的边长有怎样的关系？

预设：长方形的周长是它的长和宽之和的 2 倍，正方形的周长是它边长的 4 倍。

师：2 倍，4 倍，我们以前学的图形的周长都和它们的边有一定的倍数关系，你有什么想法？大胆猜想，圆的周长和直径之间会有几倍的关系？

板书：猜……

预设 1：学生可能会根据自己的认知经验，猜想圆的周长大约是直径的 3 倍。此时，老师引导学生直接进入下一个环节，验证是否为 3 倍。

预设 2：学生凭空想象，没有依据地猜想。

师：同学们，猜测可不能乱猜，要有根据。

出示课件：这是两个图形，一个圆形和它的外接正方形，如图 6-5 所示。

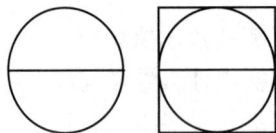

图 6-5　圆形和外接正方形的圆形

引导学生借助对两个图形的分析，发现圆的周长比直径的 2 倍多，比 4 倍少，可能是 3 倍。

【设计意图】猜想会引发学生的积极思考，本环节引导学生进行两次猜想。第一次是猜想圆的周长与什么有关，是通过直觉观察引发的。第二次是猜想圆的周长与直径有什么关系。在这里有两种课堂预设，第一种是考虑有的孩子从小就对圆周率的知识有一定了解，可能猜出圆的周长是直径的 3 倍多，这样就直接进入下一个验证环节。第二种预设是孩子们凭空想象地猜，此时便引导学生思考自己猜测的"圆周长是直径的 2 倍、5 倍、3 倍、8 倍……"是否合理。这里给学生搭个台阶，教学生如何去合理猜想。给学生两个图形，如图 6-5 所示，引导学生根据对图形的分析进行猜想，使学生发现有价值的问题：圆周长既不可能是直径的 2 倍，也不可能是 4 倍，而是介于 2 倍和 4 倍之间。这样，学生在猜想过程中，新旧知识发生碰撞，思维会有很大的跳跃，所做的猜想是合理的、有依据的，进而提高数感，发展推理能力。

3. 操作验证，总结公式

1) 讨论测量圆周长的方法

师：那么圆的周长到底是不是直径的 3 倍？需通过测量和计算来验证。

板书：验证。

追问：会测量圆的周长吗？小组交流一下有什么好办法。

引导学生借助圆片、线绳和直尺等学具来探究。

师：要知道这些圆形纸片的周长到底是多少厘米，你有什么好的方法吗？

全班交流。

预设 1：用一根线绕圆一周，然后将线拉直测量就可以知道圆的周长了。

追问：应该注意些什么？为什么？

预设：线要拉紧，这样测量的结果才会准确；一定要记住起点，最后还要回到起点。

预设 2：直尺测量。

追问：滚动时需要注意什么？

预设：要慢慢滚动，不能打滑，从哪里开始滚要做好记号。

2) 小结测量方法

师：刚才同学们想到了两种测量方法，我们一起来回顾一下。

出示课件：两种测量方法即绕线法和滚动法。

追问：测量方法虽然不一样，但都是把圆的周长这条曲线巧妙地转化成了什么？

预设：直直的线段。

师：这是我们经常用到的数学思想——转化，这里是把曲线转化成了直直的线段来测量，也就是化曲为直。

板书：化曲为直。

3) 小组合作

引导学生选择喜欢的方法测量圆的周长，计算圆周长和直径的比值，填写小组活动记录单(见图6-6)。

小组活动记录单

1. 我们是采用_____方法测量圆的周长。

2. 操作结果记录表

	圆的周长 （厘米）	圆的直径 （厘米）	圆的周长与直径的比值 （得数保留两位小数）
圆 1			
圆 2			
圆 3			

3. 通过计算，我们发现了：

图 6-6 小组活动记录单

全班讨论交流。

小结：我们刚才测量了 3 个大小不同的圆，它们的周长都比直径的 3 倍多一点儿。

4) 认识圆周率

师：同学们真了不起，你们的猜想和验证的结论与数学家们研究的结论一致。其实 2 000 多年前，人们就开始研究圆的周长与直径的关系了。

出示课件：我国古代的数学著作《周髀算经》中已有"周三径一"的说法，意思就是圆的周长大约是它直径的 3 倍。后来人们经过长时间的研究发现，圆的周长和直径的倍数，也就是它们的比值是一个固定不变的数。人们把这个比值叫作圆周率，用希腊字母 π 表示。圆周率是一个无限不循环小数，其值为 3.1415926535……在实际的应用中，一般取它的近似值，即 3.14。

师：从这段资料中你了解到了什么？

板书：$\dfrac{圆的周长}{直径}=$ 圆周率(π)

追问：什么是圆周率？

预设：圆的周长与它直径的比值叫作圆周率。

追问：那刚才同学们测量、计算出的圆的周长与直径的比值为什么都不是固定的数呢？

师：说起圆周率，我们不得不提起一个人——祖冲之。

出示课件：1500 多年前，我国古代的数学家祖冲之就已经计算出圆周率在 3.1415926 和 3.1415927 之间，他是世界上第一个把圆周率精确到 7 位小数的人。他的这一辉煌成就比欧洲至少早 1000 年。现在，人们已经能用计算机把圆周率计算到小数点后面上千亿位了。

师：看了这段资料，你想说点什么吗？

预设：为我们的祖先能取得这样的伟大成就感到骄傲和自豪。

5) 总结圆周长的计算公式

师：圆的周长大约是直径的多少倍？

师：怎样求圆的周长？

预设：直径乘圆周率。

师：如果用字母 C 表示圆的周长，d 表示直径，你能用字母表示出圆周长的计算公式吗？

板书：$C=\pi d$

追问：如果知道圆的半径，怎样求圆的周长？

板书：$C=2\pi r$

【设计意图】在教学活动中，教师应选择适当的形式和素材组织学生进行自主探索。动手操作是学生发现规律和获取数学思想的重要途径，本环节让学生亲自动手测量圆的周长，感受"化曲为直"的思想；通过小组分工合作，培养学生的合作精神；让学生参与观察、实验、猜想、证明、综合实践等数学活动，发展推理能力并清晰地表达自己的想法，发现规律。通过介绍圆周率的由来，培养学生的爱国情感和民族自豪感。周长的公式是在老师的引导下，由学生自己发现的，而非老师直接告诉学生的，这样学生会有一种成就感，对公式的掌握会更牢固，对其的记忆会更长久。

4. 应用公式，解决问题

1) 求祭天台上层的周长

师：刚才同学们先联想了我们之前学过的长方形和正方形这两个图形，想起它们的周长与边都存在一定的倍数关系，接着猜想圆的周长与直径的倍数关系可能是 3 倍，然后动手操作验证了我们的猜想，认识了圆周率，最后自己总结出了圆的周长计算公式，真了不起。现在我们可以运用这个公式来解决远在北京的天坛公园的问题了。

板书：应用

师：现在你知道祭天台上层的周长是多少米吗？

出示课件：一幅情境图，图中标注了祭天台上层、中层和下层的直径分别为 30 米、

50 米、70 米。

预设学生回答：3.14×30=94.2(米)。

追问：中层和下层的周长怎么计算。(中层的周长：3.14×50；下层的周长：3.14×70)

2) 已知半径，求圆的周长

师：已知某圆的半径是 0.4 米，如图 6-7 所示，该圆的周长是多少米？

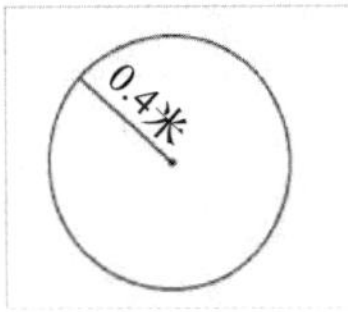

预设学生回答：3.14×0.4=1.256(米)。

师：天坛回音壁的半径是 30.8 米，走一圈至少是多少米？祈年殿殿顶的直径是多少米？你能求出来吗？这些问题留到下节课我们继续研究。

图 6-7　圆

【设计意图】在解决问题环节，再次回到了天坛公园这一情境，体现了情境教学法独特的教学优势。数学虽然抽象，但它来源于实际生活，并与实际生活息息相关，数学教学从生活中来，又回归于生活，最终服务于生活。让学生在解决问题的过程中深深地体会到数学与生活的密切联系，感受到数学是有用的，它能帮我们解决许多问题，进而让学生真正感受到数学的价值，体会到数学的无限魅力。

5. 课堂小结，畅谈收获

引导学生从多个方面谈收获，全面进行总结。

知识方面：学习了圆周率，学会了用已知圆的直径或半径求圆的周长。

方法方面：学习了利用联想—猜想—验证—应用的方法学习新知识；利用转化的思想，将曲线转化成直线，也就是运用化曲为直的思想测量圆的周长。

感受方面：了解圆周率的由来，为我们的祖先取得这样的伟大成就而感到骄傲。

【设计意图】在这一环节中教师引导学生全面回顾了本节课的收获，关注知识、方法和学生的感受，培养学生梳理知识、概括知识的能力，从而帮助学生构建完整的知识体系，使学生保持学习兴趣，不断提高自身数学素养。

本章练习

一、填空题

1. 刘徽形容他的"割圆术"时说：割之弥细，所失弥少，割之又割，以至于不可割，则与圆合体，而无所失矣。这段话体现了(　　　)思想。

2. 祖冲之最大的成就是(　　　)。

3. 祖冲之提出的密率是(　　　)，它精确到 π 小数点后第(　　　)位数。

二、简答题

1. 简述密率的重要性。

三、背诵题

1. 背诵圆周率 π，比赛看看谁背得最多。

第七章　七　巧　板

学习目标

➢ 能够简要阐述七巧板的发展历程。

➢ 体会七巧板深厚的中华文化底蕴。

➢ 能够简要介绍几种特殊拼板的发明人和发展历史。

重点与难点

➢ 用七巧板拼摆指定图形。

爱玩是孩子的天性，在游戏中潜移默化地学习，是一种契合小学生身心成长特征的学习方式。合适的学具能够达成让儿童在游戏中学习的目标。小学数学教材不仅简要介绍了我国传统儿童玩具七巧板的历史，还多次运用七巧板开展教学，做到了寓教于乐、益智修心，拓宽了小学生的数学视野。本章将介绍七巧板是如何被创造并发展成如今模样的。

第一节　七巧板的发端

七巧板不仅形制规范、结构简单，分割科学且巧妙，还有着丰富的历史、文化、数学、哲学和美学内涵。作为儿童学具的首选，它是何时被创造出来的，又经历了怎样的历史演变呢？

一、模糊的来源

七巧板的产生渊源众说纷纭，且都有一定依据，目前还没有统一的定论。

(一)七巧板源自勾股

1814 年桑下客所著的《正续七巧图合璧》序言说："七巧之妙，亦名合巧图，其源出于勾股法。"我们的祖先对直角三角形极为喜欢，对它的认识、研究以及应用都很早。中国古代的数学经典《周髀算经》中所讨论的勾股定理的应用问题，在世界科学史上具有里程碑式的意义。七巧板以直角三角形为基础构成，一个正方形先被分割成 32 个全等直角三角形，再将这些直角三角形进行二次组合，形成 2 个大全等直角三角形、1 个中等直角三角形、2 个小全等直角三角形、1 个正方形和 1 个平行四边形，这便是七巧板(见图 7-1)。把几个直角三角形进行拆分，可以得出无数的图形，这本身就是非常有趣的事。古人在实践中获得了这种灵感，相信以直角三角形为基础创造像七巧板这样的玩具是完全有可能的，所以七巧板源于先人对直角三角形的认识。

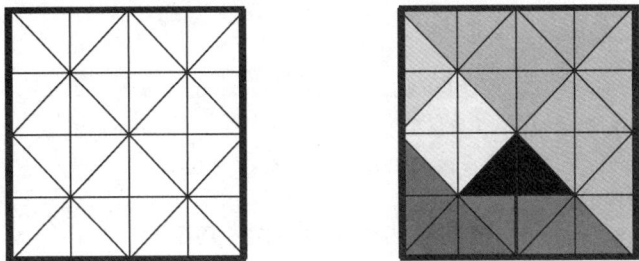

图 7-1 七巧板与直角三角形的关系

(二)七巧板源自弦图

中国首位完成勾股定理证明的数学家是东汉末至三国时代的赵爽，他在对《周髀算经》进行注释时绘制了勾股圆方图，其中的弦图相当于用面积出入相补的方法证明了勾股定理，为我国数学求证领域开辟了图证法的捷径。弦图是中国最早载入典籍的拼图，七巧图和弦图一样，都以勾股定理为基础，由七片小板组成，它的产生与弦图有千丝万缕的联系。

对等腰直角三角形和两直角边长度有 2 倍关系的直角三角形，能用七巧板证明它们满足勾股定理。用两副七巧板既可以证明等腰直角三角形满足勾股定理，也可以摆出弦图的形式，如图 7-2 所示。

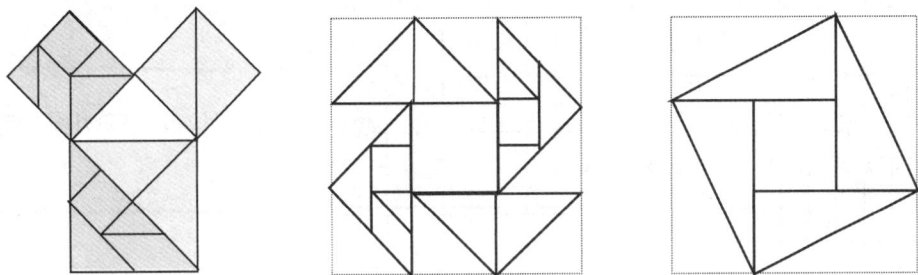

图 7-2 七巧板与弦图的关系

(三)七巧板源自案几

七巧板被西方人称为唐图，意为中国的拼图板，它的发明与唐代有关，是受到了唐代燕几的启发。"燕"通"宴"，所谓燕几，就是唐朝人创制的专用于宴请宾客的小桌子，如图 7-3 所示。

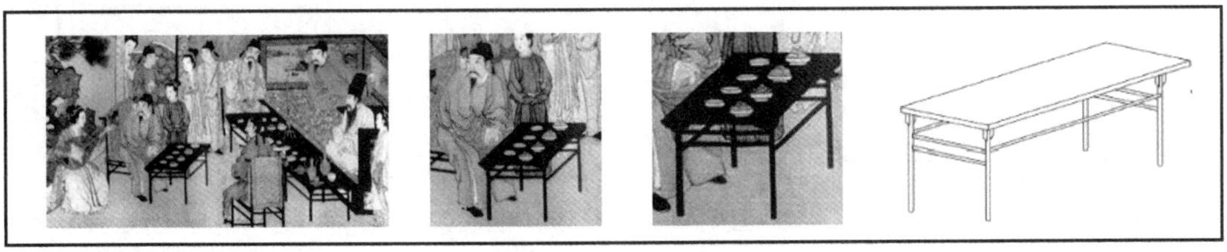

图 7-3 唐代宴会上的燕几

【教材对接】 2024 年苏教版《数学》二年级上册"你知道吗"板块介绍了七巧板(见图 7-4)。

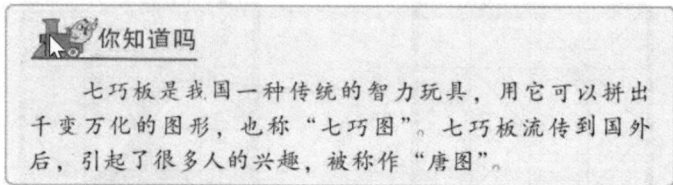

> **你知道吗**
>
> 七巧板是我国一种传统的智力玩具，用它可以拼出千变万化的图形，也称"七巧图"。七巧板流传到国外后，引起了很多人的兴趣，被称作"唐图"。

图 7-4　小学教材中的"七巧板"

到了北宋，官任秘书郎的黄长睿很喜欢这些随兴趣和需求拼合的燕几，并对其做了进一步改进。改进后的一套燕几由 2 件大尺寸、2 件中尺寸、3 件小尺寸的 7 件长方形小几组成，所有小几宽度相同，而长度则分别是宽度的 4、3、2 倍。他研究出了 25 个类型、76 种拼法，每一种拼法都有相应的名称，均绘制在他于 1194 年编撰的《燕几图》(见图 7-5)中，从而使燕几拼图得以流传于世。

由于组成燕几的小几都为长方形，在排摆上存在局限。明朝严澄根据《燕几图》记述的原理，将燕几中的小几形状调整为等腰梯形、直角梯形和三角形，每套多至 13 件小几，形状很像展翅的蝴蝶，故名"蝶几"。蝶几中的小几能够组合出百余种形状，不仅能拼成正方形、长方形，还可以拼成菱形、马蹄形、S 形，既可供宴会和牌局使用，还可用于陈设古玩、书籍乃至花盆等日常物品，1617 年明代的戈汕据此编成《蝶几谱》一书(见图 7-6)。

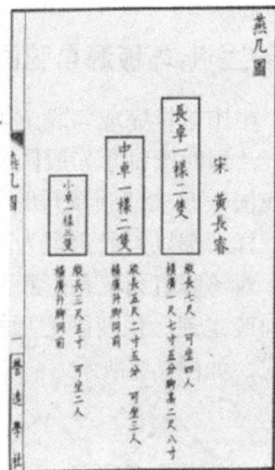

图 7-5　《燕几图》内页

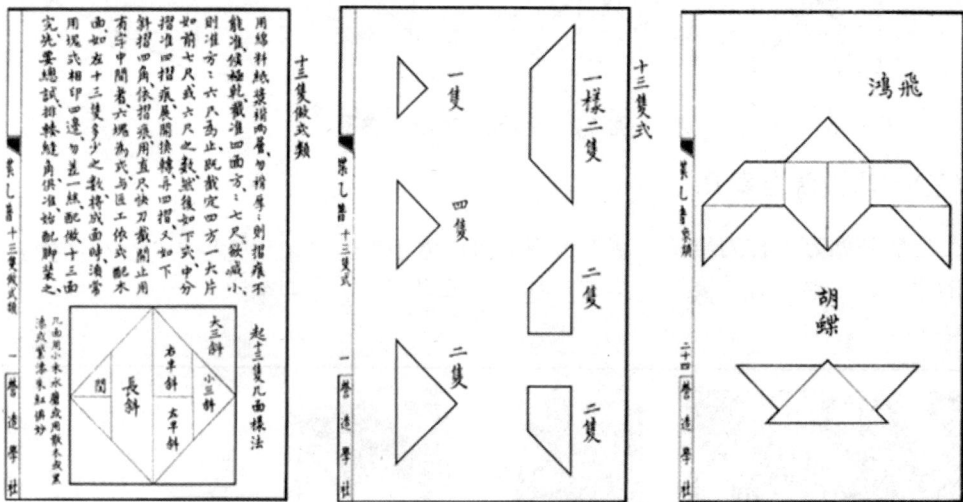

图 7-6　《蝶几谱》内页

燕几和蝶几是中国最早载入典籍的组合家具。元、明两代，它们顺应都市生活的需要，有了长足发展。许多能工巧匠借鉴《燕几图》和《蝶几谱》，运用平面木块进行"纸上谈兵"式的设计，并由此逐步演化成用纸或木板裁成小块进行拼图的益智娱乐玩具——七巧板。

《燕几图》体现了古人在家具组合上的创造性思想，《蝶几谱》又充分体现了古代文人将智巧活动和造物相结合的思想。蝶几吸取燕几的构造原理，增强了表现力，在拼板玩具中起到了承上启下的作用，为七巧图的诞生做了铺垫。虽然没有明确的证据证明七巧图参照了燕几图，但在形式与基本原理上，燕几图、蝶几图与七巧图之间确实存在着由简入繁、由浅入深的递进关系。

二、确切记载

七巧板的确切问世年代与发明人虽无法考证，但从一幅在1780年完成的日本木版画中有两位妇人在玩七巧板的场景可以推断，七巧板的出现应早于1780年，也就是乾隆年间。清代著名民俗画家吴嘉猷画过一幅《天然巧合》，画中富贵人家的妇人也正在玩七巧板，图7-7将妇人玩七巧板的部分进行了局部放大。

图7-7 吴嘉猷民俗画《天然巧合》

目前，能找到的最早的七巧板图谱，是1813年编著的《七巧图合璧》(见图7-8)。该书的撰写者、序跋者都没有使用自己的真实姓名，作者在序言中自称桑下客。1814年，由桑下客自序，又刊行了《正续七巧图合璧》，序言记载，在此前一年，云间徐恕堂已刊行了一本包括160幅图的图谱，书名不详。桑下客的这本《正续七巧图合璧》收编了323幅图，包括徐氏的图、王颜园和王春生两兄弟收集拼排的图和自己收集拼排的图。这本书流传到海外后，对欧美认识中国七巧图起到了较大的促进作用。

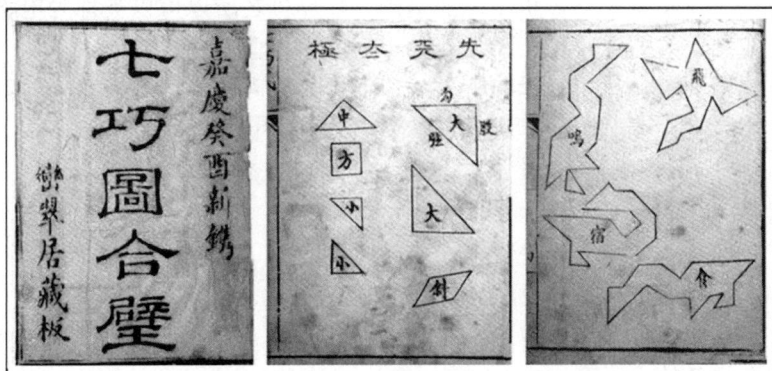

图7-8 《七巧图合璧》内页

第二节　古今中外的拼板

古今中外还有一些与七巧板类似的拼板玩具，这些拼板在数量上不尽相同，形状也各具特色。下面主要介绍几种组合形状不同于我国七巧板的拼板。

一、十四巧板

十四巧板的基本构造是一个被分割成 14 小块的正方形，其中包括 3 块锐角三角形、6 块钝角三角形、2 块直角三角形、2 块四边形和 1 块五边形(见图 7-9)。

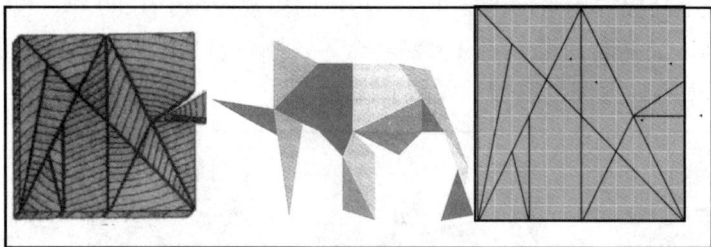

图 7-9　十四巧板

十四巧板最精妙之处在于它的 14 块拼板面积成整数比，假定 2 个最小的三角形面积为 1，那么就有 4 块三角形的面积为 2，1 块三角形的面积为 3，4 块三角形的面积为 4，1 块四边形的面积为 4，1 块五边形的面积为 7，1 块四边形的面积为 8。

十四巧板的玩法多样，可以像我国七巧板那样自由拼摆出生动的形象，如图 7-9 所示的大象，因为羊皮卷中关于"十四巧板"的内容不完整，所以现存的拼摆作品不多。阿基米德在原文中研究了另一种十四巧板的独特玩法：将这 14 块拼板用不同的方式还原成初始的正方形。方式显然不唯一，那共有多少种不同的方式？方式有限吗？能计算出具体数字吗？这个问题属于现代"组合数学"的研究领域，从这个角度看，阿基米德堪称组合数学的鼻祖。组合数学不仅在基础数学研究中具有极其重要的地位，在其他的学科中也有重要的应用，组合数学的发展奠定了计算机革命的基础。计算机之所以可以被称为电脑，正是因为计算机的组合算法让人感到计算机好像人脑一样具有思维。

美国伊利诺伊大学计算机科学家比尔·卡特勒最先回答了阿基米德的问题，他用编程的方法证明这 14 块拼板有 17 152 种得到同一个正方形的组合方式。

二、童叶庚的十五巧板

童叶庚(1828—1899)(见图 7-10(a))历任浙江多地县丞。1862 年，童叶庚在七巧板的基础上制作出了十五巧板，由 2 块全等的小等腰直角三角形、2 块全等的大等腰直角三角形、2 块全等的带直角拐角的六边形、2 块全等的直角梯形、1 块平行四边形、4 块全等的带内弧的直角五边形和 2 块全等的半圆形共 15 块拼板组成，童叶庚将其命名为"益智板"，如

图 7-10(b)所示。与燕几、蝶几及七巧板不同的是，益智板中有弧形的板块，包括方、圆、曲、直、尖、斜等图形，便于不断组合，所以用益智板可以做出更生动的形象。

童叶庚还凭借自己在古诗、文学、书法和绘画的博学知识，用益智板为古诗和古文配画，形成了与众不同的雅致风格。当时的文人学士一致认为他的构思巧妙，能启发心智。在 1878 年正式刻印出版的《益智图》中拼摆出"夜半钟声到客船"和"举杯邀明月"诗句的配画，如图 7-10(c)所示。

童叶庚在 1885 年出版的《益智续图》中开始尝试用益智板拼摆文字，受到大众的广泛喜爱。他们的喜爱燃起了童叶庚的创作热情，经过 7 年的努力，他终于在 1892 年出版了凝结父子 5 人智慧和汗水的《益智图千字文》，图 7-10(d)从右至左为"千""字"。

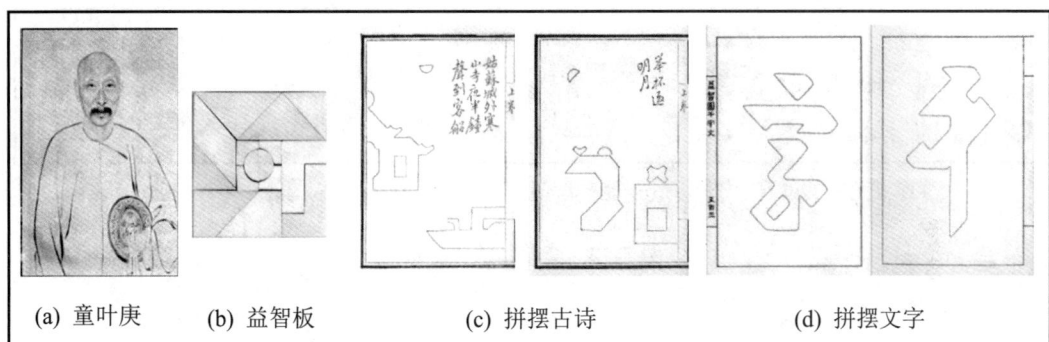

(a) 童叶庚　　(b) 益智板　　　　(c) 拼摆古诗　　　　(d) 拼摆文字

图 7-10　童叶庚与他的益智板及拼摆古诗、拼摆文字

益智图不仅在民间流传，还流传到了皇宫。清朝道光皇帝的第六个儿子恭亲王奕䜣(1833—1898)，对童叶庚发明的益智图十分钟爱，曾拥有一套精巧的象牙制益智板，放置在一个小铜方盒里。1893 年，他还为童叶庚的《益智图千字文》题写了"操觚新格"四字，如图 7-11(a)所示。

中国末代皇帝溥仪(1906—1967)幼年时也在紫禁城玩过益智板。他的益智板现在还保存在故宫博物院，如图 7-11(b)所示。溥仪的益智板很可能是从紫禁城附近的东安市场购得的。十五块益智板拼成正方形放置在一个方盒中，盒盖上刻有"益智图"三个字。故宫博物院现在还藏有一套六册函套装的《十五巧益智图》，函套中嵌进一方格，内装有木制益智板十五块。

(a)　　　　　　　　　　　　　(b)

图 7-11　恭亲王为《益智图千字文》的题字及溥仪的益智板

三、李希特的多巧板

19世纪末，德国工业家阿道尔夫·李希特(A. Richter)博士与艺术家共同设计了36种多巧板，因为制作材料特殊，需要制作模具，为了节省时间和成本，这些多巧板在设计时就考虑到了板块的相互代用，所以，这36种多巧板总共需要的板块数量不到80。

多巧板既可单独使用，也可组合使用，都能拼出很多好看又有趣的图案。特别的是，李希特博士为每种拼板都起了形象的名字，图7-12所示为李希特博士设计的几种让人脑洞大开的多巧板和由它拼出的图形。

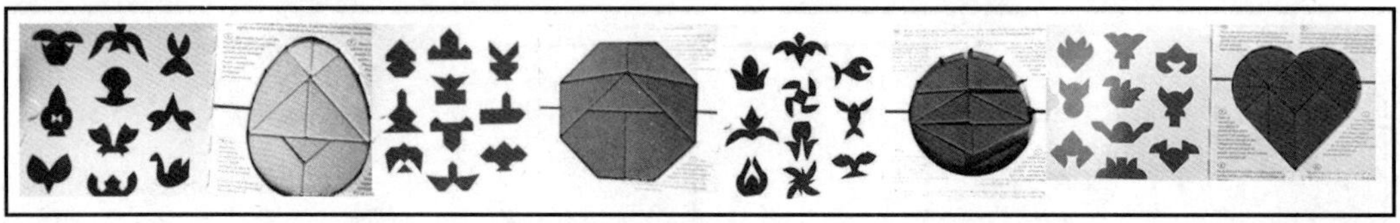

(a) 哥伦布的鸡蛋   (b) 消愁解闷   (c) 圆形闷葫芦   (d) 心形闷葫芦

图7-12　李希特的多巧板

(一)哥伦布的鸡蛋

"哥伦布的鸡蛋"是一副九巧板，包括3个直角三角形和6块弧边形拼板，因其有弧形板，所以很适合拼鸟、鱼和鸡这类图形。其名称显然来源于大家耳熟能详的关于意大利航海家哥伦布(C. Colombo，1451—1506)立鸡蛋的故事。从现代观点思考这个故事可以得出一个结论，即原创的价值远高于模仿，原创属于思维层面，它意味着去思考他人未曾思考过的内容；而模仿则处于操作层面，是去做自己以前未曾做过的事情。这套"哥伦布的鸡蛋"九巧板意在鼓励玩家不要拘泥于已有的玩法和结果，勇于玩出新花样。

(二)消愁解闷

"消愁解闷"是一副七巧板，7块拼板除了中间的等边三角形外，其余6块拼板两两对称性，分别是1对直角梯形、1对直角三角形和1对五边形，所以，很适合拼出对称图形。

(三)圆形闷葫芦

"圆形闷葫芦"是一副十巧板，1891年一经推出就大受欢迎，10块拼板拼出的图形可以进行装饰和二次创作，如画上好看的"脸谱"，以增加十巧板拼摆作品的美感和趣味性。

(四)心形闷葫芦

"心形闷葫芦"是一副九巧板，9块拼板既具有对称性，又有弧度，适合拼出带弧度和对称性的图形。

除了上面已经介绍的中国古典七巧板、童叶庚的十五巧板、阿基米德的十四巧板和李希特的多巧板外，还有日本七巧板、越南七巧板等不同形式的拼板玩具。无论它们是否从中国传过去，都是对拼板类玩具的再思考和再创作，都能达到助兴益智的目的。

第三节　小学数学案例分享

　　七巧板的拼板都是小学阶段主要学习的多边形，所以七巧板作为认识单一图形或者组合图形的学具再合适不过了。下面案例改编自姚静依和姚美芳两位老师的教学设计，她们将七巧板作为帮助小学生认识图形、形成分类思想和空间观念的主要学具展开教学，对七巧板的教育价值做了深度挖掘，并据此设计了系列课程，为课时不足的普遍问题提供了一个值得借鉴的解决方案。

课题：有趣的七巧板

　　教学内容：2024年苏教版《数学》二年级上册第18~19页。

　　教学目标：(1)学生在看、比、拼、移、转等数学活动中体会七巧板的"结构巧"和"拼图巧"；(2)学生在拼图活动中体会分类思想，积累数学活动经验，激发创新意识，发展空间观念；(3)学生在参与数学活动的过程中体会七巧板的趣味性，感悟古代劳动人民的智慧，增强民族自豪感和使命感。

课例—七巧板的
导入环节.mp4

　　教学重难点：探索和体验七巧板的"结构巧"和"拼图巧"。

　　教学过程如下。

1. 展示前期成果，激发兴趣引入新课

　　屏幕播放学生课外阅读"七巧猫"绘本、阅读七巧板历史和制作七巧板的画面。

　　回顾：前段时间老师给大家布置了一些有关七巧板的学习任务，刚刚在屏幕上看到了大家完成任务的场景。

　　展示：你能讲讲"七巧猫"的故事吗？你能说说"七巧板"的历史吗？

　　引入：今天这节课我们就用自己制作的"七巧板"继续研究。

　　【说明】本节课是"七巧板"系列课程中的核心活动课，有承前启后的作用。展示前期成果，有助于教师根据实际情况调整教学节奏，唤醒学生的学习记忆并激发其深度探究的欲望。

2. 初步探究关系，体会结构巧妙

　　明确：同学们，你们知道为什么把它叫作七巧板吗？是的，七巧板有七块板，不仅如此，七块板还很巧，巧在哪里呢？这是今天我们要重点研究的问题。

　　分类：你能把这七块板分成几类呢？先想一想，再动手分一分。

　　小结：七块板按照形状来分，可以分成三类，一类是三角形，一类是正方形，还有一类是平行四边形。

　　谈话：有没有发现三角形特别多，这些三角形按照大小分又该怎样分呢？大家可以交流一下。

　　明确：按照大小，可以分别把它们叫作大三角形、中三角形和小三角形。

　　提问：你们看，这七块板有大有小，板的大小会有怎样的关系呢？这些板的边有长有

短，板的边长又有怎样的关系呢？你想用什么方法来研究呢？

课件出示活动要求：

> 看一看、比一比、拼一拼、想一想：
> ① 七块板的大小有什么关系？
> ② 七块板的边长的长短有什么关系？

围绕以下几个方面展开讨论。

1) 研究三角形大小关系

预设：这个同学用两个小三角形拼成了一个中三角形，这说明了什么？

明确：一个中三角形有两个小三角形那么大。

追问：大三角形与中三角形和小三角形之间又有怎样的关系呢？(出示大、中、小三角形，如图 7-13 所示)。

图 7-13　七巧板中三个直角三角形的大小关系

交流后，将三个不同大小的三角形依次叠起来。

小结：大三角形有两个中三角形那么大，中三角形又有两个小三角形那么大，大三角形有四个小三角形那么大，真"巧"啊！

2) 研究三角形与其他两种图形的关系

预设：还有什么发现呢？(出示图 7-14)你能告诉大家你的发现吗？

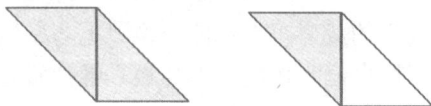

图 7-14　三角形与平行四边形的关系

明确：两个小三角形可以拼成一个平行四边形，也可以说，平行四边形有两个小三角形那么大。

预设：(出示图 7-15)这是哪个同学的作品？请你来介绍一下自己的发现。

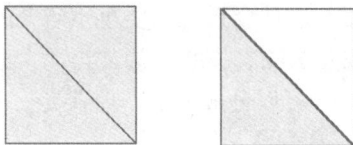

图 7-15　三角形与正方形的关系

明确：两个小三角形可以拼成一个正方形，正方形的大小也等于两个小三角形，平行四边形和正方形的大小相等。

3) 研究边与边之间的关系

预设：(出示图7-16)这样拼，你有什么发现？

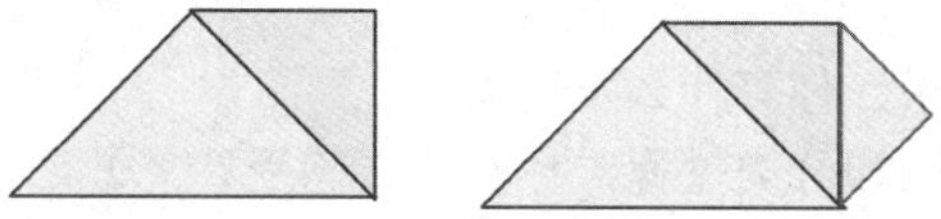

图 7-16　七巧板三个直角三角形的边的关系

明确：中三角形的长边和大三角形的短边长度相等。

追问：如果将小三角形和中三角形也像这样拼一拼，能说明哪两条边相等吗？

明确：小三角形的长边和中三角形的短边长度相等。

追问：还有哪些板的边的长度也相等呢？请同学们找一找，比一比，然后在小组里说一说。

学生活动后，教师选择学生的作品进行展示。

反思：同学们，刚才我们研究了七巧板中七块板的大小关系和边的长短关系，回想研究的过程，你有什么感受？

小结：七块板之间有着巧妙的关系，七巧板很"巧"。

【说明】将学生前期主观的活动经验数学化，让学生在有序探究七巧板的板与板之间、边与边之间的关系的过程中积累数学活动经验，发展数学思维，体会七巧板的"巧"。

3. 深入探究关系，感悟拼的巧妙

1) 用三块板拼图

谈话：同学们，我们已经认识了很多平面图形，如长方形、正方形、三角形、五边形等。其实，好多图形都可以用七巧板拼出来，想不想试试呢？

要求：用三块板拼出你认识的图形，再向同桌介绍自己的拼法。

学生操作，教师巡视收集不同拼法，并将学生作品编上序号，展示在黑板上。

预设：学生用三块板拼出不同作品，如图7-17所示。

比较：仔细观察，找出不同拼法的相同点和不同点，再将这些拼法分类。

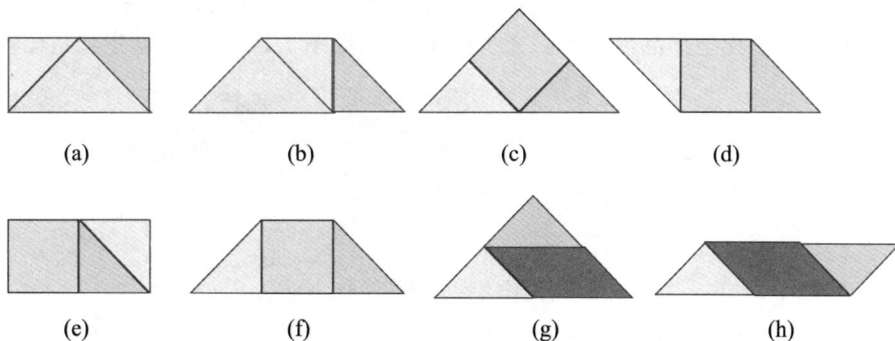

图 7-17　学生用三块板拼出的作品

学生小组活动后，全班展开交流。

预设：按照形状将图形分成四类：三角形、长方形、梯形和平行四边形。

追问：观察每一类图形，你有什么发现呢？

预设：按照所用的板是否相同，可分成三类：第一类是(a)和(b)；第二类是(c)、(d)、(e)和(f)；第三类是(g)和(h)。

追问：观察分类的结果，你有什么发现呢？

反思：回顾刚才的拼图和分类过程，你有什么感受？

小结：不同的板可以拼出相同的图形，相同的板可以拼出不同的图形，七巧板拼出的图形千变万化，真"巧"。

2) 图形变换

谈话：这是刚才拼出的长方形，怎样移动一块板把它变成其他图形？

学生操作，教师巡视指导，之后组织全班交流。

预设三种变换方式：(1)移一移；(2)转一转；(3)先转再移。图7-18所示为学生作品。

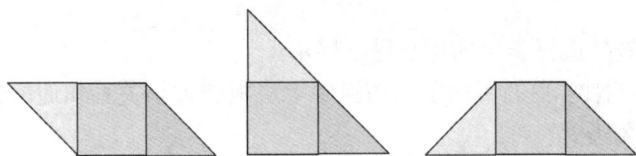

图 7-18　学生作品

反思：同学们，回顾上面的变化过程，你又有什么感受呢？

小结：通过移一移、转一转，可以变化出不同的形状，七巧板真"巧"。

3) 拓展拼图

谈话：还能用更多的板拼出已经学过的图形吗？

提问：仔细观察，这个大三角形是用几块板拼成的？你能用不同块数的板拼出一个正方形吗？快速拼一拼。

说一说：我用(　)块板拼出了正方形。

学生活动，教师巡视收集典型作品。展示用不同块数的板拼出的作品，让学生介绍。

预设：找到学生典型作品，如不同大小的正方形(见图7-19)，组织学生观察比较。

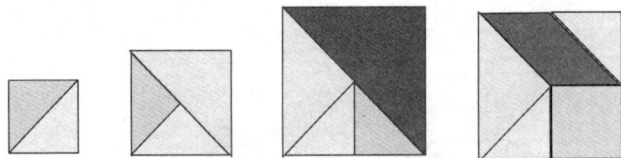

图 7-19　学生典型作品

说明：用不同块数的板可以拼出不同大小的正方形。

【说明】利用层次鲜明的活动引导学生体会七巧板的"拼图巧"，有利于学生积累数学活动经验，形成创新意识。

4. 创意拼摆活动，体验巧妙组合

谈话：利用七巧板还能拼出更多有意思的图形呢，我们一起来欣赏吧！

课件出示七巧板拼图。

想象：(出示图 7-20)这是老师给你们颁发的奖品，你能看出是什么吗？

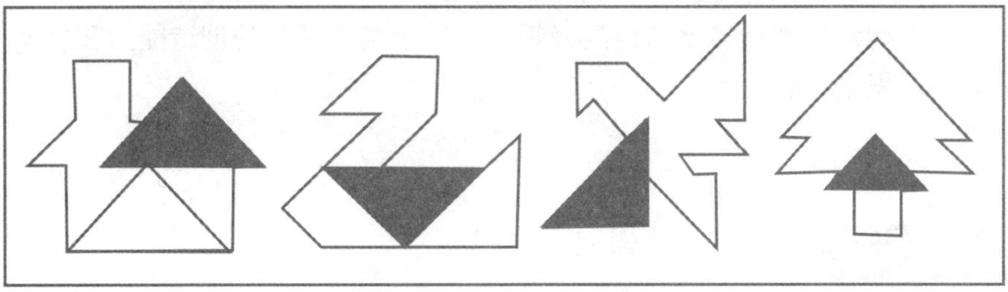

图 7-20　教师准备的奖品

提问：想不想把它们拼出来呢？

出示课件：

① 看一看：图中的深色板是怎样的？
② 找一找：从七巧板中找到这块深色板。
③ 想一想：空白的地方可以用哪些板拼上去？
④ 拼一拼：试着拼出来交流。

学生活动，教师巡视收集摆得又快又好的作品进行展示。

反思：同学们，回顾刚才拼图的过程，你有怎样的感受呢？

小结：七巧板千变万化，"巧"妙无比。要让七巧板变化出各种图形，需要我们有善于观察的眼睛、善于思考的大脑以及灵巧的双手。

【说明】学生用七巧板拼出各种形状的图形，培养学生动手能力和创新意识。教师结合整节课的表现给学生颁发"七巧板拼图"奖品，这些奖品一方面是对学生优秀表现的奖励，另一方面又成为学生练习拼图的素材，可谓一举两得。

5. 操作拓宽视野，课外深度体验

1) 作业要求

课件出示"七巧板"作业要求，布置学生课后需完成的相应活动。

谈话：先是边看边拼，再自己试着拼，你能坚持一个星期吗？每完成一次在表 7-1 里打个"★"。

表 7-1　完成进度

完成时间	月　日	月　日	月　日	月　日	月　日	月　日	月　日

2) 创意拼一拼

谈话：请你试着用七巧板进行拼图，把你最满意的一幅作品画在或者拍照贴在下面的空白处，再用两三句话写一写拼图的创意。

3）试着说一说

谈话：拼了这么多天的七巧板，你想说些什么呢？

【说明】课堂时间有限，七巧板的"巧"还需要在课后继续去体验，这是系列课程的优势所在。从课外初试到课堂探究再到课外拓展，这一系列活动能让学生对七巧板的认识逐步深入，更好地激发其玩转七巧板的兴趣，在玩中培养学生的创造能力和空间想象力，并为今后的学习积累活动经验。

本章练习

一、填空题

1. 七巧板被西方人称为唐图，意为中国的拼图板，它的发明与唐代有关，是受了唐代的(   )启发。

2. 清代著名民俗画家(   )画过一幅《天然巧合》，由画中景象可知七巧板在民间已经很普遍了。

3. 1862 年，童叶庚在七巧板的基础上制作出了称为"益智板"的(   )。

二、单选题

1. 十四巧板的拼板有(   )种方式重新还原成正方形。
   A. 17152   B. 17125   C. 15172   D. 15127

2. 李希特博士与创作人员共同设计了(   )种多巧板。
   A. 33   B. 34   C. 35   D. 36

三、证明题

1. 验证阿基米德十四巧板各拼板的面积比为整数比。

四、教学设计

图 7-21 所示为人教版《数学》五年级上册"多边形面积"单元的课后知识拓展内容。请设计一个教学片段，在解决这个问题时融入相关数学史内容。

右面是由一副七巧板拼出的正方形，边长为 12 cm。你能计算出其中每个图形的面积吗？

图 7-21   人教版中关于七巧板的课后知识拓展

第八章　阿拉伯数字的历史演变

学习目标

➤ 理解数概念的产生和发展。
➤ 能分析早期计数系统的特点。
➤ 掌握四大文明古国的计数系统。
➤ 能对早期计数系统和印度—阿拉伯数字系统进行换算。
➤ 感受我国古代数学文化的辉煌。

重点与难点

➤ 了解四大文明古国的计数系统。
➤ 掌握早期计数系统的特点及其与印度—阿拉伯计数系统的换算关系。

第一节　数概念萌芽时期

数概念萌芽时期.mp4

　　数的概念大约产生于 30 万年前，它对于人类文明的意义并不亚于火种的使用。

　　数的概念源自原始人的生活和生产。人类在蒙昧时代就具备识别事物有无、多少的能力。原始人在采集、狩猎等生产活动中，会注意到有时能捕获猎物，有时则不能。这样，他们的大脑中就有了"有"与"没有"的概念。一只羊与一群羊、一只狼与一群狼的对比，也让原始人察觉到数量的差异。通过对一只羊与一群羊、一只狼与一群狼的比较，他们逐渐发现一只羊、一只兔、一个人、一条鱼等之间存在某些共同之处。

　　当对数的认识愈加明确时，人们开始用手指或其他实物(如石头)来表示"一""二""多"这三种数量。对于任何超过"二"的数，他们都理解为"多"。有证据显示，手指也是原始人常用的便捷计数符号。比如，用一根手指表示鹿，两根手指表示矛，意思是"要换我一头鹿，你得给我两只矛"。一只手上的五个指头可用于表示五个以内的事物集合，两只手则能表示十个以内的事物集合。我们如今使用的十进制很可能源于人有十个手指，五进制以及二十进制或许都与手指、脚趾有关。当手指、脚趾不够用时，就出现了石子计数、小棍计数或用其他易得的实物计数的方法。

　　随着货物交换的发展，人们在计算羊的数量或者交易其他货物时也需要计数。这时，最简单、最原始的方法(而且现在仍在使用)是给每一个被计数的东西做一个单独的标记，通常是"I"或其他一些简单的符号，通过特定的重复就可以表示较大的数。因此，1、2、3、4、5 被书写或雕刻成：|、||、|||、||||、|||||，于是就有了刻痕计数。这种数的

表示法最早出现在刚果的伊尚戈(Ishango)地区所发现的一块骨化石上,用碳测定年代法测出其年代大约在公元前 20000 年。虽然至今仍不清楚这些骨头上的刻痕或缺口具体表示什么东西的数目,但是有学者认为,它们是对月亮的某些周期进行的计数。正如我们现在所知,数学的发展与天文学的发展是相辅相成的。这类刻痕计数的痕迹,也在其他许多地方被发现。1937 年,在捷克的摩拉维亚,人们发现一根旧石器时代的幼狼胫骨,上面刻有 55 道痕迹,第一组有 25 道痕,第二组有 30 道痕,每一组刻痕又按五个为一小组排列。

【教材对接】2013 年北师大版《数学》一年级上册第 25 页"读一读,说一说"中介绍了狼骨刻痕计数,使学生体会古人以五为计数单位的计数方法(见图 8-1)。

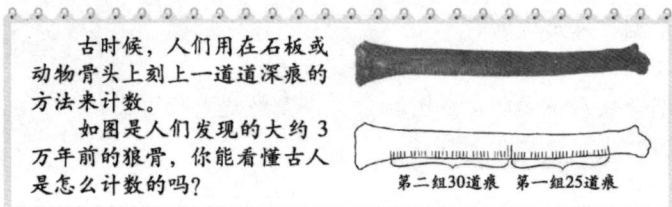

图 8-1　小学教材中的刻痕计数

结绳计数在世界许多地方都曾被使用过(如日本、非洲、澳大利亚、南美洲、中国等),"结"与"痕"有同样的作用,也用来表示数的多少。例如,今天猎到五头羊,就可以在绳子上打五个结来表示;约定三天后再见面,就在绳子上打三个结,过一天解一个结;等等。古秘鲁的印加族人每收到一捆庄稼,就在绳子上打个结,用来记录收获了多少(见图 8-2)。我国古书《周易·系辞》中就有"上古结绳而治,后世圣人易之以书契"的记载。

【教材对接】2013 年北师大版《数学》一年级上册"读一读,讲一讲"板块介绍了结绳计数的方法(见图 8-3)。

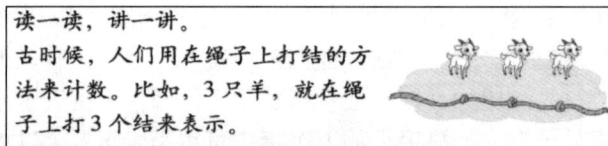

图 8-2　古秘鲁印加人的结绳计数文物临摹图

图 8-3　小学教材中的结绳计数

第二节　河谷文明与早期数字

河谷文明与
早期数字.mp4

尼罗河下游的古埃及、两河流域的古巴比伦、恒河与印度河畔的古印度以及黄河流域与长江流域的古代中国,创造了灿烂辉煌的河谷文明,早期的数学就诞生在这些地方。

随着生产力的提高，社会需要用一些更便捷高效的计数方法来进行统计，这时就出现了书写计数以及相应的计数系统。但计数系统太过简单，这是它最大的弱点，即使是要表示中等大小的数字，也需要写很长的一串符号。随着人类文明的进步与发展，不同的文化都在这种方法的基础上进行改进，发明了更多的数字符号，并以不同的方式将它们组合起来，以表示越来越大的数字。在过去的 6 000 多年里，不同的群体在不同的时间使用了 100 多种不同的计数系统。我们有必要深入研究这些早期的数字系统，以认识到我们目前的数字书写系统的作用和便利性。

一、古埃及的数字表示

从已有的数学史料来看，古埃及与古巴比伦的数学历史最为悠久。最早出现书写计数方法记录的文物之一是公元前 3000 年左右的埃及皇家权杖，现存于英国牛津的一个博物馆里，权杖上的内容是一次成功的军事战役记录，记载了成千上万甚至数以百万计的人参战。这表明当时古埃及人已能用象形文字表示庞大的数目。

古埃及数字是古代人类最重要、最基本的数字之一。公元前 3000 年左右，古埃及人沿尼罗河两岸建立了早期的奴隶制国家，与此同时发明了象形文字。象形文字在古埃及文明的整个历史时期一直被使用，直到 5 世纪。其中，最具代表性的是僧侣们所使用的僧侣文(又称祭祀文)，流传至今的古埃及文献，大部分是以这种僧侣文书写在纸草上的，人们通常称其为纸草书。

我们对古埃及数学知识的了解，很大程度上来自这些保存至今的纸草书。纸草是尼罗河三角洲地区盛产的一种形如芦苇的水生植物，古埃及人用削尖的芦秆蘸上黑色或红色颜料把文字写在纸草上，故名纸草书。因为纸草会干裂成粉末，所以只有很少的纸草书能保存到今天。因此，我们只能通过少量的资料来考察古埃及数学的发展，我们获得的知识也只是粗略的，学者对古埃及数学的确切起源和发展历程也无法达成共识。

古埃及人用僧侣文写成的纸草书收集有数学问题及其解答。其中，对考察古埃及数学有重要价值的文献之一是《莱茵德纸草书》，这本纸草书是在埃及古都底比斯(Thebes，今卢克索附近)的废墟中发现的，1858 年由苏格兰人莱茵德(A.H. Rhind，1833—1863)购买，而后遗赠给大英博物馆。这本纸草书长约 550 厘米、宽 33 厘米，摹本出版于 1898 年。另一个重要文献是《莫斯科纸草书》(见图 8-4)，因为是俄罗斯人戈列尼雪夫于 1893 年在埃及购买的，所以也称作《戈列尼雪夫纸草书》，后捐赠给了莫斯科国立普希金精细艺术博物馆。

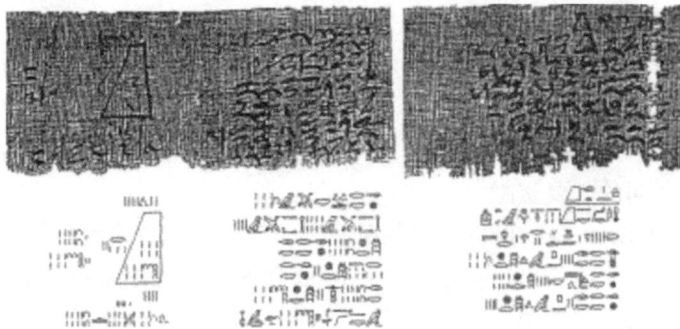

图 8-4　《莫斯科纸草书》局部

《莱茵德纸草书》和《莫斯科纸草书》都是用僧侣文写成的，前者收集了 84 个问题，后者收集了 25 个问题，是我们认识古埃及数学的主要依据。古埃及人使用的是十进位计数制，10^0、10^1、10^2、10^3、10^4、10^5 及 10^6 分别用不同的符号表示，如图 8-5 所示。

图 8-5　古埃及数字符号

当一个数中出现某个数的若干倍时，就将它的符号重复写若干次，而不是用缩写。古埃及人没有表示零的符号，对符号顺序也没有要求，只要将符号代表的数加起来是正确的就行了。比如，数字 113 可以表示成多种形式，如图 8-6 所示。

图 8-6　古埃及象形数字的 113

【教材对接】2022 年人教版《数学》一年级上册第 72 页"你知道吗？"板块介绍了古埃及象形数字，如图 8-7 所示。

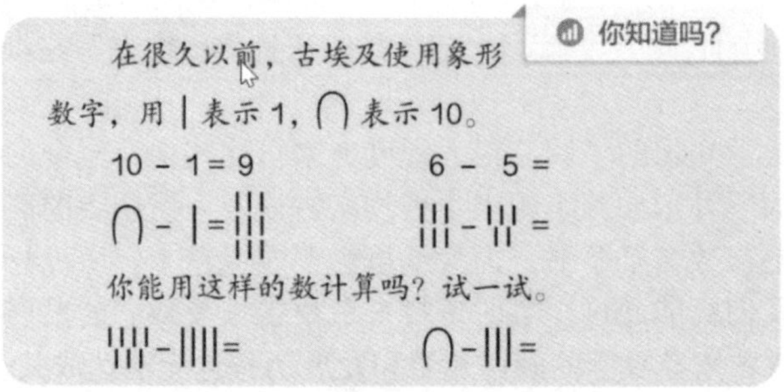

图 8-7　小学教材中的古埃及象形数字

二、古巴比伦的数字表达

古巴比伦文明起源于幼发拉底河与底格里斯河流域，史称美索不达米亚地区(今伊拉克和伊朗境内)，被称为"文明的摇篮"。这一地区从公元前 3000 年到公元前 200 年所创造的数学，习惯被统称为巴比伦数学。

公元前四五千年，两河流域的苏美尔人就用削尖的芦管在湿泥板上刻写文字，由于字的形状像楔子，所以被称为楔形文字。泥板经过日晒后变得坚硬，比古埃及纸草书更易于保存。迄今约有 50 万块泥板文书出土，其中有 300 多块与数学有关，它们成为我们了解古代美索不达米亚文明的主要文献。

公元前 3500 年以后，在 3000 多年的时间里，该地区至少采用 10 个不同的计数系统。我们感兴趣的是从公元前 2000 年到公元前 1600 年间，巴比伦抄写员在计算中使用的一种计数系统。这种计数制基于两个楔形符号，对 60 以内的整数采用简单的十进制(见图 8-8)，60 以上的整数混用六十进制与十进制。

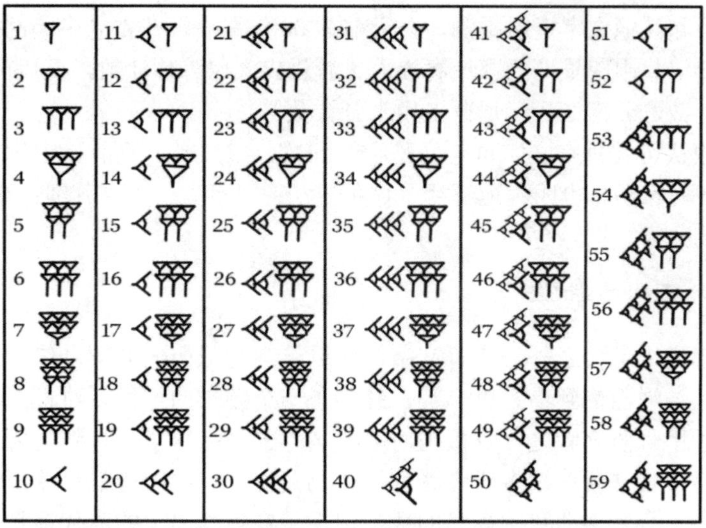

图8-8　古巴比伦抄写员对60以内的整数使用的计数制

对于60到3599的数字，美索不达米亚人则采用六十进制的位值制计数法，用两组符号来表示，然后用空格隔开。同一个符号，根据它在数字表示中位置的不同而赋予不同的值，左边一组的值乘以60，再加上右边的值。这种位值制计数法是美索不达米亚数学的一项突出成就。例如，六十进制的12,31(见图8-9)，是十进制中的(10+1+1)×60+(10+10+10+1)=12×60+31=751。

图8-9　751的楔形符号

同理，6000以上数字的楔形文字，仍然是通过在每组楔形符号之间留空进行位置的区分。例如，六十进制的2,11,21(见图8-10)，是十进制中的$2×60^2+11×60+21=7881$。

图8-10　7881的楔形符号

古巴比伦计数系统的一个主要难题是符号组间距的模糊性。图8-11所示的符号所表示的数字就不够清晰，它可能是$1×60+10$或$1×60^2+10×60$或$1×60^3+10×60^2$……，就是因为其中没有零号，所以出现了这种无法确定具体数值的情况，人们只能根据上下文进行判断。

图8-11　表达有歧义的楔形符号

三、中国古代的数字表示

中国是世界著名的文明古国，和古巴比伦、古埃及、古印度一样，是人类文明的发源地之一。数学作为中国文化的重要组成部分，它的起源可以追溯到遥远的古代。根据古籍记载、考古发现和其他文字资料推测，公元前 3000 年左右，在古老中国的土地上就有了数学的萌芽。史料记载中国早期的鄂伦春族人、赫哲族人用骨片计数，贵州苗族人曾以石头、粮食、羊屎等计数，云南红河哈尼族人用木刻计数等。

史学界比较认可并且有文字可考的是结绳计数，《周易·系辞》中称："上古结绳而治"，《周易·九家易》也明确地解释了这种方法："事大，大结其绳；事小，小结其绳。结之多少，随物众寡。"

(一)中国的甲骨文数字

李俨先生曾说"上古之外，未有文字，先以结绳为记……书契之作，今日可考者，实始于殷代"。从结绳而治到易之以书契，经历了一个漫长的过程。对古人"书契"的解释有多种，最早的甲骨研究者之一罗振玉对"书契"一词提出了一种新的解释，即"刻出来的文字"。此后甲骨文就被很多研究者称为"书契"了。中国是最早使用十进制和位值制计数法的国家。至今发现的我国最早的数字记录是在殷墟出土的商代甲骨文中，其年代定在公元前 1600 年左右(见图 8-12)。甲骨文是中国最早的有系统的文字，因为被刻在甲骨上而闻名世界。甲骨文中，有一些是记录数字的文字，表明中国当时已经使用了成熟的十进制计数法。

图 8-12　殷墟出土的甲骨文

图 8-13 所示的符号是现在所能收集到的最早、最原始的数字形式之一。从甲骨文的数字表示来看，前九个甲骨文数字是对数字 1～9 的记录，数字每到 10 的倍数，就有一个专门的符号，可以判断殷商时期就有了比较完整的十进制计数系统。《中国历代度量衡考》中介绍了三种商尺，均在河南安阳殷墟出土，该商尺都是一尺刻十寸，前两尺都是每寸刻十分，这与甲骨文十进制计数相契合。

图 8-13　甲骨文中的 13 个数字

(二)中国古代的算筹计数

到春秋战国时代，又开始出现严格的十进位值制筹算计数法。算筹是将几寸长的小竹棍(或用木、玉、金属制造)摆在平面上进行计算(见图 8-14)，其功用和后世的算盘大致相仿，5 及以下的数是几就用几根算筹表示，6、7、8、9 四个数用一根放在上面表示 5，余下的数，每根算筹表示 1。

图 8-14 木制算筹

《孙子算经》大约成书于公元 4 世纪，书中有今天仅存的中国算筹法则的记载："凡算之法，先识其位。一从十横，百立千僵。千十相望，万百相当。满六以上，五在上方，六不积算，五不单张"。图 8-15 所示为算筹的两种摆放形式。

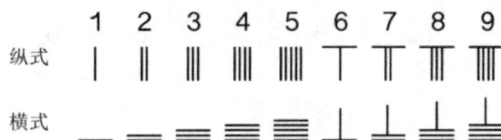

图 8-15 算筹的两种摆放形式

用算筹计数时：高位在左，低位在右；从右向左，一纵一横，个位、百位、万位都用纵式，十位、千位都用横式；遇有零数则空着不放筹。后来，约定俗成以符号○代表数字 0，这恰好与今天阿拉伯数字 0 的形态相近。例如，325107 的摆法，如图 8-16 所示。

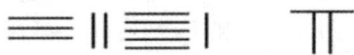

图 8-16 用算筹摆放的 325107

我国古代数学在数字计算方面的辉煌成就，应当归功于十进位值制的算筹计数法。在古代，一些国家或地区采用了位值制但不是十进制的计数法，也有些地区使用十进制的计数法，但不是位值制的。中国的算筹计数法却是最早的既是十进制又是位值制的计数法，这是我国古代数学的一大创造。

【教材对接】2013 年人教版《数学》一年级下册第三单元"丰收了——100 以内数的认识"中"你知道吗？"板块介绍了中国古代的算筹计数方法(见图 8-17)。

你知道吗？

算筹计数

我国古代用算筹计数时，个位、百位采用纵式，十位采用横式，遇到0就空位。如76用算筹表示为：⊥T，32表示为：≡Ⅱ。

试试看，你能用算筹表示出58吗？

图 8-17 小学教材中的算筹计数

四、印度—阿拉伯数字

今天我们所使用的十进位值制数系，通常称为印度—阿拉伯数系。数字 1~9 以及位置的概念和零的使用是其最重要的部分。它的演变，有一段漫长而复杂的历史。

印度—阿拉伯数字最早可以追溯到印度婆罗门文字，这种文字形成于公元前七八世纪，是印度文字的祖先。婆罗门数字在分类上属于分级符号制，之后逐渐向位值制发展，大约在公元 600 年已过渡到位值制计数法。印度—阿拉伯数字最初用空格表示零，后来用小点表示。形成位值制必须要有零号，根据目前掌握的史料，印度最早的确凿无疑的零号 "0" 出现在保存于印度中央邦西北部的瓜廖尔地方的一块石碑上，年代是 876 年，如图 8-18 所示。

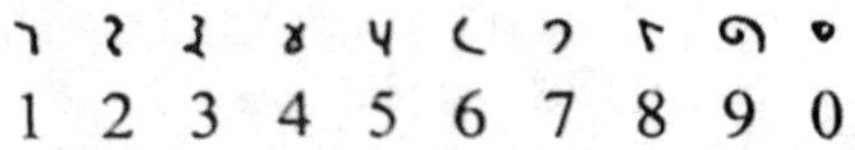

图 8-18 瓜廖尔数系

773 年，印度数字开始传入阿拉伯国家。当时没有印刷术，数字全凭手写，字体因人因地而异，变化很大，东西阿拉伯的写法就很不相同：西部写法较接近现代，但没有零号；东部字体逐渐固定下来，至今许多伊斯兰国家仍在使用。

阿尔·花拉子米(Al-Khwarizmi)是较早的久负盛名的阿拉伯数学家之一。他写了几部非常有影响力的书，其中《印度计算法》系统介绍了印度数字和十进制计数法，作者称这种位值制计数系统源自印度。在阿尔·花拉子米的书中，0 还没有被认为是一个数字，它只是一个占位符。尽管在 8 世纪，印度数字和十进制计数法随印度天文表传入阿拉伯国家，但并未引起人们的广泛注意，正是花拉子米的这本书使它们在阿拉伯世界流行起来。9 世纪，新的计数法在巴格达被人们熟知。300 年后，这本书被英国人翻译成拉丁文在欧洲传播，成为欧洲人学习新的计数系统的主要资料来源，在欧洲人的印象中，这些数字来自阿拉伯国家，所以欧洲一直称这种数字为阿拉伯数字，这个名称就这样沿用下来。直到 16 世纪，这种数字终于成了国际通用的数字。

阿拉伯数字的历史来源截至目前仍然是模糊的。有学者认为，阿拉伯数字有可能是受中国的影响。因为，当时中国已经使用了十进制计数板，这种算板是可以随身携带的，很可能是中国商人把这种算板带到印度，印度人又进一步改进了中国的算筹体系。国际数学界最高奖菲尔兹奖获得者、新加坡国立大学蓝丽蓉教授出版了专著《雪泥鸿爪溯数源》，她考证后得出结论，阿拉伯数字实际上起源于中国。

　　还有学者通过对古代中国数字和阿拉伯数字的前身数字——古印度数字的字形进行比对、分析，得出结论：古代印度数字和中国数字具有很高的相似性，认为阿拉伯数字的真正起源是中国书法草书，而后经由印度传播到阿拉伯，最后传播到欧洲。关于阿拉伯数系的来源，学术界尚在探讨，但是带有零的印度—阿拉伯数字确实是数学史上一颗无与伦比的璀璨明珠。

　　【教材对接】2022 年人教版《数学》四年级上册第一单元"大数的认识"中"你知道吗？"模块介绍了印度—阿拉伯数字的发展历史(见图 8-19)。

图 8-19　小学数学教材中的史料

第三节　古代欧洲的数字表达

古代欧洲的
数字表达.mp4

一、古希腊的数字表达

　　古希腊文明是人类历史上辉煌的文明之一，它对现代西方文化的发展产生了极大影响。公元前 8 世纪古希腊进入奴隶制阶段，公元前 6 世纪，古希腊文明迎来了欧洲第一个鼎盛时期。由于商业、建筑业，尤其是天文学发展的需要，古希腊人独立地创造了自己的计数法。

　　古希腊最早的数字发现于克里特岛，是公元前 1500 年左右记录在泥板上的象形文字，其计数方式靠重复排列。大约到公元前 6 世纪，一种阿提卡数字(见图 8-20)发展起来，它是从古希腊语中数词的词头取出代替该词，以此化简计数。除了表示 1、10、10^2、10^3、10^4 的符号 I、Δ、H、X、M 之外，还有一个表示 5 的特殊符号 Γ。前者每个符号最多可重复四次，后者 Γ 既可以单独使用，也可以与其他符号组合使用。

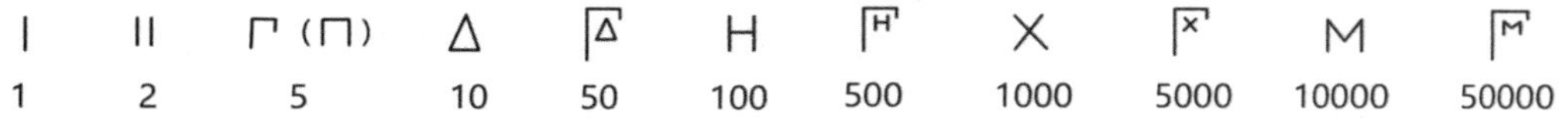

Ι	ΙΙ	Γ (ΓΙ)	Δ	Γ̣	H	H̄	X	X̄	M	M̄
1	2	5	10	50	100	500	1000	5000	10000	50000

图 8-20　希腊阿提卡数字

　　所有其他数字都可以借助这些符号按照加法原则表示，将各个符号并排写出(见图 8-21)。

$$\mathsf{H\ H\ H\ \triangle\ \triangle\ \Gamma}$$

图 8-21　阿提卡数字 325 的表示方法

5 世纪左右出现的爱奥尼亚字母计数法已发展成逐级命数体系(见表 8-1)。主要计数系统需要字母表中的 25 个字母和 2 个额外的符号,毕达哥拉斯学派最早使用这种计数法:9 个字母表示 1 的倍数,9 个字母表示 10 的倍数,9 个字母表示 100 的倍数,大于 100 的数字需用特殊标记来表示。为了与单词区别,数字上常加横线。

表 8-1　爱奥尼亚字母计数法

	1	2	3	4	5	6	7	8	9
个	$\bar{\alpha}$	$\bar{\beta}$	$\bar{\gamma}$	$\bar{\delta}$	$\bar{\varepsilon}$	$\bar{\varsigma}$	$\bar{\zeta}$	$\bar{\eta}$	$\bar{\theta}$
十	$\bar{\iota}$	$\bar{\kappa}$	$\bar{\lambda}$	$\bar{\mu}$	$\bar{\nu}$	$\bar{\xi}$	$\bar{o}$	$\bar{\pi}$	$\bar{\varrho}$
百	$\bar{\rho}$	$\bar{\sigma}$	$\bar{\tau}$	$\bar{\nu}$	$\bar{\varphi}$	$\bar{\chi}$	$\bar{\psi}$	$\bar{\omega}$	$\bar{\delta}$

爱奥尼亚字母计数法存在很大缺陷,不仅符号众多,而且各个符号间的关系极不明确,给运算带来很大困难。

二、古罗马的数字表达

大约从公元前 1 世纪到公元 5 世纪,罗马帝国统治欧洲,使得罗马的计数系统成为欧洲许多国家普遍采用的数字书写方式,这种情况甚至一直延续到文艺复兴时期。就像埃及的计数系统一样,罗马的计数系统具有加法性,没有位置性(只有一个小的例外)。罗马数字共有 7 个,表 8-2 所示为它的基本符号和相应的值,通过对这些基本符号的值相加或相减来确定某个数字的值。

表 8-2　罗马数字及其对应数值

符 号	I	V	X	L	C	D	M
数 值	1	5	10	50	100	500	1000

古罗马数字可以按照下面的规则来表示任意正整数。

(1) 一个罗马数字重复几次,就表示这个数的几倍。例如,"Ⅲ"表示 3,"ⅩⅩ"表示 20。

(2) 右加左减:在一个较大的罗马数字的右边加上一个较小的罗马数字,表示大数字加小数字。例如,"Ⅵ"表示 6,"DC"表示 600,CCLXXXII=100+100+50+10+10+10+1+1=282。

一个较大的数字左边附一个较小的数字,就表示大数字减去小数字的数目。例如,"Ⅳ"表示 4,"ⅩL"表示 40,"VD"表示 495。但是,左减不能跨越等级,比如,99 不可以用 IC 表示,要用 XCIX 表示。

另外，要求只有表示 10 的幂的符号，即 $I(10^0)$、$X(10^1)$、$C(10^2)$、$M(10^3)$，才能充当减数，并且它们只能与罗马数字符号表中相邻的两个更大的值配对，以避免歧义，即 I 可以与 V 和 X 配对，但不可与 L、C、D 或 M 配对；X 可以与 L 和 C 配对，但不可与 D 或 M 配对；C 只可与 D 和 M 配对。例如，M CM XC IV=1000+900+90+4=1994。

(3) 对于比较大的数字，古罗马人通过在符号上方加上一条短线或者在右下方写 M，表示将这个数字乘以 1000，即为原数的 1000 倍。同理，如果上方加两道短线，即为原数的 1 000 000 倍。例如，$\bar{I}=1000$，$\bar{V}=5000$，$\overline{VILV}=6000+50+5=6055$。

罗马数字也有重复次数限制，相同数字最多只能出现 3 次。比如，40 不能表示为 XXXX，而要表示为 XL。

第四节 阿拉伯数字在中国的传播

阿拉伯数字很早就传入了欧洲，并迅速得到广泛接受。然而，在我国，它迟迟未被使用，直到 20 世纪才被民众接纳。接下来，让我们一同了解阿拉伯数字被中国逐步接纳的漫长历程，如图 8-22 所示。

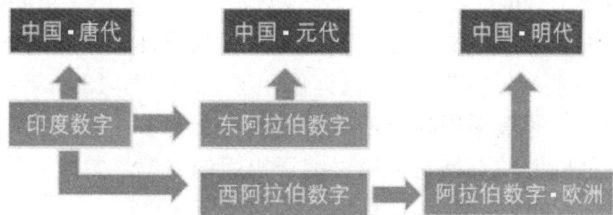

图 8-22 印度—阿拉伯数字系统演变过程以及传入中国情况

一、早期的零星传播

印度数字发明后，在 8 世纪传入阿拉伯地区，从原来的印度数字逐渐演变成两种数字。一种被称为东阿拉伯数字，是中东一带的阿拉伯人使用的数字，其字形与现代阿拉伯人使用的数字相似，但与国际通用的阿拉伯数字字形有较大差异。另一种被称为西阿拉伯数字，是大西洋沿岸、地中海南岸及西班牙一带的阿拉伯人使用的数字，传入欧洲后逐渐改进成如今天广泛使用的阿拉伯数字。

约 8 世纪印度数字传入中国，但未被采用。718 年，唐朝太史监印度裔天文学和历法家瞿昙悉达奉诏翻译印度《九执历》，并收录于其编写的《开元占经》中。文中介绍了印度数字的写法，但仅用小方格取代印度数字，并未呈现具体写法。

约 13 世纪，东阿拉伯数字由阿拉伯人经丝绸之路传入中国，仍未得到推广使用。1957 年，出土于陕西省西安市元代安西王府遗址的六阶铁板幻方是中国数学史上使用东阿拉伯数字的最早实物资料，也是 13 世纪中西交流频繁的重要物证。之后陆续有不同材质的东阿拉伯数字幻方出土，例如，1969 年上海浦东明陆氏墓出土的四阶玉幻方。1998 年元中都遗址出土的六阶青石幻方，中国境内出土的元明时期东阿拉伯数字幻方并非数学玩具，而是埋在房屋之下用于驱邪避害、保平安的物品。

16世纪末17世纪初，现代形式的阿拉伯数字由欧洲传教士经海上丝绸之路传入中国。现代形式的阿拉伯数字传入中国后，在不同领域得到使用，如钟表表盘上的数字、利玛窦地图上标注经纬度及比例的数字、天文观测仪器上标注刻度的数字、货币上标注币值及制造年份的数字、邮票上标注票面面值的数字、乐谱中的简谱以及通信领域的电话号码、电报编码等，但民间使用阿拉伯数字的情形很少见。中国古代数学著作中多用汉字数字、算筹进行计算，到清代宫廷中数学类西洋仪器已大量出现，有自欧洲引入的，也有造办处自制的，此时阿拉伯数字已较为常见。例如，康熙时期造办处所制的铜镀金综合算尺，正反面都大量使用了阿拉伯数字；年希尧的《对数广运》中出现阿拉伯数字，并有部分版式为横排左起。

二、关键时期的传播

明清之际，在"西学东渐"的过程中，西阿拉伯数字随着西学、西法传入中国。阿拉伯数字初传入中国时被视为"洋字"，与西文一同作为翻译的对象。直到19世纪80年代，以狄考文(C.W. Mateer，1836—1908)(见图8-23)为代表的来华传教士才率先在其汉语著作中全面使用阿拉伯数字并大力推广，这对中国近现代数学的发展产生重要影响。1894年，美华书馆出版由罗密士编著，潘慎文、谢洪赉合译的《八线备旨》《代形合参》两本数学教科书，这两本书采用了阿拉伯数字，前后修订重印了20多次。1899年，美华书馆出版文会馆赫士编的《对数表》，通篇采用阿拉伯数字。狄考文曾多次公开发文强调在中国推广阿拉伯数字的重要性，他创办的登州文会馆、编译出版的《笔算数学》等教科书，都在晚清新式教育中产生了巨大影响。1903年，京师大学堂发布《暂定各学堂应用书目》，狄考文使用阿拉伯数字编撰的算学教科书《笔算数学》，以及《代数备旨》和《形学备旨》正式成为中国本土学堂的标准教材。1906年起，《笔算数学题草图解》《笔算数学详草》和《笔算数学全草》等采用阿拉伯数字运算的《笔算数学》"习题集"相继问世，标志着清末中国教育界对阿拉伯数字等西式运算符号的进一步接纳。此后汉语数学教科书普遍采用阿拉伯数字，这对阿拉伯数字被中国人广泛使用起到关键作用，阿拉伯数字在中国从零星使用逐步转变为普遍使用。

图8-23　狄考文博士画像

第五节　小学数学案例分享

虽然人们在日常生活中每天都和数打交道，小学生也多次学习数，但他们往往不了解在如今看来如此简单的数，却经历了一个极其漫长的发展过程，也认识不到它的价值。"从结绳计数说起"一课精心选编了自然数的一些发展史作为学习内容，让学生了解自然数概念的形成过程就是十进制计数方法的形成过程，对自然数的认识进行总结性学习。

课题：从结绳计数说起[①]

教学内容： 2014 年北师大版《数学》四年级上册第一单元"认识更大的数"中"从结绳计数说起"一课，教材第 12 页。

教学目标： (1)通过阅读，了解计数方法的演变过程，进一步体会"位值制"思想；(2)通过观察与交流活动，进一步认识自然数，了解自然数的特征；(3)通过了解"位值制"是中国的发明，增强民族自豪感。

教学重点： 读懂教材中呈现的材料，了解计数方法的演变过程。

教学难点： 进一步认识十进位值制和自然数，感受生活与数学的密切联系。

教学过程如下。

1. 情境导入，引发问题

用课件呈现古人生活情景，如图 8-24 所示。

图 8-24　古人生活情景

师：同学们，这是一张古人生活情景图。在远古时代，人们以捕鱼和打猎为生，你们知道古人是如何计算猎物的数量的吗？

预设 1：古人用石子来计数。

预设 2：古人用绳子结绳来计数。

师：看来同学们对古人的计数方法还是很有想法的，那么这节课我们就来了解计数方法的发展过程，让我们从结绳计数说起。(板书课题：从结绳计数说起)

【设计意图】 导入情境，以一张古人生活情景图引出问题，帮助学生了解古人以打猎和捕鱼为生，进而提出核心问题：古人是怎样计数的？这样从一开始就能牢牢吸引学生的注意力，为接下来研究的核心问题奠定基础。

2. 任务驱动，追溯前世

提前一天布置学生自主学习微课视频的任务。

师：刚刚我们都很好奇，古人到底是怎样计数的？根据自学的微课，让我们一起来详细了解吧。

1) 解读史料，了解实物计数法(一一对应)

出示图 8-25，读懂史料图中呈现的三种计数方法，明确学习任务(读→说→想)。

---

① 本案例改编自深圳市宝安区松岗第二小学周小香教师的教学设计。

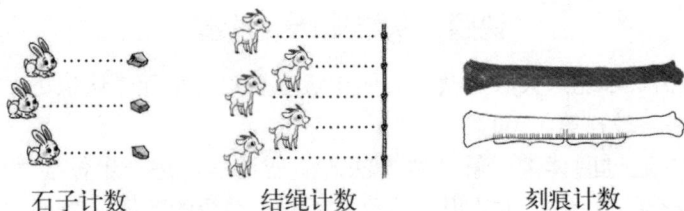

图 8-25　2014 年北师大版《数学》中关于三种实物计数方法的插图

(1) 读一读：古人是怎样计数的？(培养学生独立读图的能力)

(2) 说一说：你读懂了什么？

预设 1：石子计数法是古人用石子计数，有一只兔子就放一颗石子，有几颗石子就表示有几只兔子。

预设 2：结绳计数法是有一只羊就打一个结，有几个结就表示有几只羊。

预设 3：刻痕计数法是有一个物体就刻一道痕，有几个物体就刻几道痕。

师：这三种方法有什么共同之处呢？

引导学生说出"实物计数""一一对应"等词。

师：同学们说得都很有道理，古代劳动人民借助身边的工具，通过一一对应的方法来计数。(板书：实物计数法、一一对应)。

(3) 想一想：你觉得这些方法怎么样？

预设：这些方法在数量少的时候还可以，但是当物体的数量很多时怎么办？

师：这个问题非常有价值，随着捕猎工具的改进和捕猎经验的发展，捕获的猎物数量越来越多，用实物来计数的方法已不能满足实际的需求。后来人们把捕获的猎物分成一堆一堆的，比如，以 10 个为一堆，然后计算有几个 10，这种计数方法叫按群计数，这也是十进制最初的思想(边播放课件边讲解，板书：按群计数)。

随着人类的发展和进步，人们获得的猎物数量继续增加，这时发现按群计数的方法也不能满足需求了，于是聪明的人类又发明了符号计数的方法。(板书：符号计数法)

2) 解码史料，理解符号计数法

出示图 8-26，明确以下学习任务。(读 →议 →写 → 思)

(1) 读一读：组织学生认真阅读史料。

(2) 议一议：组织学生在组内讨论交流三种数字符号的含义，再进行汇报。

(3) 写一写：选择一种数字符号来仿写自己喜欢的数字。

(4) 思考：这些数字符号怎么样？有什么进步之处？又有什么新的问题？

引导学生理解：计数方法经历了由具体到抽象、由繁到简的过程。

第一，古埃及的象形数字。

预设 1：用符号 | 能表示 1 到 9，用符号 | 和 ∩ 能表示 10 到 99，用 ∩，| 和 ⌐ 能表示 100 到 999……

预设 2：一个 ∩ 代表 10，两个 ∩ 代表 20，10、100、1000 的符号会发生变化，说明是十进制。

组织学生仿写 4、99、678，然后进行汇报展示。

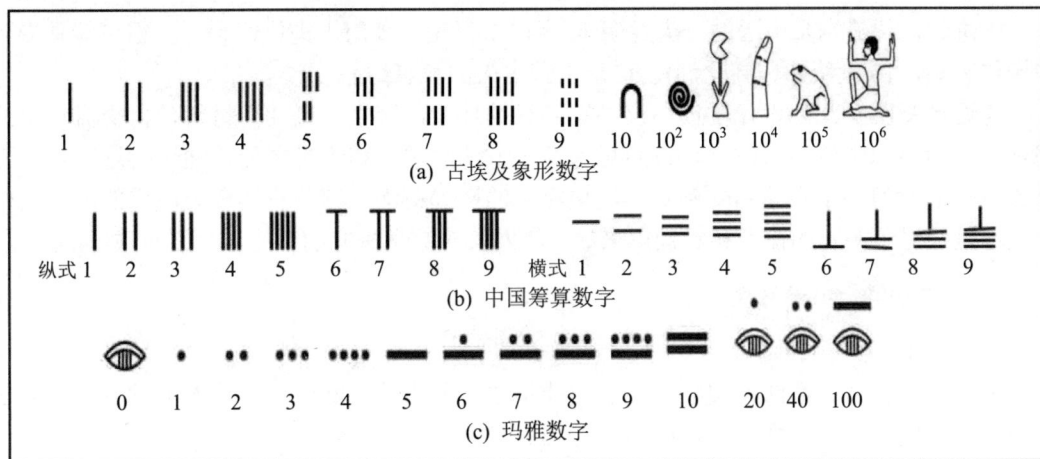

图 8-26　三种典型的计数系统

第二，中国算筹数字。

我们来看看中国算筹和其他两种符号在表示数方面有什么不同。

预设 1：中国算筹数字从 1 到 9 有纵式和横式两种形式。

预设 2：我发现纵式的一横表示 5，横式的一竖表示 5。

预设 3：我还发现中国算筹也对应着我们现在所学的数位。

师：同学们分析得很到位。是的，我国的算筹数字计算方法不仅存在"十进制"关系，更重要的是具备"位值制"思想，也就是同学们刚刚提到的数位上的表示方法，因此，计数方法简单。

师：同学们对中国算筹数字还有什么疑问吗？

预设：但是像 10、20 这些带有 0 的数该怎么表示呢？

师：这个问题问得好，大家想知道吗？其实那个时候的人们还没有创造出 0，所以遇到对应数位没有数量的时候就空出来不写。总之，表示多位数时，个位用纵式，十位用横式，百位用纵式，千位用横式，纵横相间，以此类推，遇零则置空。

师：了解了我国算筹数字，现在请同学们拿出小棒摆一摆我国的算筹数字计数。(两人合作完成)。

第三，玛雅数字。

预设 1：玛雅数字 1 到 4 是用点表示的，5 是一条横线，10 是两条横线，⬭ 表示 20，上面有一个点代表一个 20，上面有两个点代表两个 20，即 40……

预设 2：玛雅数字是每 20 发生变化，说明是 20 进制，但是图中只给了 20、40、100 这样的数字，11、30、50 该怎样表示呢？(此处教师可引导学生把数拆成两部分来表示，如 11 可以用一个 10 和一个 1；30 可以拆成一个 10 和一个 20，也可以布置学生课后去查阅相关资料)。

第四，问题小结。

师：从古至今，人类历史上出现过许多不同的进位制，现在应用最广泛的十进制，源于古人用双手十指计数的方式，成语"屈指可数"就是这样来的。但是计算超过 10 的数，十指用完时，就在地上放一块石头或一根树枝代表 10，经过长期的实践和经验积累，就产生了十进制。位值制是中国的一大发明(印度在 7 世纪才采用十进位值制，且很可能是受到中国的影响，10 世纪才传到欧洲)，这是中国古人的智慧结晶。

【设计意图】此处设计了读→议→写→思的环节，让学生先读懂材料，再交流自己的想法，进而组织学生仿写数字，最后思考这些方法的进步和不足之处。通过对这三种符号计数方法的学习，学生能感受到数学历史文化的博大精深，理解我们今天所用的阿拉伯数字实际是经过了漫长的探索和实践得来的，激发其对数学探究的欲望，增强对数学的热爱。

3. 促进融通，共享今生

1) 介绍印度—阿拉伯数字

师：尽管符号计数法比实物计数法便捷了些，但仍然很麻烦，于是人类发明了我们现在使用的印度—阿拉伯数字，即 0、1、2、3、4、5、6、7、8、9。

播放视频，介绍印度—阿拉伯数字的由来：这项发明属于印度人，后阿拉伯人把这些数字传入了西方，欧洲人称之为阿拉伯数字。我国称之为印度—阿拉伯数字。

师：你觉得印度—阿拉伯数字怎么样？

引导学生感受印度—阿拉伯数字简单明了、方便实用的特点。

2) 认识自然数

师：同学们，通过刚才的学习，我们知道了印度—阿拉伯数字帮助人类解决了一个大难题，那么像这样表示物体个数的 0、1、2、3、4、5、6、7、8、9、10、11……都是自然数。(出示图 8-27，即自然数的概念图，特别强调一个物体也没有，用 0 表示，0 也是自然数)

> 表示物体个数的 0、1、2、3、4、5、6、7、8、9、10、11、12 ……都是自然数。一个物体也没有，用 0 表示，0 也是自然数。

图 8-27 自然数的概念图

3) 分享：我所知道的自然数(独自阅读→组内交流→小组汇报)

组织学生阅读图 8-27 中的内容。

师：关于自然数你们知道哪些？

引导学生进行组内交流，然后进行小组汇报。

预设内容如下。

(1) 自然数是表示物体个数的数。

(2) 0 是表示一个物体也没有的自然数。(师补充：0 的出现较晚，但也是自然数，并且是最小的自然数。0 符号的发明完善了位值原则。一般情况下，我们不说 0 是几位数，所以最小的一位数是 1)

(3) 相邻的两个计数单位之间的进率是十，计数方法是十进位值制。

(4) 自然数是连续的，后面的数总比前一个数大 1，而前面的数比后面的数小 1。

(5) 最小的自然数是 0，没有最大的自然数。(追问为什么?自然数的个数是无限的)

(6) 除了 0 以外，自然数还可以表示物体的顺序。(如第 1、第 2……)

(7) 自然数不是单数(奇数)就是双数(偶数)。

【设计意图】本环节先通过视频让学生了解了阿拉伯数字的由来，感受到阿拉伯数字简单明了、方便实用的特点，然后组织学生独自阅读自然数的概念，再进行组内交流，最后是小组汇报。学生通过充分交流，把自然数的知识都整理出来，为后续学习数与数的运算奠定了良好的基础。

本章练习

1. 将 125 用埃及象形文字表示出来。
2. 用中国的筹算数字表示 1156 和 6083。
3. 列举所了解的不同的计数方法，比较十进制和六十进制的差异。
4. 对比古埃及和古美索不达米亚的数字系统。
5. 梳理关于古代印度数字符号的演变过程，并写一篇简短的报告。

第九章　分数、小数和负数的发展

学习目标

➤ 能够陈述分数的发展史。
➤ 了解古今中外分数的表示方法。
➤ 能够陈述小数的发展史。
➤ 能够陈述负数的发展史。
➤ 感受我国古代数学文化的辉煌。
➤ 体会到分数、小数和负数的产生在人类认识事物的过程和数学史上的价值。

重点与难点

➤ 陈述分数、小数和负数的发展史。

对于数及其发展的认识贯穿于整个中小学数学教育中。小学阶段，学生从最简单的自然数开始逐渐接触分数、小数、负数等数系方面的知识。数是人类在生产生活的实际需要中逐步形成和发展起来的，是人类文化的伟大创造之一。最先产生的数是自然数，就是 1、2、3、4、5、6、7、8……。而后 0 又加入了，0 和那些自然数，形成了最初的整数的概念(负数产生后，整数的概念中又加入了负整数)。再后来又出现了分数的概念，甚至还出现了小数的概念。

第一节　分数的发展

分数的发展.mp4

我们知道，单位 1 平均分成若干份，表示这样的一份或几份的数叫作分数。分数的写法是分子在上，分母在下，分母表示把一个整体平均分成几份，分子表示取了其中的几份。另外，也可以把分数当作除法来看，用分子除以分母(因在除法中，0 不能做除数，所以分数中分母不能为0。例如，10/0，表示把单位 1 平均分成 0 份，取 10 份，完全没有意义)，相反除法也可以用分数表示。

分数是在自然数之后产生的，产生于测量过程和计算过程(除不尽时得到分数)。在拉丁文里，分数一词源于 frangere，是打碎或碎成一片片的意思，因此，分数也曾被人称作"破碎数"。中文"分数"的"分"字也是分开的意思。它由"八"和"刀"两部分组成。"八"表示别，即分离，"刀"表示使整体分离的手段。在欧洲，这些"破碎数"曾经令人谈虎色变，视为畏途。在 7 世纪，欧洲的一位数学家算出了一道 8 个分数相加的问题，这一成就在当时被认为是了不起的大事。在很长的一段时间里，欧洲数学家在编写算术课本时，不得不把分数的运算法则单独叙述，因为许多学生遇到分数后，就会心灰意懒，不愿意继续学习数学了。直到 17 世纪，欧洲的许多学校仍不得不派最好的教师去讲授分数知识。因为分数曾被视为"破碎数"，在数学中传播并获得自己的地位，用了几千年的时间。以至于到现在，德国人形容某个人陷入困境时，还常常引用一句古老的谚语："掉进分数里去了"。

一、分数在东方

随着人类社会发展的不断进步和人类实践活动范围的不断扩大，在生产分配过程中常出现不能均分的情况，或在测量过程中或计算过程中不能得到整数的结果，分数自然而然就产生了。在数的历史上，分数几乎与自然数一样具有悠久的历史。在各个民族最古老的典籍中，分数的痕迹屡见不鲜，然而，它在数学领域的确立与传播，却历经了数千年的漫长历程。

在人类文化发展的初期，分数就已闯入人们的生活，并在数学发展史中扮演着核心角色。东方人很早便在分数的概念及计法上取得一定的成就，然而在 12 世纪以前的欧洲，烦琐的数学符号，如罗马数字，分数的表示和计算方法繁杂，导致欧洲分数理论长期停滞不前，再加上他们深受经院教育的熏陶，认为一切知识来源于圣经，以圣经的内容为准绳，因此，在黑暗时期的欧洲，包括分数在内的科学几乎得不到发展，学者遇见分数如遭遇猛虎。

(一)古代中国

我国古代数学在分数理论方面有着悠久的历史和卓越的贡献。我国有关分数的最早记载可以追溯到文字出现的初期(公元前 12 世纪前后的商代)。我国在晚周铜器铭文中已出现了与现代相似的一般分数计法。其式为"母"数，次"分"字，次"子"数。因古书的"几分之几"的"之"字常略去，如 $\frac{3}{5}$ 说成"五分之三"或"五分三"。这说明我国在战国中期已有分数计法和概念。早在公元前 3 世纪的《考工记》中，就有关于车轮制作的精细描述，其中一句"十分寸之一谓之枚"，更是对分数应用的生动例证。这句话的意思是：$\frac{1}{10}$ 寸等于一分。这类说法已成为古书中记述分数的一个方法。

我国现存最早的一部数学著作《算数书》于 1983—1984 年在湖北张家山出土，这部竹简书记录了秦汉时期的 200 条数字信息，是研究秦汉数学史的重要资料。《算数书》中包括"增减分、税田、负米、程竹、方田"等 69 个标题，其中有关分数的内容包括分乘、乘、增减分、约分、合分、经分以及分数四则运算法则，其体例大部分以问题、解决、方法的"问题集"形式呈现。我国古代数学家对除法与分数的关系也进行了研究，中算书《孙子算经》详细记载了除法的法则，指出除法的商位于上方，若被除数有余数，则以除数为母，余数为子。我国古代用筹算来做除法，而筹算制度没有运算符号和等号，因此运算则表现为筹式变换，筹式即分数，同时出现了明确的分数表示法。古书中提到的"实"表示"被除数"，被视为分子，列在筹式中间；"法"表示"除数"，被视为分母，列在筹式最下面；"商"被视为分数值，而列在筹式上面，除到最后，中间的"实"可能还有余数，可视为带分数。举例来说，除法算式 31433÷483 可以表示为图 9-1(a)的形式，其计算结果可以表示为图 9-1(b)的形式，这个结果可视为筹算分数表示法，它相当于带分数 $65\frac{38}{483}$。

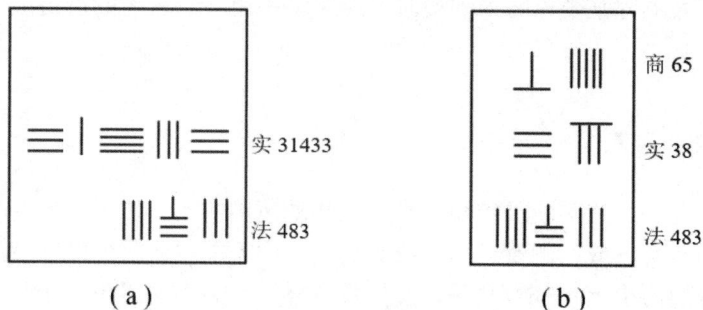

图 9-1　筹算分数表示法

筹算分数表示法(或分数排列法)与现代的分子在上、分母在下的分数呈现方式如出一辙。又如，筹算 23÷7 记作 $\overline{\overline{\Pi}}$，除得的商是 3，余数是 2，则记作 $\overline{\overline{\Pi}}$，从上到下的顺序分别是 3、2、7，读作"三又七分之二"，即今天的带分数 $3\frac{2}{7}$。由此可以看出，我国古代有两种分数计数法的形式：一种是汉字计法，即采用"…分之…"的形式；一种是筹算计法，需表示出"实"(被除数)、"法"(除数)。

随着分数的概念和表示法的逐渐清晰，我国又在分数的性质和运算上不断深入研究。成书于公元前 1 世纪左右的《九章算术》已经出现了分数的性质及运算法则，这是世界上最早对分数进行的系统研究。"合分术"中给出了分数的定义："实如法而一。不满法者，以法命之。"意思是被除数除以除数，如果除不尽，就定义了一个分数。我国古代分数叫"命分"，"命之"就是"命分"。这个分数定义，实际上是把分数看作"法"与"实"(即分母与分子的比)。书中将分数的加法形象地命名为"合分"，减法则为"减分"，乘法曰"乘分"，除法则是"经分"，并通过丰富的例题，深入浅出地阐述了这些运算法则，同时还详细讲解了分数的通分、约分技巧，以及如何将带分数转化为假分数的方法步骤。尤其令人自豪的是，我国古代数学家发明的这些方法步骤，已与现代大体相同了。现在常用的辗转相除法，正是由这种古老的方法演变而来的。

【教材对接】

1. 图 9-2 所示为 2022 年人教版《数学》三年级上册"你知道吗？"板块介绍了分数表示法的发展简史。

2. 图 9-3 所示为 2022 年人教版《数学》五年级下册"你知道吗？"板块介绍了古人在计算分数时所用的"约分"的方法。

3. 图 9-4 所示为 2022 年人教版《数学》六年级上册"你知道吗？"板块引用我国名著《庄子》中的分数史料内容。

你知道吗?

分数在我国很早以前就有了。最初分数的表示法跟现在不一样，例如，$\frac{3}{4}$表示成$\begin{matrix}|||\\||||\end{matrix}$。后来，印度出现了和我国相似的分数表示法，$\frac{3}{4}$表示成$\begin{matrix}3\\4\end{matrix}$。再往后，阿拉伯人发明了分数线，分数的表示法就成为现在这样了。

图 9-2　小学教材中分数表示法的发展简史

你知道吗?

我国古代数学名著《九章算术》介绍了“约分术”：“可半者半之，不可半者，副置分母、子之数，以少减多，更相减损，求其等也。以等数约之。”意思是说：如果分子、分母全是偶数，就先除以2；否则用较大的数减去较小的数，把所得的差与上一步中的减数比较，再用大数减去小数，如此重复进行下去，当差与减数相等即出现“等数”时，用这个等数约分。

图 9-3　小学教材中的“约分术”

你知道吗?

《庄子》中有一句话：“一尺之棰，日取其半，万世不竭。”意思就是：一根一尺长的木棒（尺，中国古代长度单位），今天取它的一半，即$\frac{1}{2}$，明天取它一半的一半，后天再取它一半的一半的一半……这样取下去，永远也取不完。

图 9-4　小学教材中的古代分数史料内容

英国著名科学家李约瑟(Joseph Terence Montgomery Needham，1900—1995)认为，在《九章算术》中用孩子表示分子和用母亲表示分母是很有启发意义的，这表明古人所想的是真分数，即下面的数字比上面的大，就像怀孕一样。分数在中国古代的发展可谓源远流长，它的产生与除法运算密不可分。尽管没有分数线分隔被除数和除数，但筹算的分数表示法仍展现了与除法运算等式变换的先进之处。

(二)古巴比伦

从古巴比伦公元前 600 年前后的泥板书上可以发现 60 进制分数计法符号的使用，如用楔形文字“𒌋𒌋”表示$\frac{20}{60}$；“𒌋𒌋𒁹”表示$\frac{21}{60}$或$\frac{20}{60}+\frac{1}{60}$。这是一种没有规律、十分含糊的分数记号。此外，他们还有几个特定的分数记号，如符号“𒈦”表示$\frac{1}{2}$，符号“𒑚”表示$\frac{1}{3}$，符号“𒑛”表示$\frac{2}{3}$。这些分数记号虽然今天已不再直接使用了，却是古巴比伦人早期探索分数的开端。另外，他们还仿照整数的 60 进制表示分数，并且还编制出用 60 进制的分数来表示分子为 1 的分数的表格，例如 $\frac{1}{54} = \frac{1}{60} + \frac{6}{60^2} + \frac{40}{60^3}$。

古巴比伦人的 60 进制分数表示法可计算分子为 1 的分数，显示了分数与除法运算的联系。分数的产生与除法运算紧密相关，分子相当于被除数，分母相当于除数，分数值则是除法运算的结果。

(三)古埃及

从《莱茵德纸草书》中可发现古埃及人用一个卵形符号 ⬭ 来表示分母为 1 的分数，即单位分数(又称单一分数)。例如，$\overline{⬭}_{|||} = \frac{1}{5}$，$\cap\,⬭ = \frac{1}{10}$，$\bigcap_{|||} = \frac{1}{15}$。另外，他们也有几个特殊的分数记号，如记号 $\overline{2}$、⌐、☞ 均可表示 $\frac{1}{2}$。埃及僧侣阿姆士在他的著作《算术》中把表示分数的卵形符号改成点，使其表达形式得到了简化。

符号 ⬭ 读作 ro，原表示 $\frac{1}{320}$ 蒲式耳，约合 $\frac{1}{40}$ 加仑，在《莱茵德纸草书》中表示一个整体的一部分，打破了人们对整体"1"不可分割的认识。对于这种新型的数的性质，人们知之甚少。因此，分数并未取得与整数同等的地位，但这种"分割法"(即"部分—整体"说)的出现，使分数的定义随之产生，为早期人们理解分数打开了一扇大门。

(四)古希腊

古希腊人的分数发展在古代文明史上取得了非凡的成就。欧几里得和阿基米德曾创用了特殊记号表示简单分数。例如，用希腊字母 τ'' 表示 $\frac{1}{2}$，$\alpha\tau''$ 表示 $1\frac{1}{2}$，$\beta\tau''$ 表示 $2\frac{1}{2}$ 等。表示一般分数的分子、分母的数时依次写成一行，为了区别，在数的右上角加一撇(或说加一重音符号)表示该数的倒数，如 $\kappa r' = \frac{1}{23}, \lambda\beta'' = \frac{1}{\lambda\beta} = \frac{1}{32}$。随后，他们也模仿埃及人的做法，将分子大于 1 的分数拆解为单位分数之和，但这种独特的表示方法却并未得到天文学家的广泛认可，他们更倾向于采用古巴比伦人的 60 进制分数表示法。例如，托勒密在发现 60 进制分数表示法的优越性后，便在他的《天文学大成》中倡导此法。

(五)印度

在印度古代的数学典籍中，分数的表示法独具特色，即将分子置于分母的之上，且其加减乘除的运算法则与我国古代的《九章算术》不谋而合。更为有趣的是，印度人表示分子、分母的专门术语也与我国相同，并且印度人用竖行表示分数的方法，也与中国汉代筹算所用的方法完全一致。1881 年，印度考古学家在今天巴基斯坦西北部的一个小村庄(巴克沙利)发现了写有文字的桦树皮残简，即巴克沙利手稿(见图 9-5)，经研究发现是八九世纪时转抄并写于三四世纪时的算术书的残页。从残简上可以看到分数的记号，如真分数 $\frac{1}{3}$ 写成 $\begin{smallmatrix}1\\3\end{smallmatrix}$，

带分数 $1\frac{1}{3}$ 写成 $1^{\underset{3}{1}}$，这与我国古代筹算表示分数的形式一致。另外，在 12 世纪，印度数学家婆什迦罗(Bhāskara Ⅱ，1114—1185)在他的著作《莉拉沃蒂》中也采用了将分子写于分母之上的分数表示法。例如，将 $3+\frac{1}{5}+\frac{1}{3}$ 写作 $\begin{array}{ccc}3&1&1\\1&5&3\end{array}$，通分以后为 $\begin{array}{ccc}45&3&5\\15&15&15\end{array}$。

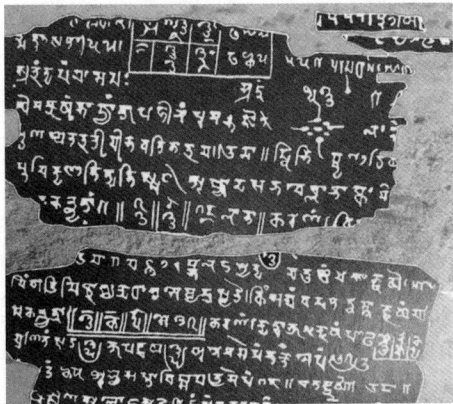

图 9-5 巴克沙利手稿残简

细细品味印度的算术书残页，我们不难发现，其分数表示法与我国古代的筹式除法有惊人的相似之处。而婆什迦罗在分数运算中通分的精妙记载，更是深刻揭示了分数与除法运算之间千丝万缕的联系。

(六)阿拉伯

分数在阿拉伯的发展主要是分数线的产生，从此，分数和现在的计法就相同了。常用分数线的记载，最早见于 800 年前后阿拉伯数学家阿尔·花拉子米的著作中，他是从除法角度引出分数线的，他把 "$^3 5$" 或 "$\frac{3}{5}$" 记成 "$\frac{3}{5}$"，表示 3 被 5 除。

最早的现代意义上的分数线出现在 1175 年左右。从阿拉伯人的分数表示法巧妙地将分数与整数联系起来，使分数可以等值转换为整数与分数之和的形式，这一创新为后来的繁分数表示法奠定了基础。

二、分数在西方

古代欧洲的分数大都采用埃及的单位分数，进位方法采用的是古巴比伦人的 60 进制分数表示法，运用这些方法进行乘除运算都非常麻烦。

1202 年，阿尔·哈萨(Al-Hussar)在其著作《算盘全书》中沿用阿拉伯文从左到右的书写习惯，将 $12\frac{1}{2}x$ 写成 $radices\ \frac{1}{2}12$，将整数部分写在分数的右边。从此分数进入了欧洲，但烦琐的计数符号也加剧了欧洲人对分数的恐惧，并没有被他们即时接受。

在印度—阿拉伯数字传入欧洲之前，欧洲人一直使用罗马数字。众所周知，罗马计数法是非进位制的，一个简单的整数用罗马数字表示都要排成一条长龙。例如，4888 用罗马数字表示为 MMMMDCCCCLXXXVIII，更何况用它来表示分数。因此，欧洲人很少使用分数，但他们也有几个特定的分数记号。例如，用 uncial 表示 $\frac{1}{12}$，quincunx 表示 $\frac{5}{12}$，dedans 表示 $\frac{9}{12}$。15 世纪以后由于近代分数算法的出现，欧洲人才渐渐摆脱了分数运算的烦琐。到了 16 世纪的欧洲，随着商业的发展，人们对计算的精确度的要求越来越高，出现了分母是 100 的分数，即百分数；分母是 1000 的分数，即千分数。同时，分数线也出现了创新。1845 年，英国数学家德·摩根(Augustus De Morgan，1806—1871)在《函数计算》论文中建议用 a/b 表示 $\frac{a}{b}$，从此斜分数线出现在了印刷书籍中。

分数历经数百年的发展与演变，各地纷纷涌现出不同的创新与完善之举。从中国筹式算法中出现的分数雏形，到古埃及人发现的"分割法"，即"部分—整体"说，再到欧洲百分数、千分数的出现，以及分数线的使用，不难看出分数的种类和数量在不断地扩充，含义更加多元化和系统化。唯有深入了解每一种分数的含义及其诞生的背景，方能更为系统、全面地把握分数的精髓，熟练运用分数。

第二节　小数的发展

小数的发展.mp4

在数学史上，小数的产生比分数要晚很多。现在所说的小数，古时候通常是指十进制分数或十进制小数，即以 10 的乘幂为分母的分数。世界各民族都是先知道正整数和分数，在此很久以后才发现小数，也就是说，各个国家都是先有了十进制记数法和完善的分数概念后，才慢慢认识了小数。十进制小数是在十进制分数的基础上发展而来的，它提供了一种更为简便的写法来表示分数，例如

$$15.172 = 15 + \frac{1}{10} + \frac{7}{10^2} + \frac{2}{10^3}$$

小数的出现标志着十进制计数法从整数扩展到了分数，使整数和分数在形式上获得了统一。尽管四大文明古国都对小数有所研究，但我国在世界上率先认识并应用了小数。十进制小数这一概念最早可追溯到我国 3 世纪数学家刘徽注释的《九章算术》中，当时被称为"微数"，其他国家在此方面的探索均晚于中国。古印度和阿拉伯数学中也用到十进制小数，他们在表示小数时，把小数部分的每个数分别用圆圈圈起来以便与整数区分。例如，将 42.56 表示为 42⑤⑥，这种方法后来传入了中亚和欧洲。

小数是在实际度量和整数运算(如除法、开方)的需要中产生和发展起来的。随着社会的发展，对度量精度的要求逐渐提高，反映在数学上，就是对数量表示的精确程度要求提高了。起初人类只能用整数表示数量，继而在所表示的数量的末尾附注"有余""有奇"或"强""弱"等字样，以表示该数量与实际量之间存在差异。为了精确表达数量上的差异，人们逐渐发展出两种表示方法：一是用分数来表达不足一个整数的部分；二是完善度量衡系统，引入更细小单位来计量相关数值。我国古代用度量衡单位名称来直接表示十进制分

数，这种做法一直沿用至今。从汉代以后我国度量衡制单位逐渐变为十进制，长度单位的计量系统就按照 10 的幂次来分类。古代的长度计量单位以十进制为基础，使用丈、尺、寸、分、厘、毫、丝、秒等单位。古代通常采用寸作为长度的基本单位，所以很多时候“寸”是整数与小数的分界。但是需要指出的是，很多时候需要根据基本单位判断所表示的是哪些小数。例如，刘徽把 1.355 尺的直径表示为 1 尺 3 寸 5 分 5 厘，这里基本单位是尺；我国数学史研究专家李俨(1892—1963)曾经指出，《隋书》把小数 3.1415797 表示为 3 丈 1 尺 4 寸 1 分 5 厘 7 毫 9 秒 7 忽，在这里基本单位是丈。刘徽是我国最早应用小数的数学家，在 260 年左右首次提出了十进制小数的概念。十进制小数就是指十进制分数，即现代小数。《九章算术注》中写道：“微数无名者以为分子，其一退以十为母，其再退以百为母。退之弥下，其分弥细……”这句话的另一解释是，一个数在开平方开不尽时用十进制分数表示无理根的近似值，方法是得到方程的整数部分以后，继续依法开方求出“微数”，这些“微数”就是整数以下的十进制分数，即十进制小数部分的统称。

世界上最早的小数表示法之一见于元朝刘瑾所著的《律吕成书》，书中 106368.6312 的表示法，如图 9-6 所示。

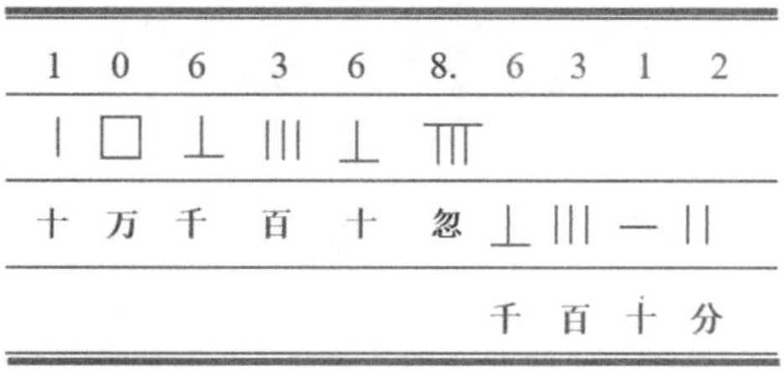

图 9-6 《律吕成书》中的小数表示法

可见，此处用“忽”作为小数和整数部分的分界线，相当于现代表示法中的“个位”。之后，随着中国的十进制小数表示法传入印度并渐渐在世界传播，其他国家开始陆续创造自己的小数表示方法，并不断改进小数点的表示方法，而中国由于十进制分数的高度发达阻碍了小数方面的发展，小数的发展逐渐止步并落后于其他国家。

【教材对接】2022 年人教版教材四年级下册“小数的意义”中“你知道吗？”板块呈现了小数名称发展的历史，并提及了两位我国古代著名的数学家刘徽和朱世杰(见图 9-7)。

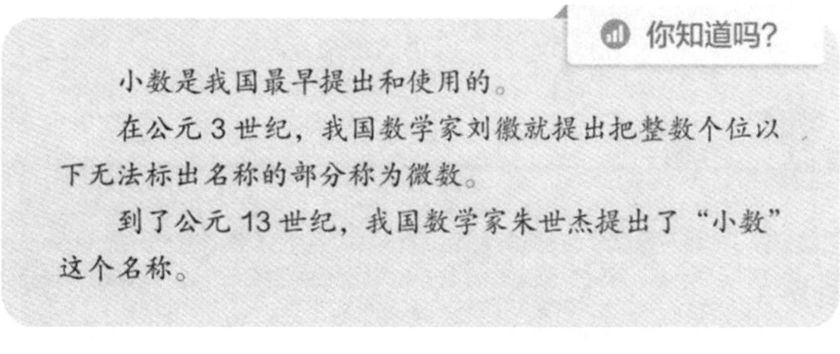
你知道吗?

小数是我国最早提出和使用的。

在公元 3 世纪，我国数学家刘徽就提出把整数个位以下无法标出名称的部分称为微数。

到了公元 13 世纪，我国数学家朱世杰提出了“小数”这个名称。

图 9-7 人教版小学教材中的小数名称发展的历史

2014 年苏教版教材三年级下册“小数的初步认识”中的“你知道吗”板块涉及了小数历史，且较全面地概述了小数表示方法的演变过程(见图 9-8)。

2014 年北师大版教材三年级上册“小数的意义”在“你知道吗”板块呈现了朱世杰创

用术语"小数"的历史，如图9-9(a)所示，四年级下册中的"你知道吗"板块呈现了刘徽在《九章算术注》中对"微数"的阐述，如图9-9(b)所示。

图9-8　苏教版小学教材中的小数表示方法的演变过程

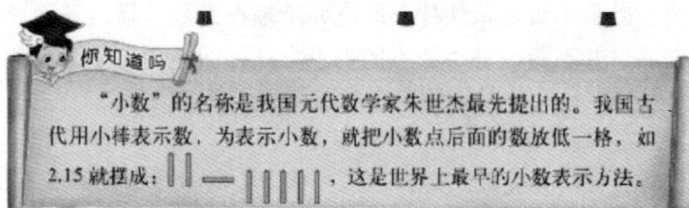

(a)　"小数"术语的由来及表示

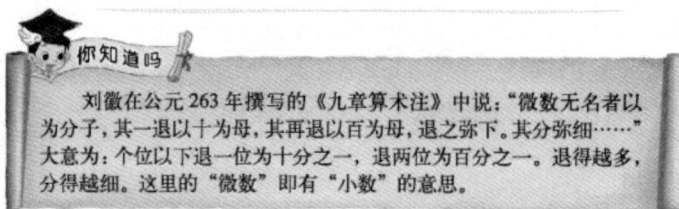

(b)　刘徽对"微数"的阐述

图9-9　北师大版《数学》中的相关资料

中国的十进制小数表示法对印度数学的发展产生了深远影响。古印度数学家在遇到开平方开不尽的情况时，也采取刘徽提出的"继续开"的办法进行计算，但表示结果的方法却大相径庭，他们将中国用长度单位寸、忽等表示的方法改变为将小数部分的每个数分别用圆圈圈出以表示其与整数的区别，如 3.1456 表示为 3①④⑤⑥，这种表示形式很笨拙，特别是用于除法运算时比较麻烦，于是对恰当的小数表示方法的需求越来越强烈，随之很多有创意的表示方法问世。例如，有的数学家用一撇把小数部分与整数部分隔开，有的数学家在小数部分的数字下面画一横线，也有的数学家用一竖线将整数部分与小数部分隔开，等等。

　　中国十进制小数计数法经印度传入阿拉伯以后，阿拉伯数学家改进了中国和印度的小数记号。1427 年，阿拉伯数学家阿尔·卡西(Al-Kashi)是中国以外第一个系统应用十进制小数的人。他在其撰写的著作《算术之钥》中，应用了当时通行的六十进制计数法，同时又熟练地掌握了十进制小数，并指出两者的互换法则。他将圆周率(π)计算到 16 位小数，并且给出了小数的乘、除法运算法则。阿尔·卡西在该书中用圆内接与外切多边形周长和十进制小数求出了 π 的 16 位数值，打破了祖冲之保持了近千年的世界纪录。他有很多表示小数的方法，有时使用一条竖线把小数中的整数部分和小数部分隔开，表示如下。

整数部分	小数部分
6	2831853071795865

　　有时使用不同颜色的数字来区分整数部分和小数部分，用黑色数字表示整数部分，用红色数字表示小数部分。

　　1484 年，意大利数学家在进行除法运算的时候，如 123456÷600，先用竖线将被除数的末两位与前四位隔开，即 1234|56，然后被 6 除，这条竖线的作用很像现在的小数点，但是否具有现代小数的内涵却不得而知了。1492 年，法国数学家皮埃尔(F. Pierre)出版了一本商用算术书，第一次使用了小数点，但它的作用并不是真正把小数点作为整数部分与小数部分的分界的记号。1530 年，德国数学家鲁道夫(C. Rudolff)在解答一道复利息问题时开始使用小数，并且用一条竖线隔开整数部分和小数部分，如将 36.75 写成 36|75，这条竖线的使用，相较于波基的方法，无疑是一种进步。

　　值得一提的是，小数点的出现经历了曲折的历史演变过程。1585 年，荷兰的会计工作者、数学家和物理学家斯蒂文(S. Stevin, 1548—1620)发表了《论十进制算术》一书。他首先引进了符号"O"，把它放在个位数的后面或上面来区分一个数的整数部分和小数部分，小数部分的数字从左向右依次在它们上面写上①②③等。例如，5.912 可以记为 $\overset{①\ ②\ ③}{5\ 9\ 1\ 2}$，后来他觉得这样书写起来并不方便，又改为~59①1②2③。尽管这种方法使小数的概念得以明确，但在实际应用中却显得颇为不便。1593 年，德国数学家克拉维乌斯(C. Clavius, 1537—1612)发明了以实心小圆点"."作为小数点；1617 年，英国数学家纳皮尔(J. Napier, 1550—1617)发明了以逗号","作为小数点。当今世界上小数整数部分与小数部分的分界表达形式仍不统一，主要存在两大派别：一个是欧洲大陆派，用逗号作为小数点，以德国、法国、俄国等为代表；另一个是英美派，用实心圆点作为小数点，中国与英美派计法相同。

　　由此可见，小数的演变与十进位值制和分数的发展息息相关，而中国在这两大领域均有着深厚的积累，因此，小数在中国的发展历程尤为悠久且典型。然而，高度成熟的十进制分数表示体系在某种程度上阻碍了小数在中国的进一步发展。

应该注意的是，小数的出现，使有理数和无理数之间的本质差异愈发显著。任何有理数都能用有限小数或无限循环小数表示；任何无理数都能用无限不循环小数表示。无限不循环小数属于小数但是无法用十进制分数来表示。由于东西方文化背景等方面的差异，在中国，《九章算术》中出现无限不循环小数时，丝毫没有引起人们的异议，反而成为推动小数发展的力量，而在西方被发现的无理数引发了数学史上的第一次数学危机。

小数是分数发展到一定阶段的产物，和分数有着不可分割的渊源关系。分数对小学生来说是一个难点，所以学生在学习分数时有一定的困难也在情理之中，教师一定要考虑小学生的认知发展水平，让学生在不断地"试错"中慢慢掌握知识。

第三节　负数的发展

负数的发展.mp4

人类开始计数时，只会使用 1、2、3 等比较简单的数，随着人们对世界认识的不断深入和科学技术水平的不断提高，人们对数的认识也在不断地深化。负数的提出和应用就是这样一个过程。在历史上，数学意义上的负数出现较晚，人们承认它是数也经历了很多波折。其中的原因不仅在于对自然数、分数的认识来自人类丰富的数数、分配实物和测量等实践活动，更为重要的是这些数都有"可视的"实物为例，而负数却"不可视"，虽然也有负债、欠账之说，但不能具体指物为负。

负数是数系的重要组成部分，一般认为负数的概念是出自经济生活里的"亏损""不足"以及"负债"等实际问题。东西方在负数的应用和认知方面都经历了 2000 年左右的漫长岁月。

一、负数在东方

中国应当是世界上最早认识和应用负数的国家。在古代商业活动中，以收入为正，支出为负；以盈余为正，亏欠为负。在古代农业活动中，以增产为正，减产为负。正和负是两个相伴而生的对立概念。例如，战国时期在记载法律的《法经》中曾出现"衣五人终岁用千五百不足四百五十"的叙述。意思是说，五个人一年开支 1500 钱，入不敷出还少 450 钱。这里的"不足"就是负数的意思。此外，卖、出、弱、付等文字都曾用来表示负数。在甘肃居延出土的汉代竹简中，也出现了许多有关"负算"的描述，如"相除以负百二十四算""负二千二百四十五算""负四算，得七算，相除得三算"，以负与得相比较，表示缺少与亏空之意，这已是负数的雏形。在我国古算书的记载中，负数的表示方法有很多种。例如，用红筹表示正数，黑筹表示负数；正放着的算筹表示正数，斜放着的算筹表示负数；截面为三角形的算筹表示正数，截面为正方形或矩形的算筹表示负数；金元时期数学家李冶(1192—1279)用在一个数的个位上画一斜杠表示负数；南宋数学家杨辉(1127—1279)在数字后面写个"负"字表示负数；等等。

在《九章算术》中，正负数被定义为具有相反意义的量。在买卖过程中，他们把卖物的钱数记为正，把买物的钱数记为负；剩余的钱数为正，不足的钱数为负；进入的粮谷为正，运出的粮谷为负。根据这些实际例子，中算家给出正负数概念的一般定义，"两算得失相反，要令正负以名之"，这个定义也是世界上最早的。

《九章算术》中记载，由于在解线性方程组的时候常常会碰到小数减大数的情况，为了使方程组能够解下去，数学家发明了负数。在《九章算术》的"方程"一章中除了有负数的定义外还有加减法法则，因为用不同颜色的算筹分别表示正数和负数(红色为正，黑色为负)，并给出名为"正负术"的算法，"同名相除，异名相益，正无入负之，负无入正之。其异名相除，同名相益，正无入正之，负无入负之"。这里的"同名""异名"就是我们常说的同号、异号。如果把它翻译成现代语言就是：同号相减，异号相加；由零减去正数得负数，由零减去负数得正数。异号相减，同号相加，零加正数得正数，零加负数得负数。前一部分说的是正负数的减法法则，后一部分说的是正负数的加法法则。$a>b>0$ 时，正负数可用数学式子表示为

同名相除 $(\pm a)-(\pm b)=\pm(a-b)$

异名相益 $(\pm a)-(\mp b)=\pm(a+b)$

正无入负之 $0-(+b)=-b$

负无入正之 $0-(-b)=+b$

其异名相除 $(\pm a)+(\mp b)=\pm(a-b)$

同名相益 $(\pm a)+(\pm b)=\pm(a+b)$

正无入正之 $(+a)+0=+a$

负无入负之 $(-a)+0=-a$

13 世纪末元代数学家朱世杰所著的《算学启蒙》中，又给出了正负数的乘除法法则：同名相乘为正，异名相乘为负；同名相除所得为正，异名相除所得为负。15 世纪之前，中国对负数概念的理解及其四则运算的理论已经相当完备。

印度是较早采用十进制计数法的国家，"0"记号最早出现在这里，他们还较早引入了负数，并用负数表示"负债"，用正数表示"财产数"。7 世纪的古印度数学家婆罗摩笈多(Brahmagupta)在其名著《婆罗摩修正体系》中用一个小点或一个小圆圈记在数的上面来表示这个数是负数，并给出了正负数的四则运算法则：正负数相乘得负，两负数或两正数相乘皆得正，正数除以正数或负数除以负数得正，但正数除以负数或负数除以正数的结果都是负的。数学家婆什迦罗比较系统地讨论了负数，把负数叫作"负债"或"损失"，并给出了负数的平方和开方的运算法则：正数、负数的平方，常为正数；正数的平方根有两个，一正一负；负数没有平方根，因为它不是一个平方数。但因他对负数的接受程度有限，在解一元二次方程出现一正一负的根时，通常将负根舍去。

一般认为，阿拉伯人既接受了古代印度的数学思想，又吸收了希腊数学的营养，再加上他们自己的创造发明，发展起了自己光辉灿烂的数学。然而，阿拉伯人在负数计法及理论上几乎没有创新。花拉子米的《代数学》对二次方程求解讨论甚详，他对六类方程中的第四类：平方与根等于数，如 $x^2+10x=39$，只取其正根 3，而对根-13 置之不理；对六类方程中的第六类：根与数等于平方，如 $3x+4=x^2$，也只给出一个正根 4，另一个负根未给出，但他认识到二次方程有两个根，甚至正根可以是无理数。有些学者则既给出正根又给出负根。从花拉子米和奥马·海亚姆(Omar khayyam)对代数方程的分类来看，他们都是有意避开负数而把二次方程或三次方程分为许多类。另外，在求解许多应用问题的过程中，阿拉伯

人也应该遇到过"负债型"问题，但是他们不愿承认负数，因此想方设法避开它。有分析认为阿拉伯人在对负数概念的认识上，可能主要是受希腊数学的影响。1958 年，苏联学者在莱顿图书馆得到一份 10 世纪的艾布·瓦发未发表的算术手稿的影印件，其中应用了负数，这是人们看到的阿拉伯数学中应用负数的唯一例子。艾布·瓦发在讲述一种两位数乘法的简便算法时，为了使他的法则更具有一般性而引进了负数。艾布·瓦发引用负数时虽然也有"不足""欠债"的意义，但他已经把负数作为一种"美妙的东西"接受了，因为它的出现使法则在任何情形下都保持了"秩序与和谐"。作为天文学家，在历法的计算过程中，负数的运算也是不可避免的，但由于缺乏更多的史料，我们很难了解艾布·瓦发关于负数的思考和探索。

二、负数在西方

负数通过阿拉伯人的著作传入欧洲，文艺复兴时期，西方对于负数有所了解，但对方程的负根仍不承认、不接受。16~17 世纪的大多数数学家并不承认它们是数，或者即使承认了，也并不认为它们是方程的根。欧洲人在 17~18 世纪才逐渐承认负数，19 世纪虽然广泛使用负数，但人们并不了解它的数学意义和基础，19 世纪末才开始尝试用现在的符号表示负数，到了 20 世纪，负数才被定义为小于 0 的数，负号在更广意义上表示相反的量，计法为在该数之前加"–"。

希腊在亚历山大后期，算术和代数逐渐脱离几何而成为独立的学科。丢番图的《算术》中给出了减法的符号"↑"，并称之为 λειψις，意为缺乏、不足。丢番图在计算$(x-1)(x-2)$这样的式子时用的方法与我们现在用的代数方法一样，同时他指出：减数乘减数得加数，加数乘减数得减数。但他完全没有负数的概念，并认为负数是不妥当的，他用几何方法来证明上述算式。丢番图对方程的解仅满足于一个正有理数解，而排斥负数和无理数的解。《算术》第 9 卷(原希腊文本第 5 卷)第 2 题最后化为 $4=4x+20$，他认为是荒谬的。8~9 世纪，丢番图的著作传到阿拉伯国家，产生了一定影响，出现多种翻译和注释本。花拉子米的算术和代数著作后来被译作拉丁文，作为欧洲主要的数学教科书且被奉为经典，对欧洲人关于负数的态度产生了巨大的影响。

13~14 世纪，欧洲大多数国家的商业和手工业迅速发展，需要很多复杂的计算。而在此之前，欧洲的数学几乎没什么发展，处于停滞状态。13 世纪初意大利数学家斐波那契解释负数为"欠款"，在自己成书于 1202 年的《算盘书》的第 13 章采用一些术语，如用单词 plus 和 minus 表示过剩和不足，之后许多数学家用 p、m 或 $\tilde{p}$、$\tilde{m}$ 表示加、减运算符号。由于受到阿拉伯人的影响，在解二次方程时，他没有承认负根，但对负量有了一些初步认识，并暗示负根的存在。

15 世纪，法国数学家许凯针对解方程中多次出现的负数解分别用"赊""欠"等词语进行了解释。1489 年，德国数学家维德曼的《商业中的巧妙速算法》中首次使用印刷体的"+""–"符号来表示"超过""不足"。意大利数学家卢卡·帕乔利认为数学是一门有体系的学问，1494 年出版了《算术、几何、比及比例概要》一书，书中所写的方程，系数总是常数，并把各行放在使系数为正的一边，有时会出现"$-3x$"这样的项，但不用纯负数，方程也只给正根。

16 世纪，德国数学家施蒂费尔在其《整数算术》中正式用"+""–"表示加、减，并注意到负数不仅是一种减数，还是小于零的数，但他并没有用来表示负数，同时认为负数是荒谬的。意大利数学家卡尔丹在《大法》一书中，第一个详细讨论了方程的负根，并指出三次方程有三个根，四次方程有四个根。在《大法》第一章里，他求出了方程 $x^2=9$ 的两个根：3 和-3，对于方程 $x^4+12=7x^2$，求出了四个根 2、-2、3、-3 四个根，显然已承认了方程的负数解。卡尔丹还指出，如果方程没有正数解，也就没有负数解，他把负数解称为虚构的解，认为这种解在现实生活中无意义，正根才算是实的根。在他 1545 年所著的《重要的艺术》的第三十七章，列出方程 $x(10-x)=40$，他求的根为：$5+\sqrt{-15}$ 和 $5-\sqrt{-15}$，遇到负数的平方根问题。实际上，在此之前，许多数学家都遇到过此类问题，但他们要么回避，要么不承认。这个后来被称为复数的问题又摆在了数学家的面前。

17 世纪，法国数学家吉拉德在 1629 年发表的《代数新发现》中解释了负数的几何意义，把负数与正数等量齐观，并认为二次方程可以有两个负数解。意大利数学家邦贝利给出了负数的明确定义，荷兰数学家斯蒂文在方程里用了正和负的系数，并承认负根。17 世纪，法国数学家帕斯卡对负数还持怀疑态度，并认为从 0 减去 4 纯粹是胡说。法国数学家、思想家笛卡儿也只是部分地接受负数，并称方程的负根为假根，他的倾斜坐标系的 x、y 只取正值，图局限在第一象限之内。英国数学家沃利斯是一个例外，在 1655 年所著的《无穷算术》中，他承认负数，但认为负数比无穷大还大而不是小于 0，并做了以下论证：由于比 $a/0$ 在 a 为正数时为无穷大，所以当分母变为负数时，例如，当 a/b 中的 b 是负数时，这个比一定比无穷大还大。在《代数论》中，他认为负数可以在直线上表示出来：先在一条直线上标出实部，然后通过实部的垂直于实轴的直线，直线长度表示与根号-1 相乘的那个数，以此来在直线上表示负数。

18 世纪，算术和代数已独立于几何了，但在整个世纪中，都有人反对更新类型的数。对于负数，英国数学家马塞雷于 1759 年发表了一篇名为《专论在代数中使用负号》的论文，文中讲解了如何避开负数，特别是避开方程的负根，他建议把负根从代数里驱逐出去。瑞士数学家欧拉虽然承认负数，并正确解决了复数的对数问题，但他对负数以及复数是不清楚的，甚至深信负数比无穷大还要大。法国几何学家卡诺认为用负数会导致谬误的结论。在这时，已经有许多的数学家承认负数，并且在实际工作中大量运用它们。法国数学家达朗贝尔在《大百科全书》中对于负数做了阐述：对负数进行运算的代数法则，任何一个人都是赞同的，并认为是正确的，不管我们对这些量有什么看法。1799 年，德国数学家高斯对代数基本定理做出了他的第一个证明，该证明要依赖复数，承认负数以及复数是该证明的前提，高斯就此巩固了负数和复数的地位。

19 世纪，英国数学家德·摩根在他的《论数学研究的问题和困难》中认为负根和复根在问题的解中出现就会产生矛盾和谬误，并认为二者是虚构和不可思议的。法国数学家阿尔冈注意到负数是正数的一个扩张，它是将大小和方向结合起来得出的，他主张利用某种新的概念来扩张实数系。高斯在 1831 年的论文《双二次剩余理论》的摘要中说，如果 1、-1 和 $\sqrt{-1}$ 不称为正、负和虚单位，而称为直、反和侧单位，人们就不会对这些数产生一些神秘的印象。负数作为数系的一个重要组成部分在此时已被人们广泛接受，虽然大家对它的数学意义并不明了，甚至存在一定的疑惑。

直到现代，负数才算被真正地理解了。19 世纪末一些数学家才开始尝试用现在的符号表示负数，到 20 世纪初渐渐被更多数学家采纳。1917 年，美国数学家亨廷顿在著作《连续统》中表达整数时记为…-3，-2，-1，0，+1，+2，+3…，明确给出当代负数的计法。此后，虽然还有个别争议，但负数计法已归于统一了。它同时具有了明确的概念：小于 0 的数叫负数，在数轴上，表示正数的点位于原点 0 的右边，表示负数的点位于原点 0 的左边，从而负数在更广泛的领域得到推广和应用。

以中国为代表的东方国家和以欧洲为代表的西方国家在负数的认识与接受方面有显著的不同，东方在生产实践以及解方程过程中很早就认识并接受了负数；而西方尽管也是在解方程的过程中遇到了负数，但是他们却不接受负根。一些学者认为，这主要是东西方传统思维方式的差异造成的。此种观点并非没有合理之处，但是不管原因是否如此，值得肯定的是：中国认识负数最早，并顺利发展其四则运算法则。

由负数的发展简史可以看出，负数的产生一方面是由于生活的需要，人们要表示意义相反的量；另一方面是由于计算和解方程的需要。古人对自然数和分数的概念及其运算都很容易接受，因为它们是从生产生活中归纳出来的，并以实物为例。而负数却不是，虽然有负债、欠账之说，但是不能具体指物为负，因而人类对负数的认识和承认经历了漫长的过程。

第四节　小学数学案例分享

小学数学案例分享.mp4

约分是小学数学中一个既基础又很重要的知识。约分的口算能力对于学生分数计算知识的学习尤为重要。辗转相减的方法，即"更相减损术"能有效地帮助学生找到约分的公因数，对口算除法速度慢的学生有较好的效果。

课题：约分教学片段设计[①]

教学内容： 2022 年人教版《数学》五年级下册第四单元"分数的意义和性质"中"约分"的一节练习课，第 65～67 页。

教学目标： (1)通过学习与探讨《九章算术》中求"等数"的约分法，使学生掌握约分的一般方法，理解最简分数和约分的意义；(2)通过对一般约分的计算方法和《九章算术》中求"等数"约分计算方法的对比，进一步理解分数的基本性质，能正确地对其进行约分，培养学生观察、比较和归纳概括能力；(3)在探究《九章算术》中求"等数"的约分计算方法的过程中，渗透恒等变换的数学思想理论和计算方法，感受数学思想与文化之美；(4)通过古典文化的渗透，提高学生合作学习、与人交流合作的能力，帮助学生发展独立思考、合作交流和创新的意识。

教学重难点： 探究约分的方法，提高推理与探究能力。

教学手段： 多媒体课件。

---

① 本案例的设计参考了沈东波、赵大伟的《利用"更相减损术"提高学生的口算约分能力》。

约分教学片段设计流程如表 9-1 所示。

表 9-1　约分教学片段设计流程

教学环节	视听呈现
简介方法	师：约分的关键是又快又准地找到分子、分母的最大公因数，从大家的作业完成情况看，有些同学在寻找最大公因数时还存在困难。今天给大家介绍一种古老的新方法，希望同学们能喜欢这个方法，说它"新"是因为这个方法我们之前没有使用过，说它"古老"是因为这个方法出自我国古代数学名著《九章算术》。《九章算术》里的"约分术"与我们今天学习的"约分"的流程大致相同，约分法则是： 可半者半之，不可半者，副置分母、子之数，以少减多，更相减损，求其等也，以等数约之。 译成白话文就是：分子和分母如果都是偶数，就用 2 除，直到至少有一个数不是偶数为止；如果不全是偶数，则直接把表示分子和分母的数分置两列，然后从大数中减去小数，把所得的差与原来的小数比较，仍然采用以大减小的方式，持续地辗转相减，直到两列得到的数相等，这个相等的数就是分子和分母的最大公因数，原文中称作"等数"。这个方法在《九章算术》名为"更相减损术"，我们今天就尝试运用这个方法进行约分。
新授探究	师：有现代学者称"更相减损术"为"辗转相减法"，即任意给定两个正整数，以较大的数减去较小的数，接着把所得的差与减数比较，并以大数减去小数，不断重复这个操作，直到所得的差与减数相等为止，则这个等数就是所求的最大公因数。 生：哇！这个好！ 师：好在哪里？ 生：为什么可以这样？ 师：以 $\frac{24}{30}$ 为例，试着解释一下。 【设计意图】采用线段图和具体的例子进行解释，利用数形结合思想，形象直观，利于小学生理解。 师：对 $\frac{24}{30}$ 进行约分，首先要求 24 和 30 的最大公因数，如图 9-10 所示，就是用长度是 24 的红色线段去平均分长度是 30 的蓝色线段，如果正好分完，24 就是 24 与 30 的最大公因数。但显然 24 不能平均分 30，所以 24 不是它们的最大公因数。 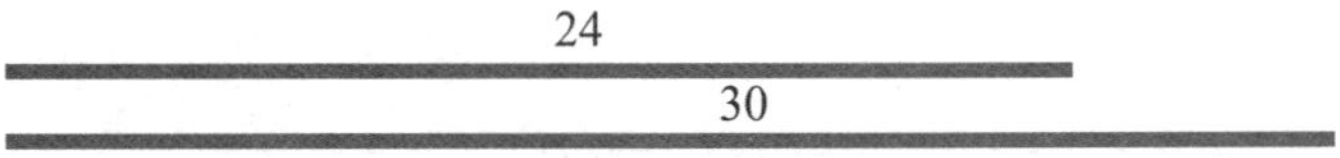 24 30 图 9-10　视听呈现教学环节(一)

教学环节	视听呈现
新授探究	接下来，进行计算：30-24=6，就是在长度为30的线段上截取长为24的线段，得到长为6的绿色线段，如图9-11所示。 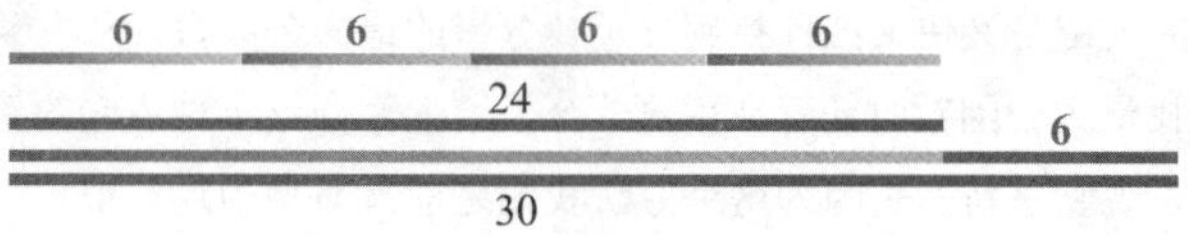 图9-11　视听呈现教学环节(二) 若6能正好平均分24，由于6一定能平均分6，所以6一定可以平均分24+6=30。 所以6是24和30的最大公因数，故 $\dfrac{24}{30}=\dfrac{24\div 6}{30\div 6}=\dfrac{4}{5}$。 生：是否存在一个大于6的公因数？ 师：假设存在，那么这个数能平均分24，也一定能平均分30。 由于30=24+6，即6=30-24，所以这个数一定能平均分6。但这是不可能的，故不存在。 在判断6能否平均分24时，我们使用了表内乘法。原文是这样做的 在线段24上截去6，余下18，18>6， 18再截去6，余下12，12>6， 12再截去6，余下6，6=6，即6为等数，这就是要求的最大公因数，如图9-12所示。后面的这几步运用的就是"更相减损术"。 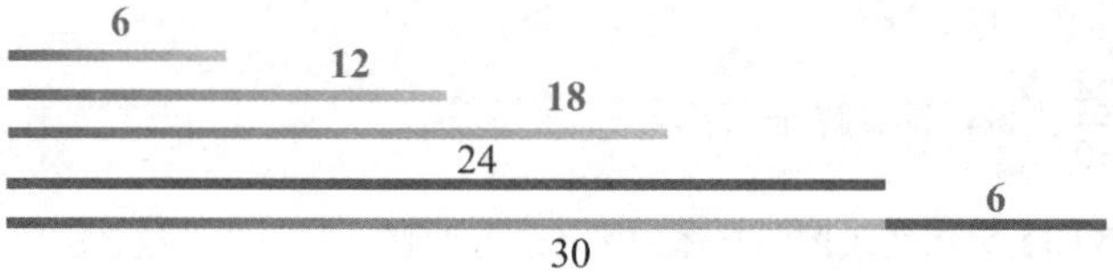 图9-12　视听呈现教学环节(三) 【设计意图】介绍《九章算术》的方法，让学生感受中华数学文化的魅力。 师：原文做法比我们的实际做法稍微烦琐一点儿，下面我们一起总结并精简一下用更相减损术求最大公因数的步骤。 (1) 用大数减去小数。 (2) 观察差与减数。 (3) 若差是减数的因数，则这个差就是所求的最大公因数。 (4) 若差不是减数的因数，则比较差与减数的大小，用大数减去小数。 (5) 重复上述步骤，直至求出所求的最大公因数。 【设计意图】《义务教育数学课程标准(2022年版)》要求学生掌握求公因数的数是在100以内，学生对100以内数的减法运算比除法运算更熟练，这体现出"更相减损术"的优势。

续表

教学环节	视听呈现
新授探究	练习：对以下的分数进行约分：$\dfrac{10}{12}$ $\dfrac{12}{15}$ $\dfrac{15}{25}$ $\dfrac{35}{21}$ $\dfrac{60}{45}$ $\dfrac{40}{90}$ $\dfrac{10}{12}$ $\dfrac{12}{15}$ $\dfrac{60}{45}$ 这三个分数分子和分母相减一次的差即为所求的最大公因数。 $\dfrac{35}{21}$ $\dfrac{15}{25}$ $\dfrac{40}{90}$ 减两次即可得到所求的最大公因数。 【设计意图】利用这个知识也可以使约分这一知识的教学变得丰富和生动起来，数学史的介绍也让学生感受到中国古代数学文化的璀璨。 师：请同学们比较一下我们上节课所学的约分方法和古人的"约分术"，说说二者之间有什么共同点和不同点。 生：古人的"约分术"没有运用"公因数"法，是通过整数减法的运算直接求出来的。 生："更相减损术"更加直观，运算起来更加方便。
拓展延伸	(1) 请写出 $\dfrac{8}{26}$ $\dfrac{9}{45}$ $\dfrac{16}{36}$ $\dfrac{12}{48}$ 的最简分数。 (2) 完成《九章算术》的题目：今有十八分之十二，问约之得几何。(即对 $\dfrac{12}{18}$ 进行约分)。 【设计意图】复制式地融入《九章算术》中相关的约分题目作为课后作业，让学生感受我国博大精深的古代数学分数算题的历史，培养学生的数学文化历史素养。

本章练习

一、填空题

1. 我国现在尚能见到最早的一部数学著作，它刻在汉朝初期的一批竹简上，名字叫( )。
2. 分数产生于( )过程和( )过程。

二、判断题

1. 成书于公元前 1 世纪的《周髀算经》和《九章算术》已经出现了分数的性质及运算法则。 ( )
2. 十进制小数产生于分数之后。 ( )

三、简答题

1. 简要说明分数的发展史。
2. 简要说明负数的发展史。

第十章 符号代数

学习目标

➤ 能够简述小学常用数学符号的创造与发展历史。
➤ 能够在符号发展史中领悟到任何事物的完善过程都是循序渐进的。

重点与难点

➤ 准确陈述运算符号创用的时间、相关著作和发明者。

《义务教育数学课程标准(2022 年版)》把了解数学思想和方法归纳为核心素养的一部分，符号意识是其中之一。数学符号是一种高度概括和浓缩的抽象科学语言，小学生学习数学的过程就是认识符号、理解符号以及运用符号的过程。通过感受数学符号的文化意义，小学生能够逐步提升数学文化素养，培养探索和创新的科学精神。

第一节 数学符号的发展

1842 年，德国数学史家内塞尔曼根据使用符号的多寡将代数的发展分为三个阶段：文词代数、简字代数和符号代数。

文词代数是指完全用文字来叙述问题和解决问题；简字代数是指采用字母或字母变形来表示某些常出现的量或运算，简化了文词代数的内容和步骤；符号代数是指采用抽象符号来叙述问题和解决问题。

一、文词代数阶段

人类历史上出现最早的符号是从数量中抽象出来的表示数的符号，各个古老的文明都有自己独特的数字系统，如古埃及的象形数字系统、六十进制的古巴比伦楔形数字系统以及古代中国的甲骨数字系统等。

在古埃及有限的代数里没有成套的符号。例如，在《莱茵德纸草书》中，加法和减法用一个人走近和走开的腿形来表示。古巴比伦的代数也没有成体系的符号，虽然偶尔也用记号表示未知量，但多数情况是运用文字表达代数问题。他们常用长、宽和面积这些几何术语代表未知量，并非因为所求未知量确实是这些几何量，而可能是许多代数问题来自几何方面，因此用几何术语表示未知量成了一种标准做法。下面举例来说明他们是如何用这些术语表示未知量和陈述问题的。

　　我把长乘宽得面积 10。我把长自乘得面积，我把长大于宽的量自乘再把这个结果乘以 9。这个面积等于长自乘所得的面积。问长和宽是多少？

　　很明显，这里的文字"长""宽"和"面积"是分别代表两个未知量及其乘积的方便说法，这个问题用现代符号可以表示为方程组 $xy=10$，$9(x-y)^2=x^2$。

二、简字代数阶段

　　随着生产力的发展，对数的实际需求增多，单纯的数已经难以满足使用需求。例如，当用数来表示交换律与结合律这类一般性规律时，就显得力不从心，于是，1800 多年前，古希腊就有人尝试用字母代替数、用字母表示未知量以及未知量的幂。数学家丢番(见图 10-1)突破传统，开创了简字代数，开始关注代数的符号表示。根据他在《算术》中创用的一套使用字母的缩写符号，如今的方程式 $x^6-5x^4+x^2-3x=2$ 就表示为

$$K^{\Upsilon}K\bar{\alpha}\Delta^{\Upsilon}\bar{\alpha}\uparrow\Delta^{\Upsilon}\Delta\bar{\varepsilon}\bar{\varsigma}\bar{\gamma}i\sigma\overset{o}{M}\bar{\beta}$$

　　其中，带有横线的希腊字母 $\bar{\alpha}$, $\bar{\beta}$, $\bar{\gamma}$,⋯ 表示数字，前 10 个字母表示数字 1~10，↑表示减号，ς 表示 x，Δ^{Υ} 表示 x^2，K^{Υ} 表示 x^3，$\Delta^{\Upsilon}\Delta$ 表示 x^4，ΔK^{Υ} 表示 x^5，$K^{\Upsilon}K$ 表示 x^6，$\overset{o}{M}$ 表示常数项，$i\sigma$ 表示等号，如表 10-1 所示。

图 10-1　丢番画像

表 10-1　现代方程与丢氏方程对照

现代方程	x^6	+	x^2	-	(	$5x^4$	+	$3x$	)	=	2
丢氏方程	$K^{\Upsilon}K\bar{\alpha}$	无符号	$\Delta^{\Upsilon}\bar{\alpha}$	↑	无符号	$\Delta^{\Upsilon}\Delta\bar{\varepsilon}$	无符号	$\varsigma\bar{\gamma}$	无符号	$i\sigma$	$\overset{o}{M}\bar{\beta}$

　　丢番图创造的这一套符号，在代数学领域是一项了不起的贡献。它比用文字表达数学式更加紧凑清晰，虽然与当今所用的符号系统相比不够完善，但意义重大。

　　关于丢番图，我们知之甚少。一本 5 世纪前后的希腊诗文集收录了一首作为丢番图墓志铭的诗歌(见图 10-2)，这让我们得以简单了解丢番图作为普通人的一生，也确切知晓了他的

年纪。

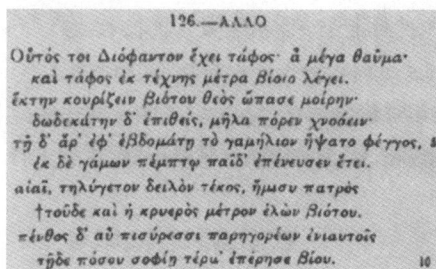

图 10-2 丢番图墓志铭

丢番图墓志铭的大致意思是：

过路人儿请看仔细，丢番图长眠于此地。

你若能深解碑文意，便会知晓他的年纪。

童年时期占六分之一，少年时期占十二分之一，

青年时期占七分之一，天赐良缘迎娶娇妻。

二人世界五年后，喜得贵子遂心意。

可怜爱子寿命短，仅及父亲一半期。

丧子之后又四年，丢氏寿终驾鹤去。

代数学区别于其他学科的最大特点是引入了未知数，并对未知数进行运算。从引入未知数、创设未知数的符号以及建立方程的思想(尽管其形式与现代方程大不相同)这几方面来看，丢番图的《算术》完全称得上是代数学。它是以研究不定方程的求解而著称的划时代著作，在数学史上的地位可与《几何原本》相媲美，丢番图因而获得"古代代数学之父"的美誉。丢番图是第一个对不定方程问题进行广泛、深入研究的数学家，以至于我们如今常把求整系数不定方程的整数解的问题称为"丢番图问题"，而将不定方程称为"丢番图方程"。

在许多文明中都存在具有本民族特色的代数学萌芽。7 世纪，被后世誉为"印度数学祖师爷"的数学家和天文学家婆罗摩笈多创造了一套用颜色的名称来表示未知数的符号系统。当有多个未知数时，除第一个未知数外，其余未知数用各种颜色表示，如黑、蓝、黄、红和绿等，并取表示相应颜色的名称的开头音节(即字头)作为未知数符号。婆罗摩笈多这套记号的数量虽然不多，且只是一种缩写文字或半符号式，但这足以使印度代数称得上是符号代数。

我国和西方一样，把代数视为解方程理论的科学。我国古代的主要计算工具是算筹，在表示方程时，就在算筹盘中摆放表示系数的算筹。13 世纪左右的"天元术"是我国元代数学家李冶改进先前古算家的研究成果后形成的一种可以表示高次方程的方法。在表示系数的算筹旁注上"元"或"太"字，分别表示与字同行的算筹为一次项系数或常数项，也可以同时注上这两个字。李冶在著作《益古演段》第 23 问里，将方程 $25x^2+280x-6905=0$ 记作了图 10-3 中的"表示 1"，原文中的数字采用的是算筹形式。

实际上，该方程也可以用下面几种方式表示，如图 10-3 中的"表示 2"至"表示 5"所示，即只标注"元"或"太"，而且这几种方式更为常见。显然，其中的文字是一种有特殊含义的符号，所以"天元术"是一种半符号代数。

25	
280	元
-6905	太

表示 1

25	
280	元
-6905	

表示 2

25	
280	
-6905	太

表示 3

-6905	
280	元
25	

表示 4

-6905	太
280	
25	

表示 5

图 10-3　天元术

三、符号代数阶段

从 15 世纪起，欧洲爆发了一场文艺复兴革命。科学的发展需要作为启发思维有效手段的数学创造一种更适合其发展的符号语言。同时我国造纸术和印刷术的传播，更为数学符号的创用与流行提供了物质条件。因此，这一时期人们对数学符号的认识已从朦胧阶段进入了有意识阶段。数学符号系统化主要归功于法国数学家韦达(见图 10-4)和笛卡尔(见图 10-5)。

图 10-4　韦达画像

韦达的本职工作是律师和政治家，他对数学相当痴迷，业余时间几乎都用于研究数学。虽然他是一位业余数学家，但其成就却不输职业数学家。在研究前人和当代数学家的著作时，韦达产生了使用字母表达的灵感。与以往有人零星、偶然地使用字母与符号不同，在著作《分析引论》中，韦达第一次有意识地使用系统的代数字母及符号，以辅音字母表示已知量，元音字母表示未知量，把代数看作一门完全符号化的科学。从古埃及和古巴比伦时代起，数学家们仅解决带有数字系数的一次、二次、三次和四次方程，同次方程有许多种类型，且

图 10-5　笛卡尔画像

每一种都要分别求解。而当韦达引入字母系数(并接受负系数)后，所有的二次方程便可以统一写成 $ax^2+bx+c=0$ 的形式并用统一的方式来处理。在这里，a，b，c…这些字母系数可以表示任意数$(a\neq0)$。

1591 年，韦达在《美妙的代数》一书中，首次使用字母符号表示未知量的值进行运算，并称其为"类的运算"，从而将算术和代数区分开来。他明确指出，研究一般二次方程 $ax^2+bx+c=0(a\neq0)$，实际上就是处理某一类的表达式，是作用于事物的类别或形式上的方法，是类的运算；而数字系数的方程则是与数打交道，是数字计算。通过引入"类的运算"，韦达为代数学的确立做出了奠基性的贡献。他所创立的代数符号体系，使代数学真正成为数学的一个分支，堪称数学发展史上的重要里程碑。因此，韦达被西方称为"代数学之父"。

法国数学家笛卡尔认为韦达创用的未知量和已知量符号还不够简洁。1637 年，他对韦达的代数符号系统进行了改进。他用拉丁字母表里位置靠前的字母 a，b，c…表示已知量，用靠后的字母 x，y，z…表示未知量。笛卡尔的这一改革，迈出了划时代的一步，发展成为今天的习惯用法。

【教材对接】2022 年人教版《数学》五年级上册第五单元"简易方程"中呈现了笛卡尔对代数符号系统改进的结果(见图 10-6)。

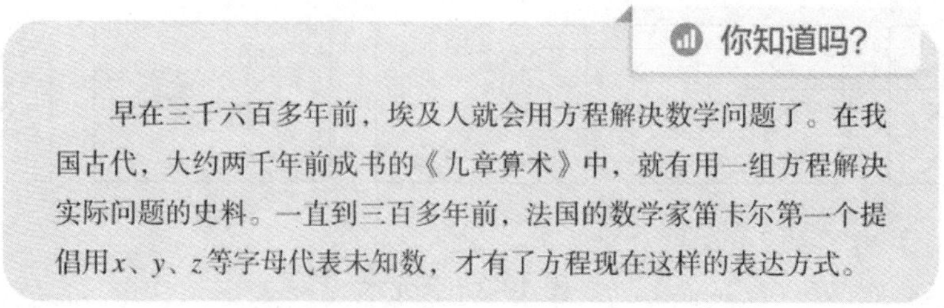

早在三千六百多年前，埃及人就会用方程解决数学问题了。在我国古代，大约两千年前成书的《九章算术》中，就有用一组方程解决实际问题的史料。一直到三百多年前，法国的数学家笛卡尔第一个提倡用x、y、z等字母代表未知数，才有了方程现在这样的表达方式。

图 10-6　小学教材中的字母表示数

到 17 世纪末，欧洲的数学家都已认识到必须用符号来表示未知数，然而他们却未能找到一个方便实用的符号使用标准，致使符号表示混乱不堪。我们今天所使用的符号是经过长期淘汰后剩下的。

第二节　小学常用符号的演变

小学数学中出现的初等数学符号，根据其作用可分为以下四类：元素符号、关系符号、运算符号和辅助符号。

一、元素符号

表示数或几何图形的符号被称为元素符号，例如数字符号、表示不确定含义的字母符号、表示确定含义的字母符号，以及表示三角形、三角形的边和角的符号等。数字符号以及表示不确定含义的字母符号的发展历程在前文均已介绍，下面将简要介绍小学数学中涉及的其他元素符号的发展历程。

(一)数量符号

小学阶段涉及的表示特定含义的数量符号仅有 π。关于圆周率的发展历史，前文已经讲述过，这里仅阐述圆周率符号的演变历史。对圆周率数值的计算，从古埃及起就一直在不断精进，然而圆周率的名称和表示它的符号却迟迟未出现。直到古埃及僧侣阿姆士完成《莱茵德纸草书》之后的 3000 年，阿基米德研究圆周率之后的 2000 年，著名的圆周率才有了名字和表示符号。在此之前，数学家谈到圆周率时，总要使用诸如"将这个数乘以直径就等于圆周长"这样的词句。直到近 250 年，π 才作为代表圆周率的符号被普遍使用。

用符号表示圆周率的做法始于英国数学家沃利斯。他在 1655 年出版的《无穷算术》一书中，曾用"□"表示过 $\dfrac{4}{3.14149}$。首先用一个单独的字母表示圆周率的是德国数学家斯图姆，他于 1689 年用字母 e 表示圆周率。

英国数学家奥特雷德是最早使用符号 π 的数学家之一。1647 年，他在《数学指南》中用 π/δ 表示 $\dfrac{22}{7}$ 或 $\dfrac{355}{113}$。其中，π 是希腊文圆周(περιφέρεια)的首字母，代表圆周；δ 是希腊文直径(διάμετρος)的首字母，代表直径。这个符号很好地诠释了圆周率的内涵。

英国数学家琼斯(见图10-7)在1706年的著作《数学概论手册》中引入了π作为圆周率的符号。他若无其事地迈出了这划时代的一步，没有长篇大论的介绍，π就从希腊字母走进了数学史的舞台。琼斯在书中也曾用π表示其他事物，比如表示几何图形中的一个点或者圆周。这种一字多用的情况在当时非常普遍。当时琼斯在数学界只是个默默无闻的人物，他对π的创用并未引发学界的关注和追随。而30年后，大数学家欧拉在1736年也用π表示圆周率，由于权威效应，这个符号从此风行起来，一直沿用至今。

图10-7　琼斯画像

(二)图形符号

小学阶段涉及的图形元素众多，有些是用文字表示的，有些则是用明确的图形符号表示的，如点、线段、射线、直线、角、角度和三角形等。

1. 点

古代数学家从不同角度对点进行了诠释。古希腊数学家毕达哥拉斯认为点是只有位置而没有大小的单位；古希腊哲学家、数学家柏拉图认为，点是直线的开端，或者点是不可分割的线；我国古书《墨经》(成书于公元前3世纪左右)记载，点是指线的没有大小、长短的顶端部分；古希腊哲学家、数学家亚里士多德认为，点是线与线或面与线的分界；古希腊几何鼻祖欧几里得认为，点是没有部分的事物。现代数学家已把点作为几何的一个基本概念，不给出定义而直接加以引用。

点的记号出现得较晚。1202年意大利数学家斐波那契的著作和1464年德国数学家雷格蒙塔努斯(J.Regiomontanus，1436—1476，原名缪勒)的著作中，已开始使用小写字母 a, b, c, …来表示点。

后来，荷兰数学家斯蒂文用 $\dot{B}$ 、 $\ddot{B}$ 、 $\dddot{B}$ 等特定符号表示点。20多年后，荷兰数学家斯霍滕在其著作中用 c、$2c$、$3c$，s、$2s$、$3s$，T、$2T$、$3T$ 等符号表示点。又过了20多年，1676年，德国数学家莱布尼茨用1B、2B、3B表示不同的点。

到19世纪，人们才逐渐改用大写字母表示点。例如，1801年法国数学家卡诺(见图10-8)在他的几何著作《关于几何图形的相互关系》中，引用大写字母 A、B、C 表示交点，又用 AB、CD 表示直线 AB、CD。这种标记方法沿用至今。

综上所述，从1202年到1801年，数学家们前后花了近600年的时间才确定下点的记号。

图10-8　卡诺画像

2. 线

古代数学家对"线"给出了诸多诠释。欧几里得认为线有长无广；我国《墨经》里称线为"尺"，意思是线有长度。现代平面几何把线作为原始概念，不加以定义而直接采用，仅对其意义进行描述。

直线、线段的记号问题在19世纪有了快速发展。1801年法国数学家卡诺在他的几何著作《关于几何图形的相互关系》中，引用大写字母表示线。例如，他用 $\overline{AB}$ 表示线段 AB 或

直线 AB；用 $\overline{ABC}$ 表示三点在同一直线上，且 B 在 A 与 C 之间；用 $F\overline{AB}\cdot\overline{CD}$ 表示 F 是通过直线 AB、CD 的直线。

如今，表示直线的符号常用两个大写字母 AB 表示，但有的书上也沿用以前的记号 $\overline{AB}$。

3. 角

上古时期，人们为了兴修水利，需要研究各种地形水势；为了测量田亩、建造房屋，需要研究各种图形，这些都离不开角，这便是产生角这个概念的现实基础。

我国战国时期的文献《考工记》中，用"倨(音：jù)、句"二字表示钝角和锐角。

古希腊欧几里得定义角为"直线相遇作角，为直线角"。锐角定义为"凡角小于直角，为锐角"。钝角定义为"凡角大于直角，为钝角"。

角的符号最早出现在 1634 年，法国数学家埃里冈在其著作《数学教程》里用"<"表示角的符号，又用"⌐"表示直角。当时英国数学家哈里奥特创用的小于符号"<"已在数学界普及，为避免混淆，1657 年，英国数学家奥特雷德(见图 10-9)在《三角学》中创用"∠"表示角，得到广泛认同与应用，并沿用至今。

图 10-9　奥特雷德画像

4. 角度

古希腊数学家托勒密在《天文学大成》一书中，对角度的进位采用了古巴比伦的 60 进制，把圆周平均分成 360 份或 360 个单位。又将半径分为 60 等份，每一小份再分为更小的份，以此类推，这些小份依次称为"第一小份"(后来变成分)、"第二小份"(后来变成秒)。

1611 年，德国数学家克拉维乌斯干脆用度、分、秒单词的大写首字母 G.、M.、S.分别表示度、分、秒。这是一个进步。

最早用"°、′、″"表示角度的记号出现在 1551 年德国天文学家、数学教授莱因霍尔德(E·Reigold,1511-1553)的著作中，他采用了两种形式表示角的度数，即 63′13″53 和°62′54″18，此时距托勒密的创用已经有 1400 年左右了。

5. 三角形

象形符号"△"，最早是古希腊数学家海伦创立的，他用其表示三角形的面积。后来的古希腊数学家帕普斯也采用过"▽"或"△"表示三角形。

在欧洲，1634 年法国数学家厄里岗在著作中证明勾股定理时，也使用符号"△"表示三角形。

18 世纪，数学家欧拉提议用小写拉丁字母 a、b、c 表示三角形的三边；用大写拉丁字母 A、B、C 表示三角形三边 a、b、c 所对的角。1801 年，法国数学家卡诺也用"$\triangle ABC$"表示顶点为 A、B、C 的三角形，并沿用至今。

■ 二、关系符号

表示数、式、形之间关系的符号称为关系符号。小学阶段所涉及的主要数式关系为相等和不等(大于、小于和约等于)，图形之间的关系主要是平行和相交。

(一)数式关系

表示相等的记号的诞生蕴含着人类智慧的结晶，它的使用推动了数学符号的发展。等号的产生与方程相关，在数学的萌芽时期就有了方程，因而也就出现了表示相等关系的符号。

公元前 3000 多年，古巴比伦和古埃及就已用各种记号来表示相等。例如，古埃及《莱茵德纸草书》中用 $_3$B 表示相等。不过，更多的民族是用文字来表示两个量相等，比如大约在 3 世纪的古希腊，丢番图用 $\overset{..}{\iota}\sigma$ 表示；中世纪的印度人用 $\Pi\times a$ 表示；1494 年意大利修道士帕乔利用 ae 表示。

不用文字或缩写来表示"相等"的记号在 15 世纪开始萌芽。15 世纪，西班牙的穆斯林数学家盖拉萨迪用 j 表示相等记号；德国数学家雷格蒙塔努斯则用水平的破折号"——"表示等号。

1557 年，英国御医、修辞学教授、牛津大学数学教授雷科德(R.Recorde)，在论文《砺智石》中首次用符号"="表示相等。莱克德在文章中写道："两条同样长的平行线段是一对双生子，任何两件东西都不可能比它们更相等。"从此这个相等符号进入了数学符号系统。遗憾的是，这个相等记号并未立即被普遍采用，1637 年笛卡尔还在用 $\propto$ 表示等号。直到 17 世纪末，莱布尼茨(G.Leibniz，1646—1716)等大数学家接受了该符号后，它才得以广泛流传。

1629 年，荷兰数学家吉拉尔(A.Girard，1595—1632)在著作《代数新发现》中使用 $Aff B$ 表示 $A>B$，用 $B\underset{\iota}{\xi}M$ 表示 $B<A$。1634 年，法国数学家厄里岗在《数学教程》里创造了不太简便的大于、小于符号，采用 $a3\mid2b$ 表示 $a>b$，$b2\mid3a$ 表示 $b<a$。

1631 年，英国数学家、望远镜发明者哈里奥特(T.Harriot，1560—1621)(见图 10-10)去世 10 周年，人们为纪念他在数学研究方面的卓越贡献，出版了他的遗著《实用分析技术》。书中创用了大量如今仍在使用的数学符号，其中最有价值的便是大于号和小于号。其记号的简洁以及突出的互为相反的特征，立刻吸引了许多数学家。虽然赢得了众多赞许，但它也经历了一个世纪的考验，直到 18 世纪后才被数学界接受。

图 10-10　哈里奥特画像

1734年，法国巴黎科学院院士布格尔(P.Bouguer，1698—1758)首次使用现在通用的符号≧(即≥)和≦(即≤)。

我国古算中没有表示相等和不相等的记号，在文字叙述中一般用"得"来代替"相等"。我国开始使用"=、>、<"是从清代数学家李善兰翻译西洋算书时起。但在较长一段时间内，等号的两条线都画得很长，如"═══"。后来，清政府开办洋学堂，逐渐与世界接轨，才开始使用世界通用记号。

(二)形间关系

自古希腊时期起，数学家们就开始用符号表示两条直线互相平行的位置关系。

大约在公元 50 年，古希腊数学家海伦最早利用 $\overset{OV}{=}$ 和 $\overset{P}{=}$ 表示两直线的平行关系。

活跃于 300—350 年前后的古希腊数学家帕波斯(Pappus)对海伦创用的平行线符号进行了改进，去掉了符号中的字母，改为"="，有时又用"OL"表示。

1634 年，法国数学家厄里岗在其著作中，延续古希腊人的做法，仍用"="表示平行线。可惜等号"="早已被用于其他用途，若再用它表示平行线，会导致欧洲数学符号混乱，因此用"="表示平行线的做法注定难以长久。

1657 年，英国数学家奥特雷德在《三角形》一书中，将横躺着的"="直立起来，即用符号"∥"表示两直线平行。

表示两线垂直的符号"⊥"出现较晚，最早于 1634 年在厄里岗的著作中出现。一个世纪后的 1763 年，数学家埃默森(W.Emerson)在《几何入门》一书中，大量采用符号"⊥"作为垂直符号，从此"⊥"被广泛应用。

三、运算符号

运算是一种映射，用于表示按照某种规定进行运算的符号被称为运算符号。在小学阶段，主要的运算符号是四则运算的符号。

(一)加号和减号

加减运算是人类最早掌握的两种运算，其表现形式多种多样。加号、减号的起源最早可追溯到世界上最古老的数学文献《莱茵德纸草书》，其中有用象形文字来表示的加号和减号。古巴比伦人最早采用了"省略式"的加号，即将表示数字的符号合在一起表示相加。不过没有加号可能容易造成混淆，在晚些时候的天文学文献中出现了表示加号的文字 tab，例如，10+4 写成 10tab4。他们创造并使用了一个形如展翅小鸟般可爱的符号来表示减号。4 世纪，古希腊的丢番图也采用"省略式"加号，用"↑"表示减号。

1881 年，在如今巴基斯坦白沙瓦的小村庄巴克沙利出土了一份写在桦树皮上的数学手稿，记录了印度 3 世纪的数学内容，被称为"巴克沙利手稿"(见图 10-11)。其中用 yu 表示加号，而用"+"表示减号。印度数学的始祖婆罗摩笈多独树一帜，创用缩写文字来表示运算，把许多由字母组成的词只用开头的音节表示。印度数学家也创用了简洁的减号，比如把 5-3 表示为 5̇3，即在被减数上面加一个点。500 年后的印度数学家婆什迦罗仿效丢番图的省略式加法，如将 $2+\frac{1}{3}$ 写成 $2\frac{1}{3}$；采用留空白的方法表示减法，如把 6-t 记为 6 t。

图 10-11　巴克沙利手稿

1456 年，德国数学家雷格蒙塔努斯在一本数学手稿中使用 et 表示加号，如今的加号也许是由手写体 et 演变而来的。法国巴黎大学的数学和医学学士许凯在论文中创用了缩写的代数符号体系。例如，他用 $\tilde{P}$ 表示加法，P 是古德文 Plus(加)的首字母；用 $\tilde{m}$ 表示减号，m 是英语 minus(减)的首字母。1494 年，意大利数学家帕乔利的巨著《算术、几何、比及比例概要》一书中清晰地记载了印度—阿拉伯数字和大量先进的数学符号。他直接用意大利文 Piu(加)和 meno(减)的首字母 P 和 m 表示加号和减号。例如，3+2 写成 3P2，3-2 写成 3m2。

印刷体的+、-出现在 1489 年德国数学家魏德曼(J.Widman)在莱比锡出版的《商业中的巧妙算法》中。简洁明快的外观并没有让它们受到偏爱，这两个符号又经过一个多世纪的考验才真正登上数学舞台。由于在数学巨人所著的近代科学著作中频频出现，它们才逐渐普及开来。

(二)乘号和除号

乘、除号的产生比加、减号晚些，且符号至今仍不统一，有三种形式：隐形乘号(一般在字母前或括号前的乘号可省略)、×和·，不同的场合适合使用不同的乘号。

古巴比伦很早就有乘法记号了。约公元前 350 年，在幼发拉底河下游尼普尔的一座庙宇里有一块碑上刻有乘法表，其中有表示乘号的记号，这是世界上最古老的乘法符号式记号。

古印度也有乘号，"巴克沙利手稿"中用 $\begin{array}{|cc|} \hline 5 & 32 \\ 8 & 1 \\ \hline \end{array}$ phalam20 表示 $\frac{5}{8} \times 32 = 20$；印度数学家婆什迦罗将数 a 与数 b 相乘写成 ab (原文中 a 与 b 是用印度数字书写的)，这是一种省略式的隐形乘号。

乘号创立的历史进程来到文艺复兴时期的欧洲。1545 年，德国数学家斯蒂菲尔(M. Stifel，1487—1567)用大写字母 M 表示乘号；1591 年，法国数学家韦达把 A 与 B 的相乘记为 AinB；15 世纪的一些手稿和印刷品中，表示数与字母相乘或字母间相乘时使用了隐形乘号，如 $6x$、$3x^2$ 等，这种习惯一直沿用至今。

1631 年，奥特雷德在《数学之钥》中为了摆脱用繁复的缩写文字表达数学运算，刻意创造了大量数学符号，可惜经过历史洪流的冲刷，只剩下为数不多的几个，其中一个就是乘号"×"，该符号在 17 世纪后逐渐通用。

【教材对接】2022 年人教版《数学》二年级上册第四单元"表内乘法"中"你知道吗？"板块中介绍了，在初步认识乘法后呈现了乘号的由来(见图 10-12)。

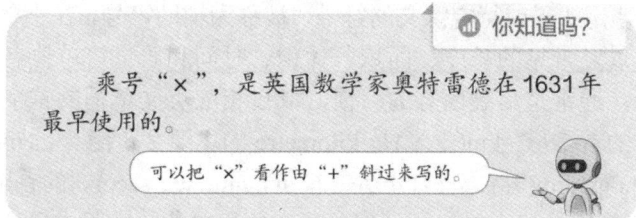

你知道吗?

乘号"×"，是英国数学家奥特雷德在 1631 年最早使用的。

可以把"×"看作由"+"斜过来写的。

图 10-12　小学教材中乘号的由来

用"·"表示的乘号首先出现在 17 世纪初的欧洲。英国数学家哈里奥特在 1631 年出版的《实用分析术》中，首先用"·"表示乘号。1698 年，德国大数学家莱布尼茨也由于符号"×"容易与字母 x 混淆，而选择使用"·"表示乘号。

表示除的符号产生得更迟一些。现代意义上的除号，仍旧诞生于欧洲，首创者是瑞士数学家拉恩(J. Rahn，1622—1676)。1659 年，拉恩在他的被莱布尼茨赞誉为"优雅的代数"的书中最早用"÷"表示除号。如同其他符号一样，除号也没逃过权威效应的命运，开始在瑞士等欧洲各国都不流行，直到英国数学家沃利斯和牛顿(I.Newton，1643—1727)采用，在英国才渐渐被使用起来并大众化，且沿用至今。

【教材对接】2014 年苏教版《数学》二年级上册第四单元"表内除法(一)"的"你知道吗"板块中简介了除号的创用历史(见图 10-13)。

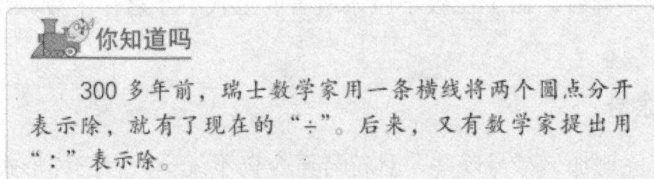

> **你知道吗**
>
> 300 多年前，瑞士数学家用一条横线将两个圆点分开表示除，就有了现在的"÷"。后来，又有数学家提出用":"表示除。

图 10-13 小学教材中除号的由来

阿拉伯人用在两数之间加线段的方式来表示除法运算，加线方式有三种：a-b、a/b 和 $\frac{a}{b}$，第一种方式今天用作减法算式，后两种沿用至今。

在 18 世纪末已经出现了用斜线"/"表示分数线的做法，但由于资料不足，难以断定具体是由谁发明的。1845 年，英国数学家德·摩根在论文中为了节约版面方便排版，用斜线"/"表示分数线，并推荐用 a/b 表示除法算式。

800 年前后，阿拉伯数学家阿尔·花拉子米曾用 $\frac{3}{5}$、^{3}5 或 $\frac{3}{5}$ 表示 3 除以 5，最后一个表示法成为今天分数表示法的来源。

1666 年，数学家莱布尼茨第一次提出来用符号":"作除号。两个量的比，包含有除的意思，但又不能用"÷"表示，于是，他把除号中间的小短线去掉，用":"表示比号，后来渐渐通用。

四、辅助符号

用来表示某些特定式子或特定意义的符号，被称为辅助符号。在小学阶段涉及的辅助符号众多，像括号，以及常见的长度、面积、体积、时间和质量等单位名称。各类单位名称属于辅助文字符号，通常是沿袭西方的习惯，取自相应英文单词的首字母或主要字母。例如，m(米)是 metre 的首字母，km(千米)是 kilometre 的主要字母组合，cm(厘米)是 centimetre 的主要字母组合，h(时)、m(分)、s(秒)分别是 hour、minute、second 的首字母，g(克)和 kg(千克)也是同理。长度单位是基本单位，面积单位和体积单位是由基本单位衍生出来的导出单位，按照规定进行表示。

归并符号用于指示运算顺序的符号，当需要先对某几项进行归并，也就是先进行指定的运算时，最初是用字母来表示归并的，如今则用括号来表示。

括号这一名称源自瑞典数学家欧拉。常见的括号有：小括号(圆括号)、中括号(方括号)

和大括号(花括号)。在包括中国在内的大部分国家，称"[ ]"为中括号，"{ }"为大括号，但在日本情况恰好相反。

16 世纪以前，在任何一本书中都找不到括号的身影。17 世纪时，大部分著作中使用的是一条一条的横线。1593 年，韦达用 $\overline{4+2}\div 2$ 表示现代的(4+2)÷2。这里括线的作用等同于圆括号，所以，括线的创始人是韦达。1676 年，牛顿用 $\overline{\overline{y-4\times y+5\times y}-12\times y}+17=0$ 表示现代的 {[(y-4)y+5]y-12}+17=0。更为有趣的是，有人用逗号来表示圆括号，比如微积分创立者莱布尼茨在 1709 年别出心裁地用 c-b, d-c, l 表示现代的(c-b) (d-c)l。

图 10-14 克拉维斯画像

最早在著作中使用圆括号的是旅居意大利的德国天文学家克拉维斯(见图 10-14)，他在 1608 年的代数著作中用√z(√z15+√z12)-√z(√z15-√z12)表示现代的 $\sqrt{\sqrt{15}+\sqrt{12}}-\sqrt{\sqrt{15}-\sqrt{12}}$，符号 "( )" 清晰明确地表示圆括号的含义，符号√z 表示二次根式。

1593 年，韦达的书中出现了方括号和花括号。

综上所述，圆括号是克拉维斯创用的，方括号、花括号和括线都是韦达创用的。

第三节 小学数学案例分享

美国数学史家克莱因指出，历史的顺序通常即为正确的顺序，数学家在探索过程中所经历的困难，正是学生在学习中要经历的困难。数学符号是一种高度抽象化、概括化和形式化的数学语言，而小学生的数学知识经验相对较少，抽象思维能力相对薄弱，学习运用数学符号会存在诸多困难与障碍。教师应对学生学习数学符号存在的困难有充分且清醒的认识。

课题：字母代替数的神奇

教学内容：上海市实验学校实验教材四年级上册"代数式"单元。

教学目标：(1)学习用字母代替数来揭示数学魔术的奥秘，经历把简单实际问题用含有字母的式子进行表达的抽象过程，培养符号感；(2)从数学魔术活动中感受字母代替数的神奇力量，体会代数式的通用性，感悟运用代数思想解决数学问题的价值；(3)激发主动探究精神，提高发现问题、解决问题的能力，并通过小组合作等方式实现个性化学习。

教学重点：学会用字母代替数来揭示数学魔术的奥秘，发展符号感。

教学难点：理解取值范围的设置准则。

教学过程如下。

1. 魔术初探

1) 引入：今天，老师将带领大家一同走进魔术课堂，学习奇妙的数学魔术。

请同学们遵循指令操作：(1)在心中想好一个大于 50 且小于 100 的数；(2)将此数加上 81；(3)把所得和的百位数字抹去，再加上 1；(4)用你想好的数减去(3)所得的结果。

请大家把得到的结果写在纸上。老师能猜出你写的结果是什么，大家来看看我猜得对不对。

2) 设疑：你们写的数都是18，对吗？为何会如此神奇呢？(小组讨论，探寻秘密)

【设计意图】有趣的魔术能引发学生的兴趣，学生必然会想到其中存在奥秘，从而会运用各种方法进行探究。为学生留出时间和空间让其自主探索，无论是通过更多举例来发现规律，还是直接用字母代替数进行推理，都应予以鼓励。在交流过程中，学生将逐步聚焦到"用字母代替数"这一更简便、直接的方法上。

3) 揭秘：按照刚才发布的指令逐条写出算式，便可揭开奥秘。

(1) 设想好的一个数为 x，且 $50<x<100$。

(2) $x+81$。

(3) $x+81-100+1=x-18$。

(4) $x-(x-18)=18$。

因此，无论你设想的数是多少，经过这些运算后，结果都将是18。

4) 追问：为何要给 x 设定一个范围($50<x<100$)？并且在抹去百位上的数字时，只减去100呢？

5) 讨论：因为 $50<x<100$，所以 $50+81<x+81<100+81$，即 $131<x+81<181$。

此时 $x+81$ 必定是一个百位为1的三位数，所以抹去百位上的数字相当于减去100。

6) 发现：在设计魔术时，我们需考虑好所选数的取值范围。你能改变这个取值范围吗？若改变了，下面的哪些条件也要随之改变？谁愿意来尝试一下？

【设计意图】让学生尝试改变取值范围，如 $19<x<119$，超出这个范围，就要同时改变相应的魔术条件。这既能激发学生的兴趣，又能帮助学生进一步发现和理解未知数与结论之间的关系，为后续创造魔术奠定基础。

7) 小结：每个同学想的数各不相同，我们可以用一个字母来代替，这样就能把魔术中的数量关系转化为一个代数式进行运算，进而推出奥秘。你们知道是谁最先用字母代替未知数的吗？是法国著名数学家、代数学之父——韦达。

2. 魔术再探(巩固练习)

1) 魔术一

任意想一个整数，将其乘2加7，再将结果乘3减21，只要你说出这个结果，老师就能立刻判断你的运算是否正确，并马上说出你最初想的那个数。你知道其中的缘由吗？

(1) 师生互动，尝试游戏。

(2) 同桌合作，探究规律。

假设所想的整数为 b。

$$3(2b+7)-21=6b+21-21=6b$$

【设计意图】学生很快会发现，最后的结果是所想数的6倍。代数运算证实了这一发现，并进一步激发了学生的兴趣。

2) 魔术二

首先，任意想一个数，把这个数乘2，再加上9，把所得的和再乘2。其次，把你想的这个数乘2，再减去30，再把所得的差除以2。最后，用第一步所得结果减去第二步所得结果，写出这个差。只要你说出最后的差，老师就能猜出你最初想的那个数。

(1) 师生互动，尝试游戏。

(2) 同桌合作，探究规律。

假设预想的数为 a。

$$2(2a+9)-(2a-30)\div 2=4a+18-a+15=3a+33$$

(3) 根据发现，揭示奥秘。

现在，你们知道老师是如何猜出你们心里想的那个数了吗？

【设计意图】魔术二加大了代数运算量。有了第一次魔术揭秘的经验，学生受到启发，对于教师出示的魔术，他们不再仅仅热衷于参与，更渴望破解其中奥秘，因此会积极投入用字母代替数的推理之中，将数量关系转化为代数式并进行运算。揭秘之后，学生将油然而生成就感，符号意识和代数思维也能同时得到发展。

3. 魔术设计

刚才老师设计的魔术都被同学们一一破解了，你们想不想成为魔术师，自己设计几个魔术呢？(小组合作设计魔术，集体寻找破解方法)

【设计意图】比较学生设计的魔术，会发现魔术师若想更快、更准确地报出对方心里想的数，那么魔术背后的结论应尽可能简洁。

4. 小结

今天我们玩了数学魔术，还学习了如何破解魔术，让每位同学都成了小小魔术师。那么，数学魔术背后的秘密究竟是什么呢？(运用字母符号进行运算和推理，找出一般性的规律)

数学家诺瓦列斯说过："纯数学是魔术家真正的魔杖。"今天我们只是对一小部分数学魔术进行了探秘，其实很多魔术中都蕴含着数学知识，感兴趣的同学可以进一步深入探索。

本章练习

一、填空题

1. 古希腊数学家(　　)突破传统，开创了简字代数。

2. 英国数学家(　　)在 1706 年的著作《新数学引论》中引入了 π 作为圆周率的符号。

3. 1557 年，英国御医、修辞学教授、牛津大学数学教授(　　)，在论文《砺智石》中首先用符号"="表示相等。

4. 印刷体的+、-出现在 1489 年德国数学家(　　)在莱比锡出版的《商业中的巧妙速算法》中。

二、单选题

1. 我们今天常把求(　　)不定方程的整数解的问题称为"丢番图问题"。

A. 正整系数　　　　B. 整系数　　　　C. 有理系数　　　　D. 实系数

三、多选题

1. 1842 年，德国数学史家内塞尔曼根据使用符号的多寡将代数的发展分为三个阶段，分别是(　　)。

　　A. 文词代数　　　B. 简字代数　　　C. 象形代数　　　D. 符号代数

2. 数学符号系统化要归功于法国数学家(　　)。

　　A. 韦达　　　　　B. 拉恩　　　　　C. 卡顿　　　　　D. 笛卡尔

3. 奥特雷德创用的符号有(　　)。

　　A. ≈　　　　　　B. ⊥　　　　　　C. ∥　　　　　　D. ×

四、计算题

1. 根据文中的丢番图墓志铭计算丢番图的年纪。

五、简答题

1. 什么是不定方程(组)?

第十一章　九九歌与乘法的发展

学习目标

➤ 了解"小九九"的由来。

➤ 能够背诵九九乘法歌诀(以下简称"九九歌")和九九乘法表(以下简称"九九表")。

➤ 掌握九九表的特点。

➤ 掌握乘法的发展历程。

➤ 感受我国古代数学文化的辉煌成就，培养学生知难而进、迎难而上的优秀品质。

重点与难点

➤ 背诵九九歌。

➤ 掌握乘法的发展历程。

2022 年人教版《数学》中"你知道吗"板块提到"乘号'×'，是英国数学家奥特雷德在 1631 年最早使用的"，教材中还出现了数学游戏"1 只青蛙 1 张嘴，2 只眼睛 4 条腿……"以及 9 的乘法口诀的巧记法"用双手表示 9 的乘法口诀"。从教材编写专家的重视程度可见九九歌与乘法的重要性，因此，我们有必要对其进行深入了解。

第一节　九九歌与九九表

九九歌.mp4

【教材对接】图 11-1 呈现的是 2024 年青岛版《数学》二年级上册第四单元"凯蒂学艺——表内乘法(二)"中"你知道吗？"板块介绍的乘法口诀的发展简史。

你知道吗？

乘法口诀又称"九九表"或"九九歌"，发明于我国春秋战国时期，是古代中国对世界文化的重要贡献。乘法口诀读起来朗朗上口，与西方等国家使用的乘法表相比，我国的乘法口诀更便于记忆，有利于形成较强的计算能力。

图 11-1　小学教材中的乘法口诀的发展简史

九九歌读起来朗朗上口，非常便于记忆。它既有"得数相同的九九歌"，也有"因数相同的九九歌"。"得数相同的九九歌"，如一四得四、二二得四；一六得六、二三得六；

一八得八、二四得八；一九得九、三三得九；三四十二、二六十二；二八十六、四四十六；等等。"因数相同的九九歌"，如一一得一；二二得四；三三得九；等等。

九九歌，作为数学四则运算的基础，可谓家喻户晓。古人将九九歌的寓意延伸到社会的各个方面，或运用九九歌的散句。例如，明代冯梦龙的《警世通言》卷三十二中有"若三日没有银时，老身也不管三七二十一，公子不公子，一顿孤拐，打那光棍出去"。

我国农历有数九的说法，用于计算时令，各地根据实际情况有不同的数九歌谣。例如，河北蔚县的数九歌谣为：一九二九，相唤不出手。三九二十七，篱头吹觱篥(音：bì lì)。四九三十六，夜眠如露宿。五九四十五，家家推盐虎。六九五十四，口中晒暖气。七九六十三，行人把衣担(单)。八九七十二，猫狗寻阴地。九九八十一，穷汉受罪毕。而湖南的数九歌谣是：冬至是头九，两手藏袖口；二九一十八，口中似吃辣椒；三九二十七，见火亲如蜜；四九三十六，关住房门把炉守；五九四十五，开门寻暖处；六九五十四，杨柳树上发青绦；七九六十三，行人脱衣衫；八九七十二，柳絮满地飞；九九八十一，穿起蓑衣戴斗笠。

九九歌因其汉字(包括数目字)单音节发声的特点，读起来朗朗上口；后来发展起来的珠算口诀也继承了这一特点，对运算速度的提高和算法的改进起到了一定作用。

【教材对接】2022 年人教版《数学》二年级上册中的"数学游戏"板块介绍了"用双手表示 9 的乘法口诀"的记忆方法(见图 11-2)。

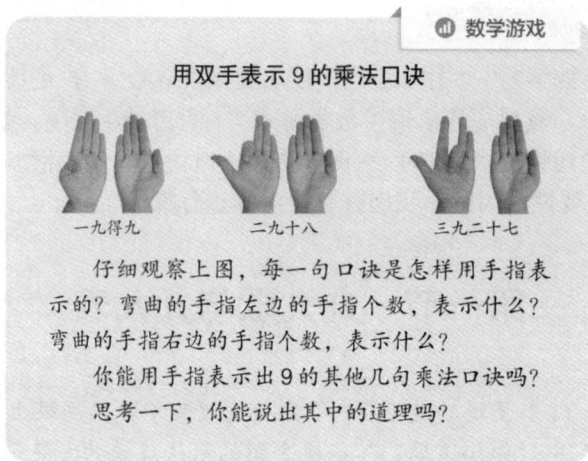

图 11-2　小学教材中 9 的乘法口诀的记忆方法

陶行知先生倡导"手脑并用"，他说："人生两个宝，双手和大脑。"在小学数学课堂上只有增加手脑并用的实践操作活动，才能使学生正确而深刻地理解和牢固地掌握数学知识，提高应用知识和解决实际问题的能力。北京师范大学教授周玉仁也说："要让学生动手做科学，而不是用耳朵听科学。"图 11-2 所示的教材中的游戏"用双手表示 9 的乘法口诀"，能够让学生通过自身的实践操作活动主动获取知识。

九九表的特点如下。

(1) 九九表仅使用一到九这 9 个数字。

(2) 九九表包含乘法的可交换性，所以只需有"八九七十二"，无需"九八七十二"。9 乘 9 原本有 81 项积，而九九表只需 1+2+3+4+5+6+7+8+9=45 项积。明代珠算也有采用 81

项积的九九表。45 项的九九表称为"小九九"，81 项的九九表称为"大九九"。

(3) 九九表是古代世界最短的乘法表。巴比伦乘法表有 1770 项，玛雅乘法表有 190 项，埃及、希腊、罗马、印度等国的乘法表有无穷多项，而大九九有 81 项，小九九仅有 45 项。

(4) 朗读时富有节奏，便于记忆全表。

九九表已经存在了至少 3000 年。从春秋战国时期就在筹算中运用，到明代得到改良并应用于算盘上。九九表也是小学算术的基本功。

第二节　乘法的发展

乘法作为四则运算之一，在数学领域的地位远非"四分之一"这般简单。它具有独特的意义与丰富的发展历史，在小学、初中、高中等学习阶段，都占有一席之地。可以说，乘法贯穿于整个数学学习过程。因此，深入了解乘法也是数学学习的重要环节。

乘法是算术中相对简单的运算之一，最早源于整数的乘法运算。在各个文明的算术发展进程中，乘法运算的诞生是极为关键的一步。一个文明或许能够较顺利地发展出计数方法和加减法运算，但要创造一套简便可行的乘法运算方法却不会那么容易。

九九歌，又常称为"小九九"，它从"一一得一"开始，到"九九八十一"为止。而在古代，顺序却是相反的，从"九九八十一"起，到"二二得四"为止。由于口诀开头的两个字是"九九"，所以，人们就把它简称为"小九九"。直到十三四世纪，才变为如今"一一得一，……，九九八十一"的顺序。

【教材对接】 2022 年人教版《数学》二年级上册第六单元"表内乘法(二)"中"你知道吗？"板块介绍了九九歌的由来以及它在我国出现的时间(见图 11-3)。

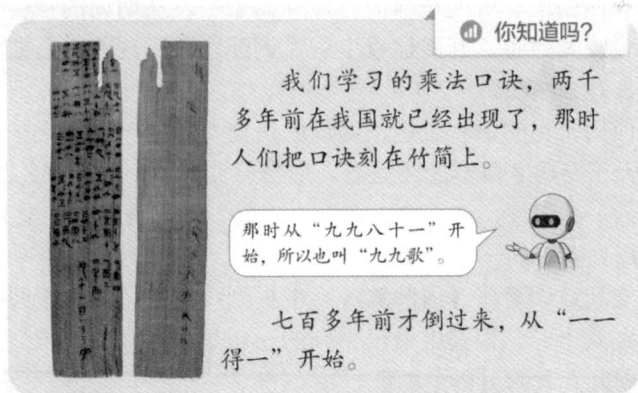

你知道吗？

我们学习的乘法口诀，两千多年前在我国就已经出现了，那时人们把口诀刻在竹简上。

那时从"九九八十一"开始，所以也叫"九九歌"。

七百多年前才倒过来，从"一一得一"开始。

图 11-3　小学教材中乘法口诀的发展

考古专家在湖南张家界古人堤汉代遗址出土的简牍上，发现了汉代的"九九乘法表"，它竟与现今生活中使用的乘法口诀表惊人的一致。这枚记载有"九九乘法表"的简牍为木制，约 22 厘米长，残损较为严重。与张家界古人堤遗址发现的这枚简牍样式基本相同的"九九乘法表"还曾在楼兰文书中出现过，那是写在两张残纸上的九九乘法表，由瑞典探险家斯文·赫定在 20 世纪初期发掘。

此前，2002 年在湖南省龙山县里耶镇出土的一枚秦简上，也发现了距今 2200 多年的乘法口诀表(见图 11-4)，并经考证为中国现今发现的最早的乘法口诀表实物。里耶秦简九九表是目前所能见到的中国乘法口诀的最早实物，其文字、内容、句数均独具特色。秦简九九表始于"九九八十一"，共 38 句。

古算文献中所载完整的九九表，最早见于《孙子算经》。据卷上所述，可归结为"九九口诀表""九九平方表"和"九九求和表"三个表，其中"九九口诀表"完整且有 45 句，始于"九九八十一"，止于"一一如一"，与后人所用九九表只是顺序不同。

随着人们对数的认识日益清晰，拥有了较为科学的计数方法，数与数之间的书写和运算成为可能。在此基础上产生的初等算术，必然会促使运算法则与口诀的出现。在整数的四则运算中，用算筹进行加、减法十分简便。从算筹计数的发展来看，商代是筹算的形成期，算筹的用途逐渐固定，开始用木棒进行专门的计数与运算。要进行任意整数的乘除法，就必须有一套乘法表，在此背景下，九九歌便应运而生。

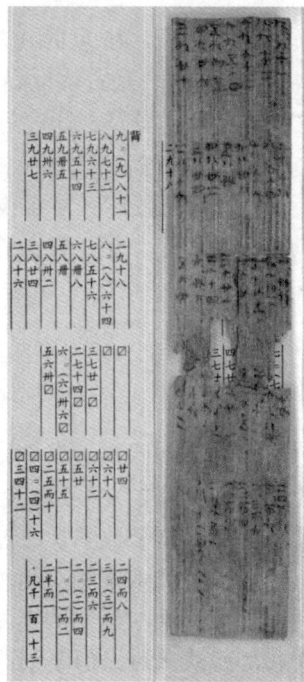

图 11-4 里耶秦简九九表

西周时期开始出现贵族教育体系，周王官学要求贵族子弟掌握六种基本才能：礼、乐、射、御、书、数。《周礼·地官司徒》记载："保氏掌谏王恶，而养国子以道，乃教之六艺。一曰五礼，二曰六乐，三曰五射，四曰五御，五曰六书，六曰九数。"这便是孔子所说的"通五经贯六艺"之"六艺"。钱宝琮先生说："数作为六艺之一，开始成为一个学科。用算筹来计数和四则运算可能在西周已经开始了"。从西周的社会背景来看，周王需要分封赐地，管理税收及财务、开展建设工程、调配军队，这些都需要进行计数和运算，因此九九表的形成具有必然性。

数乘法计数是西周常见的语言表述，西周的历史典籍之一《穆天子传》中有"先豹皮十、良马二六""天子乃赐之黄金之环三五，朱带、贝饰三十，工布之四。吾乃膜拜而受。天子又与之黄牛二六"的记载，这里"二六""三五"指的是十二、十五，和"年方二八"同理，这或成为西周九九表的一个旁证。

中国最早的天文和数学著作《周髀算经》中提到："数之法出于圆方，圆出于方，方出于矩，矩出于九九八十一。"其中最早见到的一句是"九九八十一"。因此，《周髀算经》的记载成为西周九九表的另一个佐证。

春秋以后保留至今的文献非常多，其中出现了许多"九九歌"的散句。例如，《管子·地员篇》有"命之曰五施，五七三十五尺而至于泉。命之曰四施，四七二十八尺而至于泉。命之曰三施，三七二十一尺而至于泉"。"坎延者，六施，六七四十二尺而至于泉"。《逸周书·武顺解》有"五五二十五曰元卒"。《吕氏春秋》有"荧惑有三徙舍，舍行七星，星一徙当一年，三七二十一，臣故曰君延年二十一岁矣"。《战国策》有"昔周之伐殷，得九鼎，凡一鼎而九万人挽之，九九八十一万人"。从以上文献中可以看出，春秋时期或稍晚一些的战国时期，"九九歌"歌诀已经十分普及，甚至流行于街市。

朗朗上口的九九歌是古代中国的独特产物，古希腊、古埃及、古印度、古罗马的计数系统没有进位制，原则上需要无限大的乘法表，因此不可能有九九表。

【教材对接】2012 年冀教版《数学》二年级上册第七单元"表内乘法(二)"中"兔博士网站"板块介绍了乘法口诀的发展历史，并就乘法口诀的表述进行了对比呈现，如图 11-5 所示。

图 11-5　冀教版小学数学中乘法口诀的发展历史

希腊乘法表必须列出 7×8，7×80，7×800，7×8000，……。而由于九九表基于十进位制，7×8=56，7×80=560，7×800=5600，7×8000=56000，……，只需 7×8=56 一项代表。

古埃及没有乘法表。考古学家发现，古埃及人通过累次叠加法来计算乘积。两个数相乘，如 33 乘 26，他们先将两数并列排在一起(见表 11-1)。然后同步地一次次地将小数除以 2，大数乘以 2，直至小数为 1 时停止。接着找出小数商为奇数时大数所对应的积(即表中带"＊"的数)，则这几个数相加之和即为原二数的乘积，即

$$26×33=66+264+528=858$$

表 11-1　累次叠加法

操　作	小　数	大　数
原数	26	33
第一次乘除 2	13	66*
第二次乘除 2	6	132
第三次乘除 2	3	264*
第四次乘除 2	1	528*

如表 11-1 所示，我们再用另外两个数进行尝试，分析累次叠加法在当时条件下有何特殊意义。如今在高速计算机上依然使用着这种求积的方法。

巴比伦算术有进位制，比古希腊等几个国家有很大的进步。不过巴比伦算术采用 60 进位制，原则上一个 59×59 乘法表需要 $59 \times \dfrac{60}{2} = 1770$ 项；由于 59×59 乘法表过于庞大，巴比伦人从未使用过类似于九九表的乘法表。不过，考古学家发现巴比伦人使用独特的 1×1=1，2×2=4，3×3=9，…，59×59=3481 的平方表。要计算两个数 a 与 b 的乘积，巴比伦人则依靠他们擅长的代数学，即

$$a \times b = \frac{(a+b) \times (a+b) - a \times a - b \times b}{2}$$

例如，计算 7 与 9 的乘积，则有

$$7 \times 9 = \frac{(7+9) \times (7+9) - 7 \times 7 - 9 \times 9}{2} = 63$$

玛雅人用 20 进位制，与现代世界通用的十进位制较为接近。一个 19×19 的乘法表有 190 项，是九九表 45 项的四倍多，但比巴比伦方法简便得多。

用乘法表进行乘法运算，并非进位制的必然结果。巴比伦有进位制，但它们并未发明或使用九九表式的乘法表，而是发明了用平方表法计算乘积。玛雅人的数学是西半球古文明中最先进的，采用 20 进位制，但也没有发明乘法表。可见，从进位制到乘法表是一个巨大的进步。

隋唐时期，九九歌传入日本。970 年，日本人源为宪的《口游》中记载了始于九九、终于一一的逆序九九口诀全文。1627 年，吉田光由的《尘劫记》中载有 36 句九九歌。1658 年，久田玄哲对朱世杰的《算学启蒙》进行点训，即在汉字旁边注日文读音字母和标点，《算学启蒙》开篇就介绍了"释九数法"，也就是乘法口诀。1690 年，贤部建弘又加以注释和翻印，使九九歌诀在日本广泛流传至今。正如日本数学史家三上义夫所说，日本数学兴起之时，得益于中国数学的传入。对日本的和算及日本的数学教育影响极大的是朱世杰的《算学启蒙》和程大位的《算法统宗》两部著作。后来，九九歌又经丝绸之路传入印度、波斯，继而在全世界流行。

我们的祖先所创造的杰出数学成就和数学思想，不仅为中华民族当时的社会做出了贡献，而且让后世子孙受益无穷。在今天日常的经济生活中，我们仍在使用已经流传了几千年的乘法表以及各种各样的运算方法和数学公式。中华民族的古算思想还通过当代数学大师的吸收消化，转化为当今数学前沿的思想源泉。因此，我们的数学史，不仅是过去的历史，更是先哲的纪念碑，还担负着为新世纪创造新文化的重任。

第三节　有趣的乘法

画线乘法.mp4

一、画线乘法

"画线乘法"起源于印度，那么这种乘法是如何运算的呢？下面我们以 21×13 为例来进行演示，如图 11-6 所示。

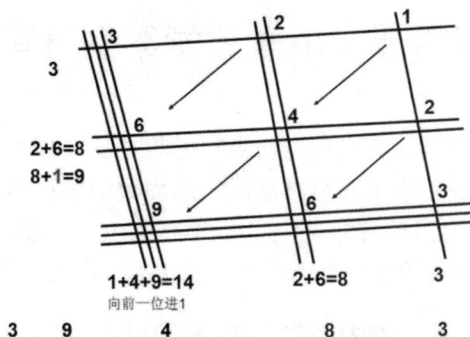

图 11-6　画线乘法 21×13

　　数字 21 用横线表示，上方画 2 条直线，下方画 1 条直线。数字 13 用竖线表示，左边画 1 条直线，右边画 3 条直线。画完后，计数方法如下：右下角的三条直线与一条直线相交，有 3 个交点，记为 3；图形左上角的两条直线与一条直线相交，有 2 个交点，记为 2；同理，图形的左下角和右上角分别记为 1 和 6，将 1 与 6 相加得 7，最后得出结果是 273。

　　再以 123×321 为例，数字 123 从上到下分别用 1 条直线、2 条直线、3 条直线表示，数字 321 从左到右分别用 3 条直线、2 条直线、1 条直线表示，如图 11-7 所示。然后数出它们交点的个数，再按图中箭头所指方向相加，满 10 则向前一位进一，最后得到的积为 39483。不难发现，"画线乘法"的最大优点是形象直观、简单有趣，这种算法比较容易掌握。

图 11-7　画线乘法 123×321

格子乘法.mp4

二、格子乘法

　　"格子乘法"同样起源于印度，12 世纪后在阿拉伯地区广泛流传。约 15 世纪，"格子乘法"传入中国，由于其格式形如中国古代织出的锦缎，中国劳动人民给这种计算方法起了个很形象的名字，叫"铺地锦"。它的计算方法如下：先画好一个矩形，把它分成 $m×n$ 个方格(m、n 分别为两个乘数的位数)，在方格上边、右边分别写下两个乘数。再用对角线把方格一分为二，分别记录上述各位数字相应乘积的十位数与个位数。然后这些乘积由右下到左上，沿斜线方向相加，相加满十时向前进一。最后得到结果(方格左侧与下方数字依次排列)。

　　说起来复杂，做起来其实挺简单的。如图 11-8 所示，以 934×314 为例，计算时要先画一个 3×3 的矩形，两两相乘，将结果填写到方格中，再按照一定的规律计算得到934×314=293276。这个算法的优点是简单、好用，哪怕是计算器上因位数过多而无法正常显示的乘法也可以用这个方法来解决。当然，其缺点也很明显：每做一题就要画一次格子，格子较多时会给计算带来极大不便。

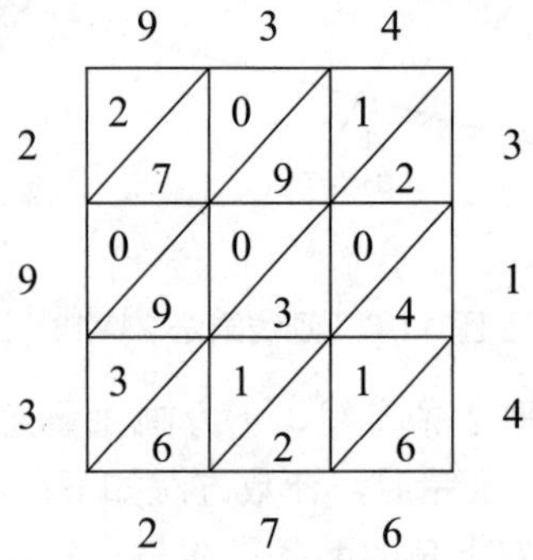

图 11-8　格子乘法

"画线乘法"和"格子乘法"，虽然方式不同，但其计算原理是相同的，最终都可以归结到列竖式计算上来。这些方法，正好向我们揭示了乘法计算方法历经"图示—数形结合—竖式"的演变过程。

第四节　小学数学案例分享

课例-乘法和九九歌.mp4

数学知识与技能是数学学习的基础，而数学思想方法则是数学的灵魂与精髓。掌握科学的数学思想方法，对于提升学生的思维品质、助力数学学科的后续学习、促进其他学科的学习乃至推动学生的终身发展，都具有十分重要的意义。下面以"6 的乘法口诀"一课为例，介绍在小学课堂如何渗透"数形结合""以形助数"的数学思想方法。

课题：表内乘法整理复习(教学片段)[1]

教学内容： 2022 年人教版《数学》二年级上册"表内乘法"中"你知道吗？"板块。

教学目标： (1)在自主整理乘法口诀表的过程中，学生感受表格整理知识的简洁性与清晰性，通过观察、比较和交流，学生发现乘法口诀表的排列规律，实现对乘法口诀表的整体记忆；(2)通过文化拓展，学生了解九九歌的历史由来，从古代九九歌的排列特点和规律中感受古人的智慧，在探寻数学文化的过程中体验数学的魅力和价值。

教学重点： 依据乘法口诀表的排列特点和规律，开展对古代"九九歌"文化的学习，了解"九九歌"的历史和价值。

教学准备： 数学书、乘法口诀表、笔、直尺、练习本。

---

[1] 本案例由哈尔滨市刘清姝名师工作室设计，团队成员哈尔滨市清滨小学教师边维佳执教。

教学流程如下。

1. 谈话引入

经过两个单元的学习，我们已经编制出了一至九所有的乘法口诀。刚才，同学们已经把这些口诀写在卡片上并进行了整理，现在让我们看看小伙伴们都是如何整理的。

2. 探究交流

1) 展示交流

让我们来看看，大家都有哪些好的整理方法。

生 1：我是竖着摆的，把以"一"开头的九句口诀摆在第一列，接着把以"二"开头的口诀摆在第二列，依此类推，摆出所有的口诀。

生 2：我是横着摆的，把以"一"开头的九句口诀摆在第一行，以"二"开头的口诀摆在第二行，以此类推，摆出所有的口诀。

生 3：我也是横着摆的，我把以"一"开头的口诀从"一一得一"一直到"一九得九"这九句口诀放在第一行，第二行我摆的是以"二"开头的口诀。我看到"二二得四"的第二个数是二，所以我就把它跟"一二得二"这一句对齐，这样第二个数字都是二；"二三得六"的第二个数字是三，所以我就把它跟"一三得三"对齐，以此类推，摆出所有的口诀。

2) 方法总结

你们看，不管是横着摆还是竖着摆，同学们都能按照规律把乘法口诀排列得整整齐齐。看这两个横着摆的乘法口诀表，它们都是从下往上一行一行摆成了阶梯状。有趣的是，如果我们从上往下看，这两种摆法的第一句口诀都是"九九八十一"。

3. 文化拓展

你们知道吗，古时候的乘法口诀是从"九九八十一"开始的。我们所学过的乘法口诀，在我国 2000 多年前就已存在，当时人们把乘法口诀刻在"竹木简"上。春秋战国时期，在诸子百家的《荀子》《管子》《战国策》等古籍中都能找到"三九二十七""六八四十八""四八三十二"等口诀。

这是在湖南里耶古城出土的"里耶秦简"，它是迄今为止我国发现的最早且最完整的乘法口诀古籍。在中国传统文化中，九为极数，即最大、最多、最长久的意思，而九个九是八十一，更是大到不能再大的数了。你们看，尽管出土的秦简有残缺，但这里仍能清晰地看到，口诀的首句就是"九九八十一"。正因为开头两字是"九九"，所以取名为九九歌，古代就用"九九"作为乘法口诀的简称。

中国古代使用乘法口诀的时间非常早，最初的口诀是从"九九八十一"开始，到"二二得四"结束。直到 1000 多年前，"九九歌"才扩充到"一一得一"。700 多年前，南宋数学家认为从"九九八十一"到"一一得一"不符合数学上从小到大的排列顺序，便把"九九歌"的顺序改成从"一一得一"起到"九九八十一"止，一直沿用至今。

现在我国使用的乘法口诀有两种，一种是 45 句的，通常称为"小九九"；因为乘数之间可以交换位置，因此还有一种把交换乘数位置的口诀编在一起的，共 81 句，称为"大九九"。

4. 延伸应用

九九歌不仅可用于乘法计算，还被巧妙地应用到了生产生活的方方面面。看，这是中国传统农民歌谣。"数九歌"又称"冬九九"，"数九"从每年"冬至"的次日开始，每九天算一九，一直数到"九九"，"九尽桃花开"，天气就暖和了。

我们已经学过了九九乘法口诀，现在，请同学们根据所学知识，快速计算一下数九一共有多少天。

本章练习

一、简答题

1. 距今最早的乘法口诀表是哪一年在哪里发现的？距今多少年了？

二、选择题

1. (　　)中的九九表是目前所能见到的中国乘法口诀的最早实物。

    A. 张家界木简　　　B. 里耶秦简　　　C. 楼兰文书　　　D. 孙子算经

2. 中国最早的天文和数学著作是(　　)。

    A. 《算学启蒙》　　B. 《穆天子传》　C. 《周髀算经》　D. 《孙子算经》

三、计算题

1. 用画线乘法计算 23×13。

2. 用格子乘法计算 637×216。

第十二章　双法与华罗庚

🎗 **学习目标**

➢ 能够陈述双法的内容。

➢ 能够罗列华罗庚的主要数学成就。

➢ 感受华罗庚不为个人、只为人民服务的信念，树立自己报效祖国的理想。

📝 **重点与难点**

➢ 能够举例说明双法的用途。

2022 年人教版《数学》四年级上册中的"数学广角"呈现了利用华罗庚的统筹法和优选法解决问题的例题，体现了合理安排工作步骤及合理选择方法可以提高工作效率和收益。本章简要介绍这两种方法以及华罗庚的生平与主要数学成就。

第一节　双　　法

统筹法和优选法合称为"双法"，是我国著名数学家华罗庚在将数学理论与生产管理实践紧密结合的过程中提炼并推广普及的两种科学方法。前者用于组织管理，可在不增加人力、物力及设备的前提下提高生产效率；后者用于试验实践，能通过大幅减少试验次数降低生产的原料及时间成本，进而提高经济效益。

一、统筹法

1956 年，美国杜邦公司(DuPont Company)用网络方法制订了第一套网络计划，用网络表示各项工作及其所需时间，以及工作之间的关系，找出编制与执行计划的关键路线，这就是关键路线方法(Critical Path Method，CPM)。1958 年，美国海军武器局制订研制"北极星"导弹计划时，同样应用了网络方法和网络形式，但更注重对各项任务安排的评价和审查，所以称为计划评审技术(Program Evaluation and Review Technique，PERT)。"北极星"导弹计划因采用 PERT 而提前两年完成。CPM 与 PERT 两种方法大同小异，既有相同的目标与应用，又有很多相同的术语，因此，人们把 CPM 与 PERT 及其他类似的方法统称为网络计划技术，简称 CPM/PERT。1962 年，我国科学家钱学森率先将 CPM/PERT 引入国内。1963 年，在研究国防科研系统 SI 电子计算机的过程中，采用了 CPM/PERT，使研制任务提前完成。

20 世纪五六十年代，应国家生产建设需要，数学界掀起了"理论联系实际"和"数学直接为国民经济服务"的风尚。这一时期华罗庚一直在思考如何把数学方法应用到国民经济发展和组织管理中。为了寻求一套适合我国国情、易于被人接受且应用领域广泛的数学方法，华罗庚不断总结经验，受 CPM 和 PERT 的启发，与助手们深入分析并简化了这些方法，结合毛主席"统筹兼顾"和"抓主要矛盾"的思想，用"人人能看懂人人会操作"的平实语言撰写了通俗易懂的《统筹方法平话及补充》(见图 12-1)。书中将以带数字的箭头衔接成的有向流线图为表征的任务组织管理方法正式命名为"统筹法"，其本质是 CPM/PERT。统

图 12-1 《统筹方法平话及补充》封面

筹法属于管理科学的一部分，可使错综复杂、种类繁多的工作得到全面安排。统筹方法在这一时期被广泛应用于人们的生活、生产和军事领域，不仅提高了效益，还节约了资源。

【教材对接】华罗庚的《统筹方法平话及其补充》中的"喝茶问题"，以老百姓熟知的"泡茶喝"为引子，通俗易懂地介绍了统筹方法。2022 年人教版《数学》四年级上册第八单元中的"数学广角"介绍了如何应用华罗庚的统筹方法找到完成任务最短时间的方案(见图 12-2)。

图 12-2 小学教材中的统筹法

二、优选法

单因素优选法.mp4

一些实际问题需要在一定条件下让某些变量达到最优水平，如配比最佳、质量最好、产量最高、成本最低及周期最短等，若这些实际问题的数学模型表达式过于复杂或根本没有明显的表达式，则可借助数值或试验等直接方法找到问题的最优解答，这就是优选法，也称为最优化方法。优选法依据数学原理，通过合理设计试验，旨在不增加额外人力、物力的情况下，以最少试验次数迅速确定生产和科研中的最优方案。

华罗庚先生于 1965 年开始研究优选法，1969 年完成《优选法平话》，1971 年 5 月《优选法平话》由科学出版社出版，署名齐念一。经修改补充后，《优选法平话及其补充》(见图 12-3)随后由国防工业出版社出版。20 世纪 70 年代初期，华罗庚率领的数学家团队率先在生产实践中大量应用优选法。优选法的原理基于黄金分割，华罗庚称之为"黄金分割方法(0.618 法)"，是用来合理安排试验，以求出最佳"工艺"的方法，即用最少次数的试验求得最佳"工艺"。这个方法对缺少数学基础的人非常友好，操作程序简单易行，可广泛应用。例如，钢要用碳来增加强度，加入的碳太多或太少都无法炼成好钢材。若在理论上已算出每吨铁的加碳量应在 1000～2000 克，即碳的取值区间为

图 12-3 《优选法平话及其补充》封面

[1000，2000]，且在该区间只有一个最优解，那么可以 1 克 1 克地添加，做 1000 次试验，对比试验结果，找到最优解，也可以用前面提到的 0.618 法解决问题。0.618 法既能大幅减少试验次数，又能获得理想结果。先找到[1000，2000]的以 1000 和 2000 为起点的两个黄金分割点 1618 和 1382，而 1382 又是 1618 的黄金分割点，即 $1000+618×0.618=1382$。接下来做一次添加 1618 克碳的试验(称作试验<1>)，再做一次添加 1382 克碳的试验(称作试验<2>)，对比两次试验结果。如果添加 1382 克碳效果更理想，则在[1000，1618]重复上述过程；如果添加 1618 克碳效果更理想，则在[1382，2000]重复上述过程。假设添加 1382 克碳效果更理想，则找出 1382 的黄金分割点 $1000+382×0.618=1236$，做一次添加 1236 克碳的试验(称作试验<3>)，对比试验结果，重复上述过程。每次对比试验结果后，取值范围都会缩小，所以 0.618 法是一种缩小取值范围的方法。

有趣的是，每次找的新黄金分割点都是上一个黄金分割点关于区间中点的对称点，如 1618 与 1382 关于中点 1500 对称。华罗庚根据这个规律，为一线生产工人用纸条形象地阐释了优选法的操作过程(见图 12-4)。用一个有刻度的纸条来表示 1000～2000 克，在纸条上找到 1618 克的位置画一条竖线，做试验<1>，然后把纸条对折起来，找到 1618 关于中点 1500 的对称点 1382，再做试验<2>，对比两次试验结果。假设加 1382 克强度好，则把纸条上 1618 到 2000 这部分裁掉。然后再对折，找到 1382 的对称点 1236，做试验<3>，再对比两次试验结果。假设加 1236 克强度好，则把纸条上 1382 到 1618 这部分裁掉。这样循环往复，纸条越来越短。若纸条的原始长度为 1，则第 n 次剪裁后的纸条长度变为 0.618^n。上述案例中，若添加 1004 克碳为最优解，用折纸法可将试验次数由 1000 次降低为 11 次，极大地节约了原料成本和时间成本。黄金分割法的用途十分广泛，例如，当今电子支付逐渐成为我国主流支付方式，提高账户信息的安全性以抵御任何类型的攻击十分必要。有学者提出，在密码学中可以通过计算黄金分割率的有效方法来抵抗信息安全漏洞，无限精度的黄金分割法能够提供可靠的反制策略来应对不断升级的安全攻击。

综上所述，统筹是"宏观层面"的规划方案；优选是"微观层面"的操作方案。

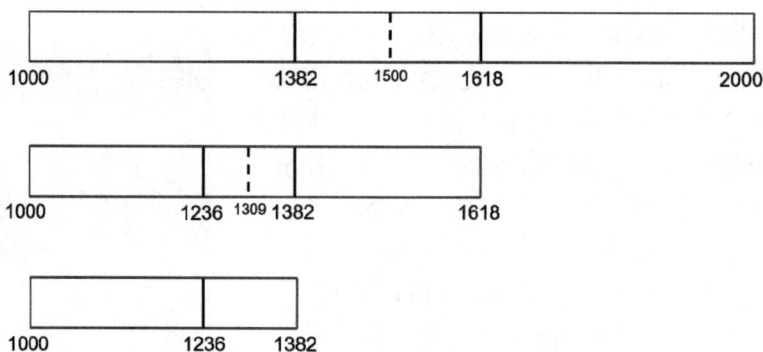

图 12-4　黄金分割法(0.618 法)

【教材对接】2022 年人教版《数学》五年级下册第八单元"数学广角"——找次品中，运用华罗庚的优选思想找到了完成一项任务试验次数最少的方案(见图 12-5)。

图 12-5　小学教材中华罗庚优选思想的应用

第二节　华　罗　庚

　　1910 年 11 月 12 日，江苏金坛的华家喜得贵子。孩子的父亲是人称"华老祥"的生意人，前不久他自己的店被大火烧光，只剩一家小店维持生计。华老祥变得十分迷信，他将新生儿放入箩筐，当地人认为箩筐可以生根，能够保佑孩子一生平安。1910 年是庚戌年，罗与箩同音，庚与根近音，于是男孩在"箩筐辟邪同庚百岁"的美好祝愿下取名"罗庚"。

　　华罗庚(见图 12-6)从小十分贪玩，他在一个小凳子上打一个洞，穿上一根绳子当马骑，这个小凳子如今保存在华罗庚纪念馆中。他喜欢看戏，戏班子演出结束离开金坛时，华罗庚也跟着

图 12-6　华罗庚画像

他们走，累了就躺在野地里睡觉，常常弄得家人因找不到他而着急，所以人们又叫他"罗呆子"。

1922年，金坛有一个叫韩大受的知识分子卖掉家里仅有的50亩水田，创办了金坛初中，韩大受是第一任校长。这一年华罗庚从金坛启明小学毕业，幸运地进入这所初中就读，成为第一届学生，并于1925年以第二名的优异成绩毕业。由于家境贫寒，华老祥无力供华罗庚继续升高中。经过努力，华罗庚考取了由教育家黄炎培等主办的上海中华职业学校商科，学校虽不收学费但每学期需要交50元的生活费，因家里拿不出这笔费用，华罗庚不得不放弃还差一学期就毕业的机会，弃学回金坛帮助父亲经营小店。

这时华罗庚已对数学产生了浓厚的兴趣，他结识了金坛中学的青年教师王维克，这是一位留法学生，师从居里夫人学习物理。王维克欣赏华罗庚的数学才能，并借书给他看，实际上书并不多，一共只有一本大代数、一本解析几何和一本50页的微积分。华罗庚一边在自家杂货店站柜台，一边利用零散时间学习数学，大约用5年时间自学完了高中和大学低年级的全部数学课程。

1930年，华罗庚在上海《科学》杂志上发表《苏家驹之代数的五次方程式解法不能成立之理由》，引起了清华大学算学系主任熊庆来的注意。这位中国现代数学先驱和教育家在了解到华罗庚的自学经历后，非常赏识华罗庚的才华，聘请他来清华大学算学系工作。最初他是做整理图书资料等杂务，工作之余华罗庚除了博览群书外还去听课并自学了多门外语。1933年，在熊庆来、杨武之(杨振宁之父)等教授的鼎力支持下，华罗庚被破格提升为助教，1934年被提升为讲师。清华大学的这5年成为他个人迅速成长的最主要且最成功的一段时光。

1935年，美国数学家维纳(N. Wiener，1894—1964)访问中国时注意到了华罗庚的潜质，写信将他推荐给英国剑桥大学著名数学家哈代(G. Hardy，1877—1947)，维纳在信上盛赞华罗庚是中国的拉马努金(S. Ramanujan，1887—1920)[①]。1936年，华罗庚以一名访问学者的身份去英国剑桥大学进修，哈代与李特伍德(J. Littlewood，1885—1977)都很认可华罗庚的学术水平，保证两年可以给他博士学位，但他却表示自己来剑桥大学的目的"是求学问，非求学位"。华罗庚在剑桥度过了学术生涯中关键性的两年，发表了十余篇文章，特别是其中一篇关于高斯的论文为他在国际数学界赢得了声誉。1938年，华罗庚回国，到国立西南联合大学任教授直至抗日战争结束。在此期间，华罗庚完成了20多篇论文，撰写了第一部数学专著《堆垒素数论》(见图12-7)。由于战乱，稿件被国内出版社遗失，他不得不改用俄文再次撰写。1947年，《堆垒素数论》俄文版出版。1953年，回译的《堆垒素数论》中文版出版。之后德、匈牙利、英和日文版相继在各国出版，半个世纪以来，这本书已成为数论学家经常征引的经典文献。1946年，华罗庚应苏联科学院与苏联对外文化协会邀请，

图12-7 华罗庚代表作《堆垒素数论》

① 拉马努金是印度天才数学家，他是哈代的合作者。

对苏联做了为期三个月的广泛访问。同年，华罗庚赴美国普林斯顿高级研究院做研究工作，又在普林斯顿大学教授数论课。1948年，美国伊利诺伊大学聘任华罗庚为正教授直至1950年2月回国，其间他在数论、代数与复分析方面都继续做出大量的研究工作。华罗庚早年的研究领域是解析数论，他开创了国际数学界颇具盛名的"中国解析数论学派"，对于质数分布问题与哥德巴赫猜想做出了许多重大贡献。华罗庚也是矩阵几何学、典型群和自守函数论等多方面研究的创始人和开拓者。在国际上以华氏命名的数学科研成果很多，如华氏定理、华氏不等式、华氏算子、华—王方法等。

1950年春，华罗庚毅然决定放弃在美国的优厚待遇，偕夫人、孩子从美国旧金山经中国香港抵达北京，回到了清华园，担任清华大学数学系主任。1952年7月，受中国科学院院长郭沫若的邀请，他成立了数学研究所并担任所长。建所后，华罗庚十分注重培养学生，他在撰写专著的过程中，总是组织讨论班，对他所写的材料加以讲述、讨论与修改，使学生在实践中学会做研究，提高独立工作能力。华罗庚高瞻远瞩，始终保持对苏联与西方先进数学的学习，也不断致力于争取华裔数学家回国工作。总之，1950—1957年，华罗庚的一切工作都得到了从政府到数学家的广泛认可与支持，工作成效十分显著。

从1958年开始，华罗庚的数学研究工作明显放慢了速度，他将主要精力放在"双法"在工业上的普及应用方面。华罗庚凭借个人的声誉，到各地借调了得力的人员组建"推广双法小分队"，亲自带领小分队到全国各地去推广"双法"，所到之处，都掀起了科学试验与实践的群众性活动，取得了较好的经济效益和社会效益。

1979年，华罗庚教授在欧洲讲学时，以《千百万人的数学》为题报告了我国统筹法和优选法的推广工作，轰动了西方社会。1980年8月，华罗庚应邀出席在美国伯克利举行的第四届国际数学教育大会，并作大会报告，题目是《在中华人民共和国普及数学方法的若干个人体会》，介绍了他推广"优选法"和"统筹法"的工作，引起了极大的反响。

1985年，华罗庚应日本亚洲文化交流协会邀请赴日本访问。6月12日，尽管前一天为了准备讲演睡得很晚，但华罗庚仍然早起开始了一天活动的准备工作。16时，华罗庚一行来到东京大学数理学部讲演厅，16时12分，在热烈的掌声中华罗庚从容地走上讲台，开始向日本数学界演讲。他从自己20世纪50年代的三本数学理论著作说起，一直讲到80年代把数学应用于宏观、优化和经济发展的理论。他开始是用中文讲，又翻译成日语，后来，为了更好地表述他所说的内容，在征求了会议主席和听众的意见后，改用英语讲，效果很好，听众反应热烈，华罗庚的情绪也越来越高，脱掉了西服的外套，把领带也解开了。17时15分，华罗庚在日本的讲台上讲完了最后一句话："谢谢大家。"加时的演讲宣告结束。日本友人手捧鲜花在热烈的掌声中走上讲台表示祝贺，华罗庚在将要接花的那一刹那，身体突然向后一仰，倒在了讲台之上。22时9分，医生宣布华罗庚因患急性心肌梗死，经抢救无效逝世。

第三节　小学数学案例分享

在小学数学课堂中渗透数学思想方法，能够逐步提升小学生的数学素养。华罗庚提出的统筹法和优选法都属于运筹学的一部分。下面以华罗庚《统筹法平话及补充》中"沏茶问题"的教学为例，体会运筹学在实际生活中的应用。

课题：沏茶问题①

教学内容： 2022 年人教版《数学》四年级上册第八单元中的"数学广角"例 1"沏茶问题"。

教学目标：(1)让学生在创设的简单生活情境中，初步体会运筹思想在解决实际问题中的应用；(2)使学生初步形成从数学的角度发现问题、提出问题、分析问题和解决问题的能力；(3)让学生感受数学与生活的紧密联系，在探究活动中领略数学的魅力，感悟优化的数学思想。

教学重点： 在探究、交流等学习活动中，帮助学生理解基本数学思想，积累数学活动经验。

教学过程如下。

1. 传道——数学来源于生活

利用多媒体创设"谁是生活小能手"的情境：(1)刷牙/听歌；(2)听歌/抄题；(3)抄题/洗衣；(4)洗衣/晾衣；(5)晾衣/刷牙。

师：请你说说，你会如何安排这些学习、生活小事，以及为什么要这样安排。

【设计意图】生活是数学课堂的鲜活教材，生活素材是连接教师、教材和学生的桥梁。

学生各抒己见后，老师引导学生总结：这些生活实例中，有的事情可以同时进行，有的事情只能按先后顺序进行，不能同时做，同时做某些事情可以节省时间。

老师和班长进行现场演示。

师：班长，有一项紧急任务，需要你一个人同时打扫室内和室外。

班长立刻反应过来，一个人无法同时打扫室内和室外，只能先打扫室内，再打扫室外；或者先打扫室外，再打扫室内。

师：如果老师派一个小组给你，能不能同时完成这两件事？

师：如果有很多人参加大扫除，你有几种安排方法？你喜欢哪种安排？为什么？

【设计意图】学生的思维在这个过程中产生碰撞，他们会发现生活中的数学十分有趣，同样的两件事，一个人不能同时完成，但很多人就能同时完成。

2. 授业——数学应用于生活

出示导学目标：请学生自主设计沏茶方案，并在小组内进行交流。

自主探究方案：利用课前制作的沏茶工具图片，让学生动手摆放，体验沏茶的不同过程。同时，在学生交流过程中，教师要引导学生积极思考，进行横向比较，判断哪种设计方案更适用于生活，能满足生活的需求。

展示设计方案：先展示 13 分钟和 12 分钟的设计方案，充分肯定学生的设计方案。接着，安排设计 11 分钟方案的学生代表展示作品，并请他详细地向同学们讲解节省时间的好办法。

---

① 根据何素勤的《重视数学与生活的融合，营造数学的教育氛围——以〈数学广角优化沏茶问题〉的教学设计为例》整理。

师：11 分钟的设计方案比 12 分钟、13 分钟的设计方案，时间节省在哪里呢？

引导学生自行总结：能同时做的事情同时做，可以节省时间，提高效率。

师：要尽快让客人喝上茶，哪种方案最合理呢？

师：为什么第三种安排最合理？

安排学生再次相互探讨，进行小组内交流，选出最合理的方案。通过对不同方案的比较与选择，学生能更深刻地感受到 11 分钟这种方案设计的价值，从而突破本节课的重难点。

【设计意图】整个教学环节让学生学会了合理安排时间的技巧，从数学的角度探寻解决生活问题的多种策略，体会运筹思想在生活中的应用。

3. 解惑——数学服务于生活

当学生能够找到 11 分钟的设计方案时，可以说在理论上这是最优化策略，但在生活中并非如此。在向学生解释这类问题的最优设计方案时，教师可以从一个问题拓展至一类问题，教给学生解决此类问题的方法。不过，这仅仅停留在知识技能的层面，还不能真正服务于生活，也无法得到生活的检验。所以，比数学知识更重要的是让学生体会设计方案中蕴含的数学运筹思想和方法，这才是学生持续发展、终身受益的关键所在。在教学中，要有意识地设计数学服务于生活的实例，例如，在巩固练习阶段，教师安排了几道是非题，让学生判断这样的安排是否合理。

(1) 为了提高学习成绩，强强在乘车时认真看书。　　　　　　　　　　(　)

(2) 为了全班能早点儿到操场排队，东东一边推着同学，一边快速地下楼梯。　(　)

(3) 四年级的小刚看到有人掉到河里，为了节省时间，快速地跳到河里救人。　(　)

【设计意图】进一步让学生明白，并非所有节省时间的安排都是合理的，像损害健康、存在安全隐患的安排，即使节省时间，也不能算作合理安排。将学习内容逐渐深入推进，把静态的知识转化为动态的学习过程，让学生在思考与讨论中逐步构建自己的数学知识体系，同时提高数学素养，领悟数学要服务于生活，感受数学的魅力。

本章练习

一、填空题

1. 1947 年，华罗庚的代表作(　　　)俄文版出版。半个世纪以来，这本书已成为数论学家经常引用的经典文献。

2. (　　　)早年的研究领域是解析数论，他开创了国际数学界颇具盛名的"中国解析数论学派"，对于质数分布问题与哥德巴赫猜想做出了许多重大贡献。

二、单选题

1. 1930 年，(　　)在上海《科学》杂志上发表《苏家驹之代数的五次方程式解法不能成立之理由》引起了清华大学算学系主任熊庆来的注意。

　　A. 陈省身　　　　　B. 华罗庚　　　　　C. 陈景润　　　　　D. 杨武之

三、多选题

1.(   )合称为"双法",是我国著名数学家华罗庚在将数学理论与生产管理实践紧密结合过程中提炼并推广普及的两种科学方法。

    A. 统筹法   B. 0.618 法   C. 运筹法   D. 优选法

2.《统筹方法平话及补充》中将以带数字的箭头衔接成的有向流线图为表征的任务组织管理方法正式命名为"统筹法",本质是(   )。

    A. CPM   B. PERT   C. NET   D. 全流程图

四、计算题

1. 已知蒸馒头时,1 公斤面粉需要酵母 10~20 克,若用 11 克时口感最佳,用黄金分割方法(0.618 法)至少需要几次能解决问题?

第十三章　哥德巴赫猜想与陈景润

学习目标

➢ 能够清晰陈述哥德巴赫猜想的具体内容。
➢ 能够详细陈述哥德巴赫猜想的解决历程，沿着数学家探索哥德巴赫猜想的历史轨迹，培养理性探索和严谨求真的数学精神。
➢ 了解陈景润在科学探索逆境中忘我钻研的事迹，感悟他持之以恒的品质，树立科学报国的理想。

重点与难点

➢ 能够解释将哥德巴赫猜想称为 1+1 的原因。

2022 年人教版《数学》中"你知道吗？"板块中介绍了哥德巴赫猜想与我国数学家陈景润。陈景润攻克哥德巴赫猜想的道路崎岖坎坷，他的意志品质能够感染小学生，在他们心中埋下做事不应轻言放弃的种子。

第一节　哥德巴赫猜想

哥猜的提出.mp4

哥猜的研究历程.mp4

素数也称作质数，是大于 1 的正整数，并且只有 1 和它本身两个因数。根据欧几里得《几何原本》中的"算术基本定理"可知，任何大于 1 的整数，要么本身是素数，要么可以唯一地写成若干素数的乘积。这意味着，素数是构建整数大厦的基石。素数蕴含着所有整数的奥秘，整数分解是破解整数奥秘的途径之一。数的分解是密码学的基础，把两个已知大数相乘很容易，但要把一个大数分解却十分困难，整数的这一非对称特性是密码学家设计加密和解密的数学原理。

古埃及、古希腊时期的数学家就已开启了对素数的研究，直至今日仍未停止。《莱茵德纸草书》中有迹象表明古埃及人对素数已有了些许认识，毕达哥拉斯学派证明了素数的个数是无限的，欧几里得将其收录在《几何原本》中(第IX卷命题 20)，亚历山大学派学者埃拉托瑟尼创造了至今仍在使用的寻找素数的方法——"筛法"。1642 年，法国数学家梅森(见图 13-1)对素数结构提出了猜想：若 p 为素数，则 2^p-1 为素数。虽在 1903 年被美国数学家科尔(F. H. Cole, 1861—1926)

图 13-1　梅森画像

给出反例($2^{67}-1$ 不是素数)证伪，但为纪念梅森，数学界仍将结构为 2^P-1(P 为素数)的素数称为梅森素数，记为 M_P。迄今为止，已发现了 50 个梅森素数，最后一个 $M_{77232917}$ 是在 2018 年被发现的。由此可见，从古至今的学者已从多个维度对素数进行了研究，在研究过程中发现了素数的许多规律，其中很多目前仍是猜想，有些历经几百年无人能够证明，哥德巴赫猜想便是其中之一。

图 13-2　哥德巴赫画像

　　1742 年，普鲁士数学爱好者哥德巴赫(见图 13-2)写信给他的挚友天才数学家欧拉(见图 13-3)，信中提出了一个猜想，用如今的方式表述为：每一个正偶数都可以表示为两个素数之和，每一个正奇数要么是一个素数，要么是三个素数之和。这就是著名的哥德巴赫猜想(Goldbach conjecture)，前一部分被称为"偶数哥德巴赫猜想"或"强哥德巴赫猜想"，后一部分被称为"奇数哥德巴赫猜想"或"弱哥德巴赫猜想"。欧拉在回信中表示这个命题看起来是正确的，但他也无法给出严格的证明。

图 13-3　欧拉画像

　　哥德巴赫猜想表述极为简单，经过适当解释，小学生也能理解其含义，然而其内涵的深刻性却让许多数学家难以把握，因此它一经公布便引起了人们极大的兴趣。18 世纪，人们就开始努力探索这一猜想，最初进行的是一些具体的验证工作，即把自然数具体分解为素数之和的工作，验证结果都符合这两个猜想。具体的验证工作一直持续进行，到 20 世纪 60 年代，人们已验证了 3.3×10^7 以内的偶数都符合"强哥德巴赫猜想"，但这并非证明。关于这一猜想的证明，在提出后的前 160 年几乎没有任何实质性的进展，直到 20 世纪初，德国数学家希尔伯特在巴黎第二届国际数学家大会上的演讲《数学难题》中提出了著名的 23 个问题，哥德巴赫猜想被列为第 8 个问题"素数问题"中的一部分。于是，哥德巴赫猜想的证明成了一个世界性的重大数学难题。

　　哥德巴赫猜想证明的难度系数极高，20 世纪之后，人们试图转变问题的提法，以便逐步攻克它。1912 年，德国数学家兰道(E.Landau，1877—1938)提出了一个"弱形式"的哥德巴赫猜想：存在一个正整数 k，使每个不小于 2 的自然数 n 都可以表示为不超过 k 个素数之和，即 $n(n\geq2)=p_1+p_2+\cdots+p_k$，其中 $p_i(i=1,2,\cdots,k)$ 为素数。如果不限制 k，则"弱形式"哥德巴赫猜想显然成立；如果限制 k，则可得到与哥德巴赫猜想相近的命题。若对偶数 $n(\geq6)$ 证明存在 $k=2$，对奇数 $n(\geq9)$ 证明存在 $k=3$，就完成了哥德巴赫猜想的证明。

　　1919 年，挪威数学家布朗改进了埃拉托塞尼的"筛法"，证明了：每一个充分大的偶数都是两个殆素数 P_9 之和，简记为"9+9"。殆素数 P_a 表示素因子个数不超过 a 的整数，例如 P_2 表示素因子个数不超过 2 的整数，$6=2\times3$，6 就是一个殆素数 P_2。这就是把哥德巴赫猜想转化为"殆素数问题"，即每一个充分大的偶数都是一个素因数个数不超过 a 和一个素因数个数不超过 b 的两个殆素数之和，记为"$a+b$"。这里"充分大的偶数"是指大于某一个指定大数的偶数，哥德巴赫偶数猜想就是"1+1"。剩下的问题是逐个验证从 3.3×10^7 到指定大数之间的偶数都满足强哥德巴赫猜想，这在理论上是可行的。

　　此后，人们对哥德巴赫猜想的研究基本沿着"弱形式"和"因数型"两个方向进行，针对不同的弱化形式采用不同的方法，也取得了不同的结果。

弱哥德巴赫猜想在 1937 年被苏联数学家维诺格拉多夫证明，因此证明强哥德巴赫猜想便成了主要任务。如果这一猜想得到证实，不仅会极大地丰富人们对整数间相互关系的认识，提高解析数论的总体理论层次，而且可以将其结果推广到代数领域，从而引发数学领域巨大的变革。

华罗庚是中国最早接触哥德巴赫猜想的数学家。1936 年，华罗庚赴英国剑桥访学，师从英国数论大师哈代研究哥德巴赫猜想，验证了对于几乎所有偶数来说猜想是正确的。1950 年，华罗庚谢绝了美国伊利诺伊大学的诚挚挽留，回国后完成了中国科学院数学研究所的组建工作。在组织数论研讨班时，哥德巴赫猜想是首选的讨论主题。在华老的带领和指导下，当年参加讨论班的年轻学者(见图 13-4)在哥德巴赫猜想的证明上取得了许多有价值的结论，使中国的解析数论在世界上占据了举足轻重的地位。1956 年，王元成功证明了“3+4”，随后又证明了“3+3”“2+3”和“1+4”；1962 年，潘承洞证明了“1+5”；1966 年，陈景润证明了“1+2”，这是迄今为止国际上最接近哥德巴赫猜想的结论。

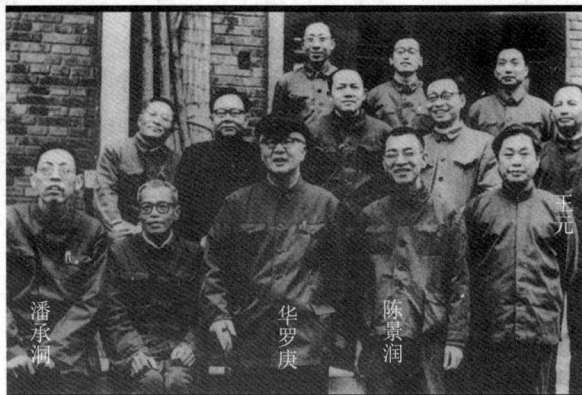

图 13-4　华老与他的弟子们

【教材对接】2022 年人教版《数学》五年级下册第二单元“因数与倍数”中“你知道吗？”板块介绍了与哥德巴赫猜想和陈景润有关的内容(见图 13-5)。

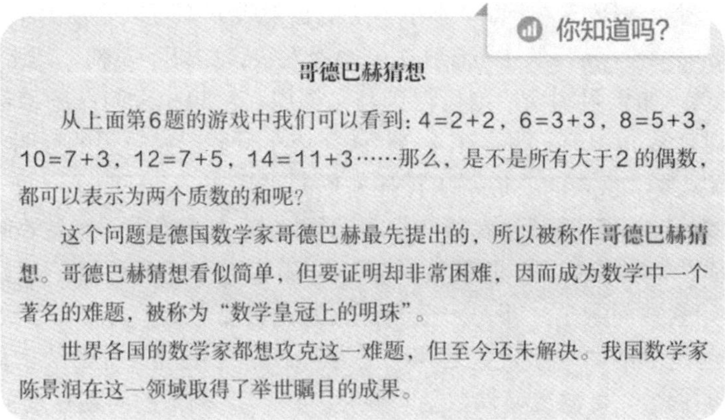

你知道吗?

哥德巴赫猜想

从上面第6题的游戏中我们可以看到：4=2+2，6=3+3，8=5+3，10=7+3，12=7+5，14=11+3……那么，是不是所有大于2的偶数，都可以表示为两个质数的和呢?

这个问题是德国数学家哥德巴赫最先提出的，所以被称作哥德巴赫猜想。哥德巴赫猜想看似简单，但要证明却非常困难，因而成为数学中一个著名的难题，被称为“数学皇冠上的明珠”。

世界各国的数学家都想攻克这一难题，但至今还未解决。我国数学家陈景润在这一领域取得了举世瞩目的成果。

图 13-5　小学教材中的哥德巴赫猜想

第二节 陈 景 润

1933 年 5 月 22 日，福建省闽侯县陈元俊家中迎来了第二个男婴的诞生，他就是日后享誉世界的数学天才陈景润。陈元俊夫妇一生育有 12 个孩子，仅半数有幸存活，三子三女。陈景润前面有一个哥哥和一个姐姐，由于排行居中，常被父母忽视。此时，陈元俊在一所邮局担任局长，薪资颇为可观，加之他生活节俭，家境较为殷实。他颇为远见卓识，十分重视子女教育，陈景润的姐姐完成了八年教会学校的学业，这在旧中国是不多见的。

陈景润自幼便展现出惊人的学习天赋。他性格沉默寡言，却酷爱读书，尤其痴迷数学。1938 年，开明的父亲将他送进福州市三一小学读书。这是一所洋办学堂，不同于教学内容与私塾不同，这里讲授算术和语文，对陈景润而言，这是一件幸事。他学习十分用功，成绩突出，常把教材拆成一页一页，方便携带随时阅读，这似乎成了他一生读书的习惯。

1941 年，日军侵占福州，打破了陈家平静殷实的生活。陈元俊带着全家逃到偏远山区(三元县)。这里交通闭塞，日本人难以进入，但仍时常遭受日军空袭。在炮火洗礼中，陈景润升入三明中学，在这里，他的数学成绩依旧在班内名列前茅。此时，日本侵略者的炮火将许多外乡人赶到这个山区避难，江苏的一所大学也迁到了这里。大学老师们为增加收入，纷纷到各个中学兼职，三明中学因此受益。尽管地处穷乡僻壤，但授课教师皆是讲师、教授，他们知识渊博，为充满求知欲的孩子们打开了一扇探求知识的窗口。教师告诉他们，"逢十进一"这一美妙的数学发明，中国在 3000 多年前就已开始使用，比印度早了 1000 多年，比欧洲早了 2000 多年。老师还告诉他们，中国古人计算出的圆周率被称为"祖率"，其精确度保持了 1000 余年的世界纪录，直到 1427 年，才被阿拉伯数学家阿尔·卡西打破。这些故事，常让陈景润听得如痴如醉，慢慢地铭记于心。

抗战胜利后，陈家搬回闽侯县，陈景润考入福州英华中学。这是一所师资雄厚的高中，在这里，陈景润有幸遇见了让他终身受益的启蒙老师沈元(1916—2004)(见图 13-6)。沈老师在新中国成立后曾任清华大学航空系主任，1980 年担任北京航空航天大学校长，是中国科学院院士、国际知名空气动力学家。1948 年，抗日战争刚结束不久，国民党又急于挑起内战，彼时中国陷入一片战火之中。时任清华大学副教授的沈元因父亲过世回福州奔丧，内战使南北交通阻断，沈元滞留福州。应母校英华中学邀请，他在滞留福州期间到母校任教，担任陈景润所在班的班主任，同时讲授数学和英语。在一次数学课上，沈老师提及"哥德巴赫猜想"，称虽然哥德巴赫早在 1742 年就提出了这个猜想，但终其一生都未

图 13-6 沈元

能求证，该猜想也成为世界近代数学三大难题之一，被誉为"数学皇冠上的明珠"。谁能证明这个猜想，谁就将成为驰名中外、享誉全球的顶级数学家。就是这一次不经意的提及，深深触动了讲台下的少年陈景润，在他心中播下了解决哥德巴赫猜想的种子。

1950 年，陈景润以优异的成绩考入厦门大学数理系。厦门大学是著名爱国侨胞陈嘉庚(1874—1961)先生创办的，号称南国最高学府。遵照陈嘉庚的办学宗旨，厦门大学历来重视

基础课程教学，基础课一般由教授亲自授课。数理系的基础课主要是数学分析、高等代数和解析几何。陈景润在中学阶段就已经阅读过这类书籍，经过教授们深入浅出的讲解，两年时间里，他便修完了全部基础课程。此时的陈景润已具备丰富的高等数学知识，也拥有了扎实的数学基本功。在随后的一年里，他又修了数论和复变函数论两门专业课程，这两门专业课将他引入了一个全新的数学天地，使他掌握了将来从事研究工作的重要工具，也确定了自己的主攻方向——数论。

陈景润走进数论领域的引路人是李文清教授。李老师讲授数论这门专业课，在课堂上系统地介绍了初等数论及其发展史，用丢番图、费马、欧拉和高斯这些数学大师在自然数研究中取得的杰出成就激励学生，用各种待解的数论问题激发学生的热情。他介绍了自然数中一系列悬而未决的问题，如"费马猜想""孪生素数猜想"和"哥德巴赫猜想"，并激励学生说，如果在座的同学能解决其中一个问题，对数学将有了不起的贡献。这是陈景润第二次听说"哥德巴赫猜想"，他再次被深深触动。两年的大学生涯，让他更深刻地了解到这类问题的艰难与复杂，深知攀登人类几百年都未征服的高峰之不易，但陈景润暗下决心，必须不断积累知识、增长才智，有朝一日去攻克这些难题。

1953 年秋天，因国家建设需要，陈景润提前一年毕业，被分配到北京市第四中学担任数学教师。语言差异和不善沟通使陈景润的教学生涯开局不顺，气候原因让体弱的陈景润患上了肺结核，多次住院治疗不见好转，不得已，1954 年他返回厦门。此时，母校向陈景润伸出了援手，让他在厦大施展才华。1955 年，陈景润回到厦门大学，在数学系图书馆负责图书管理。工作之余，他大量阅读馆藏丰富的数学专业书籍和论文，还细致研读了华罗庚的名著《堆垒素数论》。这本书他从头到尾看了七八遍，重要的地方读了 40 遍以上，在一边阅读一边按照自己的思路演算的过程中，他完成了论文《塔内问题》。他在论文中指出，《堆垒素数论》中几处关于塔内问题的研究似乎还有改进空间，并给出了具体的改进意见。在老师李文清的鼓励下，陈景润给华罗庚写了一封信，并附上了《塔内问题》的论文。华罗庚很赏识陈景润的才华，邀请他于 1956 年 8 月在北京召开的全国第一届数学年会上宣讲自己的论文，不久后将他调入中国科学院数学研究所。

中国科学院数学研究所倡导学术自由与民主，学者可根据自己的兴趣与专长自由选择研究课题，自主开展研究。优良的学术环境让陈景润倍感舒适。而数学研究所的图书馆更让陈景润着迷，这里藏有世界上最重要的数学著作，可自由阅览，陈景润在这里能找到所需的数学学术期刊，获取国际数学进展的最新信息。图书馆的一个角落成了他的研究阵地，后来还发生了陈景润多次因流连忘返被锁在图书馆的事情。

1957—1966 年，历经多次波折和打击的陈景润，凭借对数学的执着追求和坚韧不拔的毅力，凭借自己的年轻与才能、刻苦与专注，深入研究了"华林问题"、圆内和球内整点问题、等差数列的最小素数问题，直至"哥德巴赫猜想"，并取得了多项重要成果。

1966 年，他成为专政对象，被剥夺了搞科研的权利，只能在数学研究所通过干体力活进行改造。他身患腹膜炎、肺结核等多种疾病，医生一次次给他开病假条，可他从未休息。他住在锅炉烟囱旁一间仅 6 平方米的小屋里，桌子被抬走，电线被掐断。即便如此，痴迷数学研究的陈景润仍借着一盏昏暗的煤油灯，伏在床板上，不停地演算、思考，用一支支笔，耗去了几麻袋的草稿纸。1966 年 5 月，陈景润一篇关于"哥德巴赫猜想"的论文摘要发表在《科学通报》上，由于未发表详细的证明过程，这一成果当时并未引起国际数学界的关注。之后陈景润便进行了细致的检验、梳理和精简证明过程，经过六年艰苦卓绝的努力，1972 年冬天终于完成了论文的证明。陈景润是谨慎的，他把论文交给自己最信任的北京大学教授闵嗣鹤(1913—1973)(见图 13-7)先生。闵先生在北京大学曾开设"数论专门化"的研究生课程，培养了曾攻下哥德巴赫猜想"1+5"的潘承洞等奋发有为的一代学人。更重要的是，闵先生为人一向厚道、正派，是德高望重的数学界前辈。命运眷顾陈景润，闵嗣鹤先生的确是审定这一论文的最佳人选。不过，当时闵先生患病，他心脏不好，体力衰弱，他把陈景润的论文放在枕头下，靠在床上，看一段，休息一会儿。老学者极为认真，每一个步骤，他都亲自复核和演算，犹如登山探险，沿着陈景润的脚印和插上的路标，抱着病躯，喘着气，一步一步往上攀登，实在坚持不住，就坐在冰冷的石头上歇一会儿，咬着牙，又继续往上走。可敬可佩的闵先生，用生命的最后一缕光，点亮了陈景润的前程和中国数学的明天。历经 3 个月，精疲力竭的闵先生含着满意的笑容，对陈景润说，为了这篇论文，我至少得少活 3 年。数学所著名数学家王元也审阅了陈景润的这篇论文。他和陈景润同辈，前文已介绍过他在冲击哥德巴赫猜想过程中的辉煌战绩，他证明过"3+4""3+3""2+3"和"1+4"。为慎重起见，他请陈景润给他讲了 3 天，并进行了细致的演算，证明了陈景润的结

图 13-7　闵嗣鹤

论和过程都是正确的。他在"审查意见"上写下了"未发现证明有错误"的结论，支持尽快发表陈景润的论文。1973 年，《中国科学》发表了陈景润的论文《大偶数表为一个素数及一个不超过两个素数的乘积之和》的证明，即著名的"1+2"(见图 13-8)，这一成果将哥德巴赫猜想的证明推进了一大步，被国际学术界誉为"陈氏定理"。

英国数学家哈尔伯斯丹(H. Halberstam)和德国数学家里歇特(H. E. Richet)合著的数论著作《筛法》当时正在排印，他们见到陈景润的论文后，立即增补专章，以"陈氏定理"为标题，基本上全文转载了陈景润的论文。美国著名的数学杂志《数学评论》从 1977—1979 年，四次报道了"陈氏定理"，称"陈景润著名的论文是筛法理论的顶点"。苏联的数学家曾证明了"弱哥德巴赫猜想"，对"哥德巴赫猜想"研究有重大贡献，他们对"1+2"的反应也很强烈，从 1975 年到 1979 年，多次在著名的数学杂志上报道陈景润的论文。1978 年和 1982 年，国际数学家联盟两次邀请陈景润出席世界数学家大会作 45 分钟报告，并在该组织编辑的《数学家指南》中添加了陈景润词条。

1975 年年初，陈景润成为全国人大代表，这意味着他的学术成就得到了党和政府的正式认可。1977 年秋天，他被评为中国科学院先进工作者，在中国科学院万人表彰大会上，身穿中山装佩戴大红花的陈景润首次成为全院关注的焦点。这一年，陈景润被破格从助理研究员提拔为研究员。1978 年，陈景润应邀参加了有近万人出席的全国科学大会，正是在这次大会上，邓小平副主席第一次提出了"科学技术是生产力"的著名观点，并表示愿意当科技人员的后勤部长，这绝非空话，几年后正是在他的亲切关怀下，陈景润的夫人被调到北京工作，住房条件得到了很大改善，真正过上了阖家团圆的生活，那一年陈景润 50 岁。1979 年，他赴美国普林斯顿高等研究院交流学习。1980 年，陈景润当选为中国科学院学部委员，即当今的中国科学院院士。1981 年，他接到母校厦门大学的热情邀请，参加建校 60周年纪念大会。2006 年，厦门大学的校园中立起了陈景润的铜像，以纪念这位优秀校友。

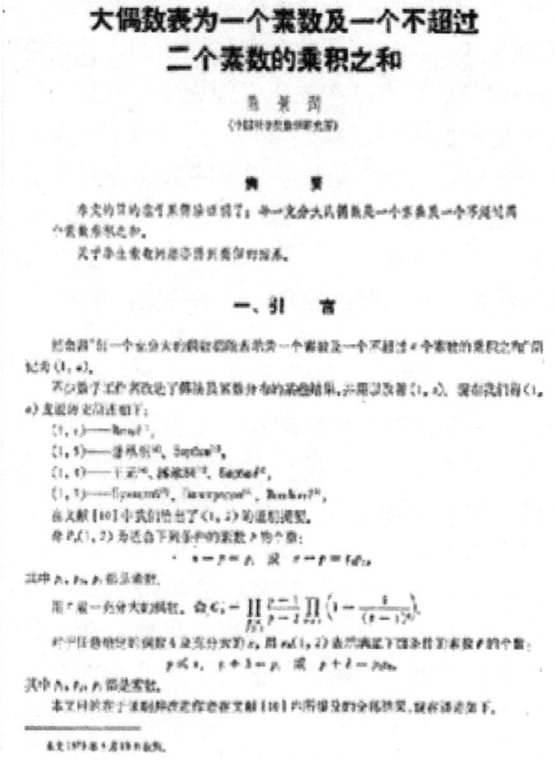

大偶数表为一个素数及一个不超过二个素数的乘积之和

陈景润

《中国科学院数学研究所》

摘 要

本文的目的在于证明并改进了：每一充分大的偶数是一个素数及一个不超过两个素数积之和。

关于本结果的证明将另用文件给以报告。

一、引 言

图 13-8　CNKI 中的论文 "1+2" 首页

陈景润(见图 13-9)自幼体质柔弱，患有严重的结核病，常年发低热，再加上常年带病超负荷工作，体力早已透支。1996 年 3 月 19 日，陈景润终因积劳成疾医治无效而与世长辞。他一生不畏困难、不顾生活困苦、誓攀科学高峰的大无畏精神，永远激励着后来者。为纪念陈景润在数学研究上的杰出贡献，1999 年，中国发行了纪念陈景润的邮票。素数是陈景润教授生前重要的研究领域，紫金山天文台特将编号为素数 7681 的小行星命名为 "陈景润星"，这颗特别的行星在茫茫宇宙中运转不息、熠熠生辉。

图 13-9　陈景润素描像

第三节　小学数学案例分享

多个版本的小学数学教材均介绍了陈景润与哥德巴赫猜想。大多数教师在完成教材中与哥德巴赫猜想无关的其他练习后，利用剩余时间让学生阅读教材上有关陈景润和哥德巴赫猜想的介绍。下面的案例则是依据小学生的知识基础和认知能力，先呈现一些偶数，要求学生将其分解为两个质数的和，让学生深入思考，然后用归纳推理的方式提出自己的猜想，在此基础上再介绍哥德巴赫猜想以及陈景润的研究成果。

课题：哥德巴赫猜想①

教学内容：2022 年人教版《数学》五年级下册第二单元——教材第 17 页"你知道吗？"。

教学目标：(1)理解哥德巴赫猜想的具体内容，感悟从特殊到一般的归纳推理思想；(2)了解哥德巴赫猜想的发现过程，学会通过观察归纳数学规律，培养理性探索和严谨求真的数学精神；(3)通过了解中国数学家在探索哥德巴赫猜想中取得的享誉世界的成就，增强民族自豪感和爱国主义情感，形成奋发图强、艰苦攻坚的科学报国意愿。

教学重点：学会观察和归纳的方法。

教学难点：感悟数学思想和方法。

教学过程如下。

1. 趣味游戏，观察猜想

教师通过一个小游戏引入课堂主题，游戏规则：两人一组，其中一人给出一个大于 2 的偶数，另一人找出和为这个偶数的两个质数(见图 13-10)。

图 13-10　数学游戏

【设计意图】好奇是兴趣的开端，兴趣是最好的老师。通过游戏引入新课，符合小学五年级学生的认知特点，能让学生迅速将注意力转移到课堂学习中。

师：在刚才的游戏中，同学们列出了很多等式：

$10=3+7$，$28=11+17$，$12=7+5$，$100=3+97$，$18=7+11$，$36=7+29$，…

观察这些等式，它们有哪些共同的特点？

(预设：等式左边是偶数，等式右边是两个质数的和)

师(问题 1)：你能从这些等式中发现什么规律？如何表达？

师生共同概括规律：每个大于 2 的偶数都可以表示成两个质数的和，即

$$2 的倍数 = 1 个质数 + 1 个质数$$

师：270 多年前，哥德巴赫凭借着对数学敏锐的洞察力，最早从这些等式中归纳发现了这一规律，因此人们把这一规律称为"哥德巴赫猜想"，这个猜想被高斯誉为"数学皇冠上的明珠"。

师：有人说证明哥德巴赫猜想就是要证明"1+1=2"。现在你学习了"哥德巴赫猜想"，你觉得他说得对吗？你能告诉他哥德巴赫猜想要证明什么吗？

师(问题 2)："1+1"是指什么？

【设计意图】引导学生通过观察归纳体验厘清事实、概括经验和发现规律的过程。

---

① 本案例改编自李织兰的《引领小学生品味"哥德巴赫猜想"的途径》。

2. 感悟思想，掌握方法

师：著名数学家欧拉告诉我们一个秘诀：数学结论是靠观察得来的。"没有大胆的猜想，就没有伟大的发现"。我们在学习和研究数学的过程中，要学会观察、归纳，掌握数学发现的艺术。

师(问题3)：在发现哥德巴赫猜想的过程中，我们使用了什么数学思想和方法？

(预设：观察归纳)

【设计意图】事物的普遍性往往寓于事物的特殊性之中。归纳是从特殊到一般的推理思想，也是逻辑推理方法。我们从一些特殊事例中，通过观察和归纳得到了一个具有普遍性的结论。教师可以通过具体的故事让学生对此产生直观的感受。

师：我们来听一个小故事。水果店有一筐梨，一位顾客品尝的第一个梨是甜的，尝的第二个梨也是甜的，又尝了第三个梨还是甜的，就下结论说这筐梨都是甜的，把它全买回去了。很遗憾，这位顾客回去后发现有一些梨不甜，而且很酸。

师(问题4)：你从这个故事中受到什么启发？能从数学方法的角度说说吗？

(预设：这位顾客用归纳的方法得到了结论；由归纳得到的结论只能算是一个猜想，可能是正确的，也可能是错误的)

师(感悟)：我们发现一个规律后，还需要弄清其真伪。也就是说，我们还必须做两件事，第一件事是再继续研究一系列的特例，或许能找到一个使结论不成立的反例，从而推翻我们之前的猜想；又或许在更多的特殊情况中证实该猜想，从而使猜想变得更加可靠。用刚刚听的小故事来说就是我们要继续品尝梨，如尝到了不甜的梨，之前的整筐梨都是甜的猜想被推翻；如多尝几个，都是甜的，整筐梨都是甜的猜想就更加可靠。但是"更加可靠"还不是"一定可靠"，仍需要去证明，所以我们要做的第二件事就是进行严密的推理论证，证明发现的猜想是真理，从而形成结论。

【设计意图】学之道在于"悟"，"悟"是学习的一种较高境界。教师通过数学家的故事以及日常生活中买水果的故事，让学生在听故事的过程中"悟"出方法，在学习过程中主动领会，内化吸收。

3. 理性探索，严谨求真

师(问题5)：大家是小学生，经过老师的介绍都能明白"哥德巴赫猜想"的内容，不过它为何成了数学领域的一座可望而不可即的高峰，成为世界上著名的数学难题？它到底难在哪里？

师：哥德巴赫在提出猜想后也应该做这两件事，要么证明它，要么找个反例推翻它。但是哥德巴赫经过了长时间的努力都没有成功证明这一猜想，于是他又验证了很多偶数，发现猜想也都成立，没能成功找到反例推翻猜想。他觉得很困难，于是给他的好友欧拉写信求助。欧拉在回信中说："我相信这个猜想是真的，但我也无法证明它。"著名的数学家欧拉都没有办法证明这一猜想，该猜想立刻引起了各国数学家的注意。此后，数学家们争先恐后地研究这一猜想。我们来了解一下数学家们探究"哥德巴赫猜想"的历史足迹吧。

师：270多年过去了，许多数学家企图证明这个猜想，但是截至今天也没有人成功。于是，有人称哥德巴赫猜想是数学领域的一座可望而不可即的高峰。

【设计意图】引导学生学习数学家身上"理性探索""严谨求真"的数学精神，明确数学结论必须经受极为严格的逻辑和实践的双重检验。在数学探究活动中，要养成良好的"说理"习惯，发展理性思维，铸就"追求真理"的精神。

4. 精神偶像，时代典范

师：20世纪50年代以来，我国著名数学家华罗庚、王元、潘承洞和陈景润等在证明"哥德巴赫猜想"方面做了很多努力，取得了非凡的成就，享誉世界，这是中国数学的骄傲。

1973年，我国数学家陈景润证明了"1+2"，即"一个大的偶数=1个质数+不超过2个质因数的乘积"，引起世界巨大轰动。这个结果距离哥德巴赫猜想的最后解决只有一步之遥，陈景润的这一成果至今仍在"哥德巴赫猜想"研究中处于世界领先水平。

【设计意图】学生在了解中国数学家在探索"哥德巴赫猜想"中取得的享誉世界的成就后，增强民族自豪感和爱国主义情感。我们如今仍然需要陈景润"醉心科学探索、逆境坚持钻研"的精神，培养学生的数学思想与数学精神，激励学生形成科学报国的意愿。

本章练习

一、填空题

1. 素数也叫(   )，是指除了(   )外没有其他因数的正整数。
2. "算术基本定理"的内容是任何大于1的整数，要么(   )，要么(   )。

二、单选题

1. 数学界称结构为 2^P-1 的素数为梅森素数，记为 M_P，迄今为止已发现了(   )个梅森素数。

    A. 48　　　　　B. 49　　　　　C. 50　　　　　D. 51

2. (   )年，普鲁士数学爱好者哥德巴赫提出了一个猜想。

    A. 1742　　　　B. 1741　　　　C. 1740　　　　D. 1739

3. (   )是中国最早接触哥德巴赫猜想的数学家。

    A. 华罗庚　　　B. 潘承洞　　　C. 王元　　　　D. 陈景润

三、辨析题

1. 有人说陈景润证明了"1+2=3"。你认为他说得对吗？为什么？

四、简答题

1. 哥德巴赫猜想的内容是什么？
2. 什么是殆素数？素数是殆素数吗？反之，殆素数是素数吗？
3. 哥德巴赫猜想已经被证明了吗？解决过程中最重要的一个节点是什么？

第十四章　抽屉原理

2022 年人教版《数学》六年级下册"数学广角"中有抽屉原理(鸽巢问题)的内容，从教材编写的角度可以看出抽屉原理的重要性，我们有必要多学习一些与抽屉原理有关的知识。

第一节　抽屉原理概述

抽屉原理概述.mp4

一、解析数论的创始人狄利克雷

德国数学家狄利克雷(P. G. Dirichlet，1805—1859，见图 14-1)出生于迪伦一个具有法兰西血统的家庭，1859 年在哥廷根去世。狄利克雷自幼喜爱数学，年少时就把零用钱积攒起来购买数学书籍阅读。中学毕业后，父母希望他学习法律，但狄利克雷却毅然决心攻读数学。他先在迪伦学习，后到哥廷根师从高斯。1822—1827 年，他旅居巴黎担任家庭教师。在此期间，他参加了以傅里叶(J. Fourier，1768—1830)为首的青年数学家小组的活动，深受傅里叶学术思想的影响。1827 年，在波兰布雷斯劳大学担任讲师。1829 年，他在柏林大学担任讲师，1839 年晋升为教授。1855 年高斯逝世后，他作为继任者被哥廷根大学聘为教授，直至离世。1831 年，他被选为普鲁士科学院院士，1855 年被选为英国皇家学会会员。

图 14-1　狄利克雷画像

在数论方面，狄利克雷是高斯思想的传播者和拓展者，对函数论、位势论和三角级数论都有重要贡献。在分析领域，狄利克雷对傅里叶级数收敛性进行了研究。另外，狄利克雷还是解析数论的创始人之一。1836 年狄利克雷撰写了《数论讲义》，对高斯划时代的著作《算术研究》作了清晰的解释并有创见，使高斯的思想得以广泛传播。1837 年，他构造了狄利克雷级数。1838—1839 年，他得出确定二次型类数的公式。1842 年，狄利克雷提出抽屉原理。1846 年，他运用抽屉原理阐明代数数域中单位数的阿贝尔群的结构。

在数学物理方面，他对椭球体产生的引力、球在不可压缩流体中的运动、由太阳系稳定性导出的一般稳定性等课题都有重要论述。1850 年，他发表了有关位势理论的文章，论及著名的第一边界值问题，现称狄利克雷问题。

■ 二、狄利克雷原理

1842 年，狄利克雷开始研究具有高斯系数的型，首次运用了"狄利克雷原理"：若将 $n+1$ 个物体放入 n 个抽屉，则至少有一个抽屉含有多于一个的物体。例如，桌上有 10 个苹果，要把这 10 个苹果放到 9 个抽屉里(见图 14-2)，无论怎样放，我们都会发现至少会有一个抽屉里所放苹果数量不少于两个。

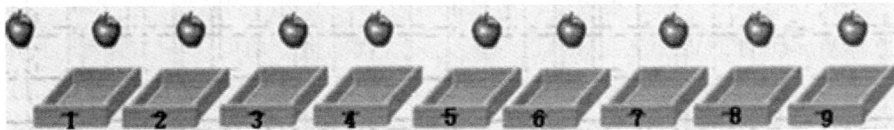

图 14-2　抽屉原理示例

因为原理的表述中用到了抽屉，所以也形象地将其简称为"抽屉原理"。这个看似简单又显而易见的原理，是组合数学中一个重要的原理，在现代数论的许多论证中都起着举足轻重的作用。

抽屉原理具体如何应用呢？下面举例说明抽屉原理的最不利原则。

有黑桃、红桃、梅花、方块的扑克牌各 10 张，至少要取多少次，才能保证取到 4 张相同花色的扑克牌？

这里的"保证"，意味着即便在最不利的情况下，我们也要确保在取到某个特定的次数时，就能够满足题目的要求。当黑桃、红桃、梅花、方块各取了 3 张的时候，达到了最不利的情况，取的次数达到了未能满足题目要求的最大值。如果这时，再多取一次，无论取到哪种花色的扑克，都会凑足 4 张相同花色，也就是一定能达到题目要求的条件。所以我们只需要取 3×4+1=13 张牌，就满足了题目所说的保证取到 4 张花色相同的牌的要求。

当题目中包含经典句式"至少……保证……"的时候，一般就要利用最不利原则进行分析。所以运用抽屉原理解决问题时，首先要找到未能满足题目要求的最不利情况下的最大抽取数，在此基础上加 1，就能得到我们所求的答案。

运用上面的推理方法，我们还可以证明如下更令人惊讶的结论。

根据常识，一个人的头发的根数不会超过 20 万。因此，在一个拥有 20 多万人口的城市中，一定有两个人，他们的头发根数相同。

推理方法如下：我们设置 200001 个"抽屉"，并且对每一个"抽屉"依次标上 0，1，

2，3，…，200000。按个人头上头发的根数归入相应的一个"抽屉"。比如，如果漫画家张乐平画的三毛生活在这个城市，那么他就被归为标有号码"3"的那个"抽屉"；我们没有理由排除这个城市中有留着光头的人，所以必须设置"0"号"抽屉"。由于人的数目多于"抽屉"的数目，可以断定，一定至少有两个人与同一"抽屉"相对应，这两个人自然就有同样多的头发了。

容易看出，这从本质上来说，仍然是"10 个苹果"和"9 个抽屉"的推理方法。这种推理的正确性，"显然"连小学一年级的学生也能完全理解。如果把这种推理推广到更一般的形式，其正确性也完全可以被不具备多少数学知识的人所认识。

第二节　抽屉原理的发展与运用

抽屉原理的发展
与运用.mp4

一、抽屉原理的形式

怎样把这种推理推广到一般形式呢？我们来关注以下两点。

第一，如果将"苹果"换成"皮球""铅笔"或"数"，同时将"抽屉"相应地换成"袋子""文具盒"或"数的集合"，那么依旧可以得出相同的结论。

这意味着，推理的正确性与具体的对象无关。我们把一切可以与"苹果"互换的对象称为"元素"，而把一切可以与"抽屉"互换的对象称为"集合"，由此可知：10 个元素以任意的方式归入 9 个集合之中，那么其中一定有一个集合中至少包含两个元素。

第二，"苹果"和"抽屉"的具体数目并不重要，只要苹果(元素)的个数比抽屉(集合)的个数多，那么推理同样成立。

于是，我们就能够把"10 个苹果"和"9 个抽屉"的推理方法，推广到以下一般形式。

原则 1　把多于 n 个的元素按任一确定的方式分成 n 个集合，那么一定有一个集合中含有两个或两个以上的元素。

原则 2　把多于 $m \times n$ 个的元素按任一确定的方式分成 n 个集合，那么一定有一个集合中含有 $m+1$ 个或 $m+1$ 个以上的元素。

这是很明显的，因为若每个集合中所含元素的数目均不超过 m，那么这 n 个集合所含元素个数就不会超过 $m \times n$。

原则 3　把无穷个元素按任一确定的方式分成有穷个集合，那么至少有一个集合中仍含无穷多个元素。

这同样是很明显的，因为如果每个集合中只含有穷个元素，那么有穷个集合只能包含有穷个元素。

以上三个原则都称为抽屉原理，又叫"鸽巢原理"。

运用抽屉原理的方法灵活多样，有很多技巧。比如，如何选取元素，如何构造抽屉(分类)，如何计算抽屉个数与元素个数等。抽屉原理论证的都是"存在""总有""至少有"的问题，这正是抽屉原理的主要作用。需要说明的是，运用抽屉原理只是肯定了"存在""总有""至少有"，却不能确切地指出哪个抽屉里存在多少元素。

抽屉原理看上去显而易见，在实际应用时却是知易行难。巧妙地运用这些原则，可以顺利地解决一些看上去相当复杂，甚至觉得无从下手的数学题目。而且，在历年不同级别的国内外数学竞赛中，与抽屉原理有关的试题频繁出现，抽屉原理对解决很多问题起到了至关重要的作用。其实在抽屉原理的背后隐含着重要的数学思维，或者说数学思想。

图14-3 正方体着色示例

例如，在正方体的各面上涂上红色或蓝色的油漆(每面只涂一种颜色)，证明正方体一定有三个面颜色相同(见图14-3)。

把两种颜色当作两个抽屉，把正方体六个面当作物体，那么6=2×2+2，根据原则2，至少有三个面所涂颜色相同。

再如，新学期开学，市实验中学迎来了367位初一新同学，那么在这些同学中，一定会有两位同学是同年同月同日生的。这个问题的理由很简单。因为一年里最多366天(闰年)，把这367位初一新同学看作367只鸽子，按照出生日期，放入366个"鸽巢"(或者"抽屉")中，由于鸽子数量大于鸽巢数量，则必然会有一个鸽巢中放入了两只鸽子。也就是说，至少有两名新同学的生日是相同的。大家都是初一新生，他们的年龄差通常在一年之内，那么生日相同的两位同学就一定是同年同月同日生的了。

二、抽屉原理的发展

狄利克雷原理最早出现在英国数学家格林(G.Green，1793—1841)关于位势理论的著作中，之后又被高斯和狄利克雷独立提出。狄利克雷在一次讲演中，对函数本身及其诸偏导数都连续的函数类的狄利克雷原理，给出十分确切和完整的叙述，并在1876年由他的一位学生发表。黎曼首先以狄利克雷的名字命名这一原理并应用于复变函数，从而使其受到广泛的关注。然而狄利克雷给出的证明并不完善。1870年，魏尔斯特拉斯(K.Weierstrass，1815—1897)以其特有的严格化精神批评了狄利克雷原理在逻辑上的缺陷。他指出：连续函数的下界存在且可达到，但此性质不能随意推广到自变量本身为函数的情形，即在给定边界条件下使积分极小化的函数未必存在。他的质疑迫使数学家们放弃狄利克雷原理，但事实上数学物理中的许多结果都是依赖此原理建立的。

19世纪末20世纪初，希尔伯特(D.Hilbert，1862—1943)采取完全不同的思路来处理这一难题。他通过边界条件的光滑化来保证极小函数的存在，从而恢复了狄利克雷原理的功效。他的工作不仅"挽救"了有广泛应用价值的狄利克雷原理，也丰富了变分法的经典理论。

狄利克雷原理的进一步发展由苏联数学家索伯列夫完成，他对于多重调和方程边值问题，包括区域的边界由不同维数流形组成的情形进行了叙述，并证明了狄利克雷原理的正确性。

随着时间的推移，抽屉原理的形式和证明方法也不断发展和完善。在现代数学中，抽屉原理已经成为一个重要的工具，用于解决各种复杂的问题。同时，抽屉原理还有一些扩展形式，例如把多维空间中的物体放入低维空间的抽屉。这些扩展形式的应用范围更加广泛，抽屉原理的发展与数学、计算机科学、经济学等多个领域密切相关。

在数学领域，抽屉原理被广泛应用于解决各种组合问题。例如，在数论中证明一些整数的性质，或者在图论中研究图的嵌入问题。此外，抽屉原理也被用于解决一些几何问题。

例如，在二维或三维空间中放置物体，使每个位置的物体数量都不超过某个限值。

在计算机科学领域，抽屉原理被用于研究数据的存储和检索问题。例如，在数据库中存储大量数据时，如何有效地组织数据，使查询和处理数据的速度更快。此外，抽屉原理也被用于研究算法的设计和优化问题。

在经济学领域，抽屉原理被用于研究资源的分配和决策问题。例如，在研究一个国家的经济增长时，如何有效地分配资源，使每个公民都能获得更多的福利。此外，抽屉原理也被用于研究一些金融问题。例如，在投资组合中如何选择资产，以最大化收益并最小化风险。

总之，抽屉原理是一个重要的数学原理，它的应用和发展已经涉及多个领域，并在这些领域中发挥着重要的作用。

三、抽屉原理的推广

著名的拉姆齐定理是抽屉原理的推广。

拉姆齐定理又称为"拉姆齐二染色定理"。拉姆齐定理用于解决的问题是：要找这样一个最小的数 $R(k, 1)=n$，使 n 个人中必定有 k 个人相识或 k 个人互不相识。1930 年，拉姆齐(F. P. Ramsey，1903—1930)在论文《形式逻辑上的一个问题》中证明了 $R(3, 3)=6$。

六人集会问题是组合数学中著名的拉姆齐定理的一个最简单的特例，这个简单问题的证明思想可用来得出另外一些深入的结论。这些结论构成了组合数学中的重要内容——拉姆齐理论。从六人集会问题的证明中，我们又一次看到了抽屉原理的应用。

如图 14-4 所示，在平面上用 6 个点 A、B、C、D、E、F 分别代表参加集会的任意 6 个人。如果两人以前彼此认识，那么就在代表他们的两点间连一条红线；否则连一条蓝线。考虑 A 点与其余各点间的 5 条连线 AB，AC，…，AF，它们的颜色不超过 2 种。根据抽屉原理可知，其中至少有 3 条连线同色，不妨设 AB、AC、AD 同为红色。如果 BC、BD 和 CD 这三条连线中有一条(不妨设为 BC)也为红色，那么三角形 ABC 为一个红色三角形，A、B、C 代表的 3 个人以前彼此相识；如果 BC、BD 和 CD 这三条连线全为蓝色，那么三角形 BCD 是一个蓝色三角形，B、C、D 代表的 3 个人以前彼此不相识。不论哪种情形发生，都符合问题的结论。

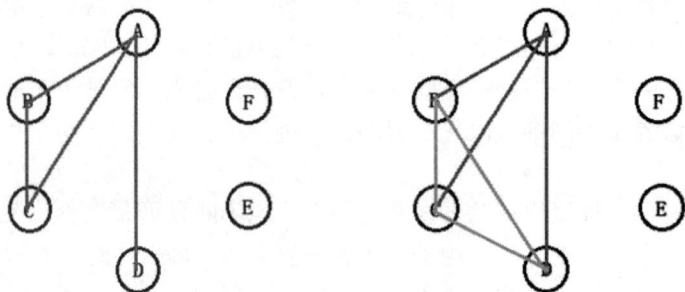

图 14-4　拉姆齐定理图例

【教材对接】2022 年人教版《数学》六年级下册第五单元"数学广角"中"你知道吗？"板块介绍了狄利克雷的抽屉原理(见图 14-5)。

抽屉原理是组合数学中的一个重要原理。抽屉原理有两个经典案例:一个是把 10 个苹果放进 9 个抽屉里,总有 1 个抽屉里至少放了 2 个苹果,所以这个原理称为"抽屉原理";另一个是 6 只鸽子飞进 5 个鸽巢,总有 1 个鸽巢至少飞进 2 只鸽子,所以这个原理也称为"鸽巢原理"。

图 14-5　小学教材中的抽屉原理

四、中国古代的抽屉原理

在我国古代文献中,有很多成功运用抽屉原理来分析问题的例子。

例如,宋代费衮的《梁溪漫志》中,就曾运用抽屉原理来批驳"算命"一类迷信活动的谬论。费衮指出,把一个人出生的年、月、日、时(八字)作为算命的根据,把"八字"作为"抽屉",不同的抽屉只有 12×360×60=259200 个。以天下之人为"物品",进入同一抽屉的人必然千千万万,因而结论是同时出生的人为数众多。但是既然"八字"相同,"又何贵贱贫富之不同也?"

清代钱大昕的《潜研堂文集》、阮葵生的《茶余客话》、陈其元的《庸闲斋笔记》中都有类似的文字。

《晏子春秋》里有一个"二桃杀三士"的故事:齐景公养着三名勇士,他们名叫田开疆、公孙接和古冶子。这三名勇士都力大无比、武功超群,为齐景公立下过不少功劳。但他们也刚愎自用、目中无人,得罪了齐国的宰相晏婴。晏子便劝齐景公杀掉他们,并献上一计:以齐景公的名义赏赐三名勇士两个桃子,让他们自己评功,按功劳的大小吃桃。三名勇士都认为自己的功劳很大,应该单独吃一个桃子。于是公孙接讲了自己的打虎功,拿了一个桃;田开疆讲了自己的杀敌功,拿起了另一个桃。两人正准备要吃桃子时,古冶子说出了自己更大的功劳。公孙接、田开疆都觉得自己的功劳确实不如古冶子大,感到羞愧难当,连忙让出桃子,并且觉得自己功劳不如人家,却抢着要吃桃子,实在丢人,是好汉就没有脸再活下去,于是都拔剑自刎了。古冶子见了,后悔不迭。仰天长叹道:"如果放弃桃子而隐瞒功劳,则有失勇士尊严;为了维护自己而羞辱同伴,又有损哥们义气。如今两个伙伴都为此而死了,我独自活着,算什么勇士。"说罢,也拔剑自杀了。

在"二桃杀三士"的这个故事中,把两个桃子看作两个抽屉,把三名勇士放进去,至少有两名勇士在同一个抽屉里,即有两人必须合吃一个桃子。如果勇士们宁死也不肯忍受同吃一个桃子的羞耻,那么悲剧就无法避免。晏子采用借"桃"杀人的办法,不费吹灰之力,便达到了他预定的目的。

然而,令人遗憾的是,我国学者虽然很早就会用抽屉原理来分析具体问题,但是在古代文献中并未发现关于抽屉原理的概括性文字,没有人将它抽象为一条普遍的原理,最后还不得不将这一原理冠以数百年后西方学者狄利克雷的名字。

第三节 抽屉原理案例分享

抽屉原理案例分享.mp4

鸽巢问题是2022年人教版《数学》六年级下册"数学广角"中的内容。教材中安排了3个例题，旨在通过具体实例，借助实际操作向学生介绍鸽巢问题的一般原理，让学生理解鸽巢问题的特点，建立鸽巢问题的一般模型，并运用该模型解决实际问题。

课题：抽屉原理

教学内容：2022年人教版《数学》六年级下册第五单元"数学广角——鸽巢原理"，教材第67~70页。

教学目标：(1)初步了解"鸽巢原理"，会运用"鸽巢原理"解决简单的实际问题；(2)通过游戏、猜测、验证、观察分析等活动建立数学模型，使学生经历从具体到抽象的探究过程，提高学生有根据、有条理地进行思考和推理的能力，体会和掌握逻辑推理思想和转化思想，培养模型意识；(3)通过"鸽巢原理"的灵活应用，提高学生解决数学问题的能力和兴趣，感受数学文化及数学的魅力。

教学重点：经历"鸽巢原理"的探究过程，初步了解"鸽巢原理"，理解"总有"和"至少"的含义，会用"鸽巢原理"解释生活中的简单问题。

教学难点：理解"鸽巢原理"，并对一些简单实际问题加以"模型化"。

教学方法：游戏法、发现法、讲解法。

教学准备：多媒体设备、数学课本、扑克牌、小木棒、笔筒。

1. 初步感知抽屉原理

师：你们玩过扑克牌吗？是怎么玩的呢？这样的玩法需要动很多脑筋吗？今天老师想和大家玩一次高智商的扑克游戏，大家想不想玩？

生(齐)：想！

师：请大家从一副扑克牌中抽出4张，然后放进3个盒子里，你有哪些不同的放法？请同学们边放边做记录。

学生动手操作，然后汇报如下。

生1：我们发现一共有15种放法，但题目没有要求考虑盒子的顺序，所以我们归纳为4种放法，具体如下。

(4，0，0)，有一个盒子里放4张，其他两个盒子里不放；

(3，1，0)，有一个盒子里放3张，有一个盒子里放1张，有一个盒子里不放；

(2，2，0)，有两个盒子里各放2张，剩余的一个盒子里不放；

(2，1，1)，有一个盒子里放2张，其他两个盒子里各放1张。

生2：我在这里还要强调一下，有一个盒子里放4张是指可以把4张扑克牌放在第一个盒子里，也可以放在第二个盒子里，还可以放在第三个盒子里。

生3：我发现有一个盒子里放几张的说法代表的就是其中的任意一个盒子里放几张。

师：大家的理解真到位。那通过把4张扑克牌放进3个盒子里这个活动，你们发现了什么规律？

生 4：我发现总有一个盒子里至少有 0 张扑克牌。

生 5：我觉得他的这种说法没有多大意义。我发现总有一个盒子里至少有 2 张扑克牌。比如，第一种放法中有一个盒子里有 4 张扑克牌，说明超过了 2 张；第二种放法中有一个盒子里放进了 3 张扑克牌，也超过了 2 张；而第三种与第四种放法中均有一个盒子里放入了 2 张扑克牌。所以我就说总有一个盒子里至少有 2 张扑克牌。

生 6：我也赞成这个观点，虽然总有一个盒子里放进了 1 张扑克牌或 0 张扑克牌，但我们要考虑的是最大可能。

生 7：我也赞成这个观点，如果总有一个盒子里至少有 3 张扑克牌或 4 张扑克牌，这不大可能，因为在第三种、第四种方法中就没有这种可能。

师：你们能够分析得这么透彻，真了不起。其实你们的这种分析就是为了保证在最糟糕的情况下仍能出现最大极限。这才是我们要的最专业、最数学的说法。那你们还有什么发现吗？

生 8：我发现这里的扑克牌数比盒子数多 1，要保证在最糟糕的情况下仍然出现最大极限，我们就要把扑克牌进行平均分，让每个盒子里装的扑克牌尽可能少，先把 4 张扑克牌中的 3 张平均放进 3 个盒子里，还剩下 1 张，不管放进哪个盒子，总有一个盒子里至少放进了 2 张扑克牌。

师：你们还能举例说说吗？

生 9：把 5 张扑克牌放进 4 个盒子里，总有一个盒子里至少有 2 张扑克牌。

生 10：把 10 张扑克牌放进 9 个盒子里，总有一个盒子里至少有 2 张扑克牌。

生 11：我们也可以把 20 个苹果放进 19 个盒子里，总有一个盒子里至少有 2 个苹果。

生 12：我发现只要把 $n+1$ 个物体放进 n 个盒子里，总有一个盒子里至少有 2 个物体。

师：分析得真好，你们刚才发现和分析的就是著名数学家狄利克雷发现的"鸽巢问题"，也叫作狄利克雷原理，同时也叫作抽屉原理。(出示狄利克雷原理)

【设计意图】学生通过把 $n+1$ 张扑克牌放进 n 个盒子里的操作活动(经历枚举法的过程)，明白无论怎样放总有一个盒子里至少有 2 张扑克牌的道理。让学生多次进行列举，是为了让学生进一步感知抽屉原理的特点。

2. 建立抽屉原理的一般模型

师：现在请你们继续玩扑克牌，把 5 张、6 张、7 张、8 张、9 张、10 张扑克牌分别放进 3 个盒子里，你们又有什么新发现？

学生开始玩、交流，然后汇报如下。

生 13：我们刚才在玩时，考虑到了最糟糕情况下出现的最大极限，于是把 5 张扑克牌先平均放进 3 个盒子里，剩下的 2 张再分别放进 2 个盒子里，于是总有一个盒子里至少有 2 张扑克牌。6 张扑克牌正好平均放进 3 个盒子里，每个盒子里正好放了 2 张。7 张扑克牌中先将 6 张平均放进 3 个盒子里，剩下的 1 张随意放进哪个盒子，总有一个盒子里至少有 3 张扑克牌。按照同样的方法，8 张扑克牌放进 3 个盒子里，总有一个盒子里至少有 3 张扑克牌。9 张扑克牌正好可以平均放。而 10 张扑克牌放进 3 个盒子里，总有一个盒子里至少放进 4 张扑克牌。

生 14：我们不仅这样放了，还觉得可以用算式表达。比如，8 张扑克牌放进 3 个盒子里，就可以用 8÷3=2……2(商加 1)，即把 8 张扑克牌先平均放进 3 个盒子里，每个盒子里先放 2 张，还剩下 2 张，再把剩下的 2 张放进任意 2 个盒子中，总有一个盒子里至少有 3 张扑克牌。

生 15：我们在摆放的过程中发现不仅可以用除法算式表示，还发现了规律：当扑克牌数是盒子数的倍数时，至少数就是商；而扑克牌数比盒子数大，且不存在倍数关系时，则至少数为"商+1"。

生 16：其实我们可以这样归纳，当物体数比抽屉数多时，我们尽可能平均分。当物体数是抽屉数的倍数时，至少数就是商；而物体数比抽屉数大，且没有倍数关系时，则至少数为"商+1"。

师：像 8÷3=2……2，为什么至少数不是 2+2 呢？

生 17：因为把 8 个物体平均放进 3 个抽屉后，剩下的 2 个还是要平均放进 2 个抽屉，所以至少数就是 2+1=3。

师：你们还能举例说说吗？

生 18：我们把 20 张扑克牌放进 6 个盒子里，总有一个盒子里至少放进 4 张扑克牌。先在每个盒子里放进 3 张，剩下的 2 张再任意放进 2 个盒子里。

生 19：我们把 100 个苹果放进 9 个抽屉里，先在每个抽屉里放进 11 个苹果，还剩下 1 个，任意放进 1 个抽屉，总有一个抽屉里至少放进了 12 个苹果。

生 20：我发现只要把 $kn+m(m<n)$ 张扑克牌放进 n 个盒子中，则总有一个盒子里至少有"$k+1$"张扑克牌。而把 kn 张扑克牌放进 n 个盒子里，则总有一个盒子里至少有"商"张扑克牌。

生 21：我还发现"把 $n+1$ 张扑克牌放进 n 个盒子里"的这种情况是"把多出的 kn 张扑克牌放进 n 个盒子里"的一种特殊情况。因为当 $k=1$ 时，就是"把 $n+1$ 张扑克牌放进 n 个盒子里"这种情况。

师：孩子们，你们真了不起，你们具备了数学家的眼光与探究精神。

【设计意图】把"$n+1$ 张扑克牌放进 n 个盒子里"可以看作一种特殊情况，而把"多于 kn 张扑克牌放进 n 个盒子里，总有一个盒子里至少有'商 + 1'张扑克牌"归纳为鸽巢问题的一般情况，以上教学设计就是为了让学生由特殊情况过渡到一般情况，建立鸽巢问题的一般模型。

3. 抽屉原理的逆向思考与运用

师：孩子们，老师被你们灵活的思维深深地折服了。现在老师还想和大家玩扑克牌，你们想继续玩吗？

生：(齐)想！

师：从一副扑克牌中(52 张，没有大小王)至少要抽出几张牌，才能保证有 2 张是同一种花色？

学生思考交流后汇报如下。

生 22：我认为至少要抽出 5 张扑克牌，我们做最糟糕的打算，每种花色先抽出 1 张，再抽出 1 张不管是什么花色的，均能保证有 2 张是同一种花色。

生 23：我们通过动手操作，也发现了至少要抽出 5 张。

师：孩子们想得不错。如果要保证有 3 张是同一种花色，那至少要抽出几张扑克牌呢？

生 24：我认为至少要抽出 9 张扑克牌，我们做最坏的打算，每次各抽出 1 张不同的花色，两次一共抽出 8 张，再抽出 1 张，不管抽到什么花色，均能保证有一种花色有 3 张。

生 25：我觉得还可以用算式进行计算：$4\times2+1=9$(张)。

师：如果要保证有 6 张是同一种花色，我们又该如何抽扑克牌？

生 26：用 $4\times5+1=21$(张)，至少要抽出 21 张。

生 27：我发现了规律，如果要抽出 n 张同花色的扑克牌，至少数为 $(n-1)\times4+1$，前提是不含大小王，4 表示四种花色。

师：孩子们能从解决问题中发现规律，真了不起。那如果要保证有两种不同花色，从一副扑克牌(52 张，没有大小王)中至少要抽出几张来？

生 28：我认为至少要抽出 14 张扑克牌，因为从最糟糕的情况考虑，假设先抽出同一种花色 13 张，再抽出 1 张就能保证有两种不同的花色。

师：那如果要保证有三种不同花色，从一副扑克牌(52 张，没有大小王)中至少要抽出几张来？

生 29：我认为至少要抽出 27 张扑克牌，先把两种花色全部抽完，再抽出 1 张就能保证。

生 30：也可以用算式进行计算：$2\times13+1=27$(张)。

生 31：我发现了规律，如果要抽出 n 种不同花色，就用每种花色的 13 张乘以$(n-1)$，再加 1。

生 32：我发现 n 不能大于 4，因为除掉大小王，总共只有四种花色。

师：如果大小王不除掉，要保证有三种不同花色，从一副扑克牌中至少要抽出几张来？

生 33：我认为至少要抽出 29 张扑克牌，因为我还要把大小王也抽了。

师：孩子们真聪明，从一副扑克牌(52 张，没有大小王)中至少要抽出几张，才能保证有 1 张是红桃？如果是 54 张呢？

生 34：我认为至少要抽出 40 张扑克牌，假设我们先把黑桃、方块、梅花三种花色全部抽完，再抽 1 张就是红桃。如果加进大小王，则至少要抽出 42 张扑克牌，先把红桃以外的所有扑克牌抽完，再抽 1 张就行了。

师：太厉害了，从 54 张扑克牌中至少抽出多少张就能保证其中至少有一张是 2？

生 35：我们用 $4\times12+2+1=51$(张)，先抽出除了 2 以外的所有扑克牌 50 张，再抽 1 张就能保证有一张是 2。

师：孩子们，你们善于研究的精神值得老师学习，你们用一副扑克牌玩出了抽屉原理的奥秘，老师佩服你们。此时你们想说点什么吗？

生 36：我没想到扑克牌中藏有这么深奥的数学知识，我发现数学就在我们身边。

生 37：我们以前只知道扑克牌用于娱乐，通过今天的研究，我发现了扑克牌中的数学问题，以后我们要多多思考，数学就在我们的生活中。

【设计意图】整堂课以玩扑克牌为中心开展研究活动，是为了让学生充分感受到抽屉原理就在我们的生活中。之所以用扑克牌作为研究的素材，是因为扑克牌的四种花色加上大小王可以构造不同的抽屉，能够让学生从不同的角度研究抽屉原理，并从研究扑克牌的过程中感受到抽屉原理的价值与本质。

本章练习

一、简答题

1. 请简要叙述什么是抽屉原理。

2. 抽屉原理是形象说法，说成"人屋原理"亦无不可。如果三套房子分配给两家，有一家至少有两套房子。那么谁是"苹果"，谁是"抽屉"？

3. 证明从全世界任选的 6 个人中，其中一定可以找出 3 个人来，使他们互相都认识，或者相互都不认识。

二、选择题

1. 在任意的 37 个人中，至少有(   )人属于同一种属相。

A. 3   B. 4   C. 5   D. 6

2. 在一个不透明的箱子里放了大小相同的红、黄、蓝三种颜色的玻璃珠各 5 粒。要保证每次摸出的玻璃珠中一定有 3 粒是同颜色的，则每次至少要摸出(   )粒玻璃珠。

A. 3   B. 5   C. 7   D. 无法确定

三、解答题

1. 假如一门课的考试分数是 0~100 的整数，请你证明：在 102 位考生中至少有两位分数是相同的。

2. 甲、乙、丙、丁四位好友组织聚会，每人各带了两件礼品，分别赠给其他三位好友中的两位。请你证明：至少有两对好友是互赠礼品的。

第十五章　计算工具的发展

学习目标

➤ 能够举例说明古代计算工具和现代计算工具。
➤ 能够陈述现代计算机的基本结构。
➤ 能够阐述我国计算机的简要发展历程。
➤ 能够通过查阅资料了解我国超级计算机在国际上的地位。

重点与难点

➤ 体会数学家在现代计算机发展进程中所起的重要作用。
➤ 感受我国古代数学家在计算工具受限的条件下取得辉煌成绩的伟大。

2022 年人教版《数学》四年级上册第一单元"大数的认识"正文中介绍了计算工具的发展历史，并较为详尽地介绍了算盘和计算器的使用场景和使用方法。帮助学生较为全面地了解计算工具的发展历史，也为教师认识传统教具、设计教具及创新使用教具打开思路，使其能够深刻理解计算工具与数学发展之间的相互作用，并以此为基础深刻感悟我国古代数学辉煌成就的来之不易。本章将结合小学数学教材对计算工具的发展进行分类、整理并加以介绍。

第一节　古代计算工具

本节所指的古代计算工具，主要是指机械计算机产生前专门用于计算的工具。计算是人类的一种思维活动，早期的计算始于用数手指计数。随着所使用的数目逐渐增大，人们学会了用石子、筹码等身外物来计数。在不断应用的过程中，人们逐渐熟练掌握并形成一定的计算规则，随后开始使用特定的计算工具进行运算。随着计算的复杂度不断提升，计算工具也随之发展。

一、算筹

中国算筹.mp4

算筹是中国古代先民在长期实践中创造的，用于计数、列式以及进行各种数与式运算的独特计算工具，它又称筹、策、算子等。从外形推测，算筹是由小树枝、小木棍演变而来的。算筹最早出现的时间已难以考证，从现存文献记载和出土实物来看，从春秋末期到元末，算筹一直是中国数学的主要计算工具。古代的算筹实际上是一些粗细、长短相同的竹制小棍子，除竹质外，还有用木、铁、玉、兽骨和象牙等材质制成的(见图15-1)。不同年代的算筹长度略有差异，一般长为13～14厘米，二百七十几根为一束，《汉书·律历志》中称之为"一握"。为了方便携带，还配有装算筹用的算筹袋或算子筒。

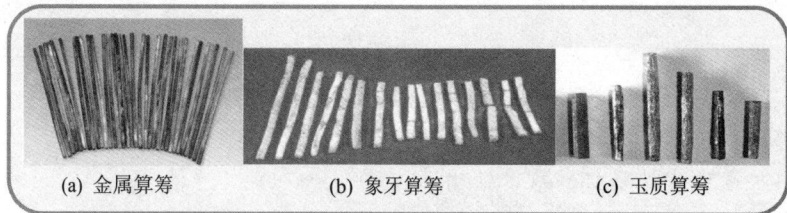

(a) 金属算筹　　　　(b) 象牙算筹　　　　(c) 玉质算筹

图 15-1　不同材质的算筹

算筹计数法是世界上最早的十进位值制计数法，对中国古代数学的发展产生了深远影响。我国古代数学名著《孙子算经》中记载了算筹计数的方法："一纵十横，百立千僵。千十相望，万百相当。"由此才知，用算筹表示正整数时有纵、横两种摆法，纵式用于表示个位、百位、万位的数字；横式用于表示十位、千位、十万位的数字。除正整数外，算筹还可以表示负数和小数。刘徽在《九章算术注》中提出："正算赤，负算黑，否则以邪正为异。"意思是说，红色的算筹表示正数，黑色的算筹表示负数。用不同颜色的算筹区分正负数较为麻烦，也可以通过将算筹斜摆或者在表示数字的算筹上放一根斜筹的方式来表示负数。小数的计法有多种，例如，宋代数学家秦九韶通过在个位数字下面标出此数的单位名来表示个位后为小数；元代数学家刘瑾则通过将小数部分下移一格来表示小数。

算筹作为中国古代的主要计算工具，受到了古代帝王、官府以及科学家的重视，并得到广泛应用，为推动数学及天文领域的发展发挥了重要作用。

二、算盘

算盘.mp4

由于算筹存在布筹需要较大面积的场所、运筹速度加快时容易出错以及表示零的空格容易被忽视等不足，在这些问题出现后，一种灵巧、准确、快速且方便的计算工具——算盘(这里指珠算盘)逐步取代了算筹。这里的算盘是指珠算盘。据报道，英国《独立报》评选出101个改变世界的小发明，中国的珠算盘位居首位。从清代起，许多算学家就开始对算盘的起源时间进行研究，但至今仍众说纷纭，未有定论。其中，"西周说"和"元代说"相差的时间跨度竟达2000多年，主要原因是对算盘的界定标准不同。1976年3月，我国考古工作者在陕西岐山发掘出西周王朝早期宫室遗址，在出土文物中发现了90粒陶丸。有考古学家认为，这是西周时代计算用的算珠，如图15-2所示。

明代的算盘与现在通行的算盘完全相同，1371年刊刻的看图识字的儿童读物《魁本对相四言杂字》中刊有十档七珠(上二下五)算盘图，这是至今发现的最早绘有算盘图的图书，图15-3所示为依照图片仿制的示意图，说明算盘在明初已是民间通用算具。

到了明代中叶，珠算已在全国普及，完成了从筹算向珠算的转变。详细说明算盘用法的现存著作有徐心鲁的《盘珠算法》、柯尚迁的《数学通轨》、朱载堉的《算学新说》和程大位的《算法统宗》，其中《算法统宗》是一部比较完备的应用算术书，流传最为广泛。

图 15-2　西周陶丸

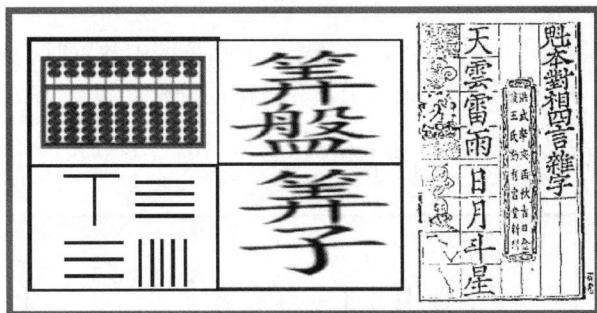

图 15-3　《魁本对相四言杂字》仿制图

明代到中国求学的日本留学生毛利重能把算盘和《算法统宗》传到日本，对日本的和算及数学教育产生了很大影响。至今日本的山田市还保存着一个与我国现代珠算形式相仿的算盘。1940 年起，日本政府统一规定在学校中使用"上一下四"的算盘，如图 15-4(b)所示。

俄式算盘，如图 15-4(c)所示，产生年代不晚于 17 世纪，其结构不同于其他算盘，无中间横梁，且档向上凸起，便于拨珠。算盘每档有 10 颗算珠，中间两颗的颜色与其他算珠不同，便于认数。每颗算珠代表一个单位，档位从下至上计数单位由小变大，每满十向上进一。拨珠靠在右框表示无数，靠在左框表示计数。

罗马算盘，如图 15-4(d)所示，制作材料多为青铜，尺寸较小，可握在一只手里，所以也称作"手算盘"，考古发掘的实物较多。算盘上面铸有纵向槽，纵向槽分两部分，槽中嵌入了可滑动的球形算珠，下方四珠，每一个珠代表一个单位数，上方一珠，代表五个单位数。有别于其他串珠算盘，罗马算盘被称作"嵌珠算盘"。

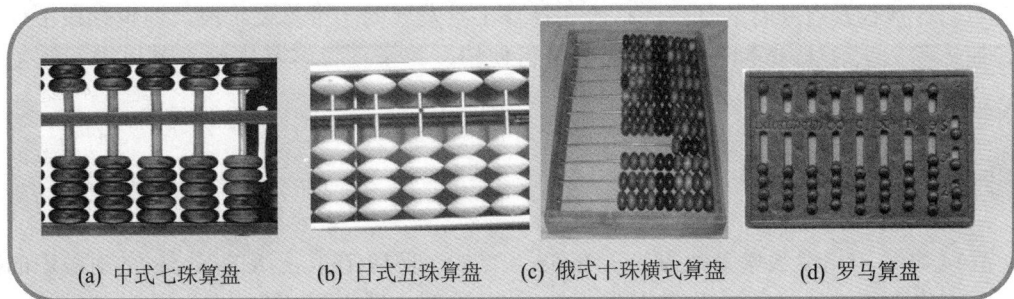

(a) 中式七珠算盘　　(b) 日式五珠算盘　　(c) 俄式十珠横式算盘　　(d) 罗马算盘

图 15-4　世界各国算盘

如今，随着对计算速度和精度的要求越来越高，计算工具也越来越广泛和先进，曾经为人类文明和数学发展做出重要贡献的珠算逐渐被计算器、电子计算机等更先进的计算工具所取代，逐渐退出了历史舞台。

三、希腊计数板

1846 年，考古学家兰加贝(Rangabe)在希腊中部一个名为萨拉米斯的岛上发现了一块大理石质地的希腊计数板(见图 15-5)，上面刻着表示数目的符号和两组长短不同的平行线，推测制作于公元前四世纪左右。由于板材保存较为完整，它是希腊早期数字记载和计算工具的代表文物。希腊计数板上共有三排数码符号。如临摹图中放置时，除了下部左端多了两个表示 5000 和 6000 的符号外，其余与上部和左侧的符号类型及个数均相同，在同一货币单位下，从右到左依次表示 $\frac{1}{48},\frac{1}{24},\frac{1}{12},\frac{1}{6}$ 以及 1，5，10，50，100，500 和 1000。

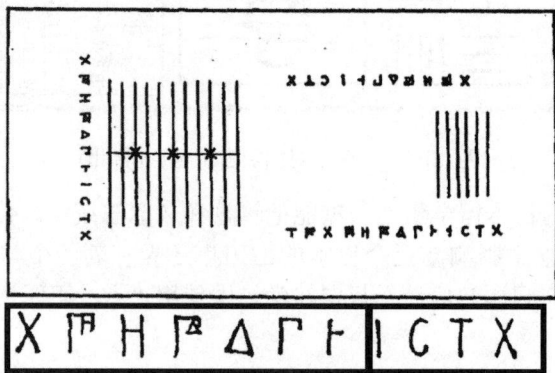

图 15-5　希腊计数板临摹图

从结构上看，可以按照现代算盘的原理推测出在计数板上进行加减乘除运算的过程，较为便捷。在商业贸易中，用它来计算钱币收支十分方便，可以直接将钱币作为算子来应用。计数板的使用不仅促进了商业贸易的发展，对数学本身的发展也起到了重要作用。希腊计数板产生的年代正是希腊数学的黄金时代，算术和几何问题都需要进行大量的计算。欧洲中世纪计数板盛行时，也正是数论、代数等学科蓬勃发展的时期，这些在不少数学史著作中都有专门论述。

希腊计数板具有独特的优点，代表了计算工具发展的一个重要阶段，但也存在不少缺点，如体积太大、太笨重，不便于随身携带使用，算子摆设容易串位，难以进行较复杂的计算等。

四、计算尺

1614 年，苏格兰数学家纳皮尔(J.Napier，1550—1617)在其出版的《奇妙的对数表的描述》一书中，阐述了他所发明的对数方法。对数发明之后不到一个世纪，这种奇妙的算法便传遍了世界，成为人们不可或缺的计算工具。对数能够将乘除运算转化为加减运算，极大地降低了运算难度，提高了计算速度。1620 年，英国数学家冈特利用对数的加减能代替乘除这一特性，尝试设计对数计算尺。冈特设计了若干把对数计算尺(见图 15-6)，上面刻着真数的对数值，以及正弦和正切的对数值等。应用刻好的尺度，就可以依据对数的加减代替乘除的性质对照尺度进行乘除计算。冈特设计的对数尺长约二英尺，是预备在演算航海问题时使用的。

图 15-6　计算尺

1630 年，德拉曼(R.Delamain)撰写了一本 30 页的《数学环》，用以说明他所发明的圆形计算尺——两个可以相对滑动且刻有对数尺度的圆环。1632 年，奥特雷德的著作《比例圆与水平仪器》正式出版，书中详细地描述了圆形计算尺。它由几个套在一起的圆环构成，可两面使用。1654 年的比萨克(R.Bissaker)和 1657 年的帕特里奇(S.Partridge)先后开始设计有固定尺身和滑尺的计算尺。此后的 200 年间，各种形态的计算尺相继被发明出来，极大地丰富了计算尺的种类。1850 年法国的曼海姆将游标安装在计算尺上，自此构成了现代计算尺的基本形式。在电子计算机出现之前的 300 多年中，计算尺是学生和工程技术人员常用的计算工具。1974 年，美国制成世界上最长的计算尺，以此表示人们不会忘记计算尺在数学史和科技史上所做出的功绩。计算尺最早于清代康熙年间传入中国，藏于皇宫之内，并未向外流传。

第二节　现代计算工具

电子计算机已成为现代人生活和工作中不可或缺的一部分，而不仅仅是一个擅长运算的数字工具。

一、机电计算机

最早的机械计算机设计者席卡德(W. Schickard，1592—1635)是蒂宾根大学的东方语、数学与天文学教授，曾与天文学家开普勒有过交往。席卡德在给开普勒的信中叙述了他发明的计算机能够进行加、减、乘、除四则计算，并绘制了示意图，建议开普勒用其进行天文计算。原物已失传，后来被复原，现陈列在开普勒的家乡魏尔镇(Weilder Stadt)的博物馆中。

第一台能做加减运算的齿轮式机械计算机是 1642 年由法国数学家、物理学家帕斯卡发明的，如图 15-7(a)所示。他为了帮助父亲减轻繁重的税收计算工作，潜心研究十年，该加法器能进行六位数的加减法运算，并于 1649 年获得了专利权。帕斯卡从 1642 年到 1652 年先后制作并改进过五十台这种加法器。目前，这种加法器还保留 10 台左右，法国巴黎工艺博物馆就陈列了几款。中国的故宫博物院也藏有好几台和帕斯卡计算机类似的机器。

莱布尼茨也敏锐地预见到了计算机的重要性，在没有见过帕斯卡机器的情况下，1671年开始着手设计、制造他所谓的"算术计算机"，即能进行加、减、乘、除运算的机器。他在1685年写了一篇文章，描述自己设计的机器，但长久未被人知晓。现在德国汉诺威的克斯特纳博物馆还保存有一台，它是近代手摇计算机的雏形。图 15-7(b)所示为一件莱布尼茨计算机的复制品。1818 年，法国人托马斯(C.Thomas)等将莱布尼茨型的计算机改造为实用的机型，并于1821年建厂投产。

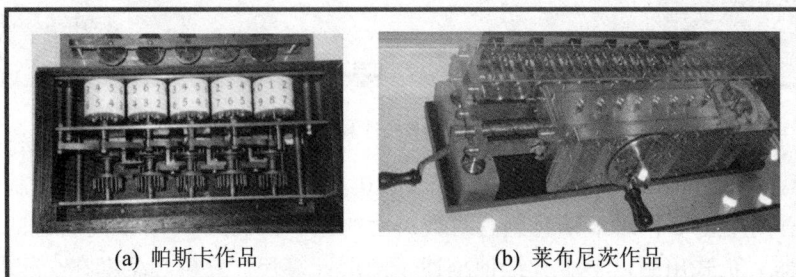

(a) 帕斯卡作品　　　　　(b) 莱布尼茨作品

图 15-7　机械计算机

1804 年，法国机械师雅各发明了可编程提花机(见图 15-8)，通过读取穿孔卡片上的编码信息来自动控制织布机的编织图案，引发了法国纺织工业革命。雅各提花机虽然不是计算工具，但它首次使用了穿孔卡片这种输入方式的设备。如果找不到输入信息和控制操作的机械方法，那么真正意义上的机械式计算工具是不可能出现的。直到 20 世纪 70 年代，穿孔卡片这种输入方式仍被普遍使用。

使普通的四则计算机增加程序控制的功能，这是向现代计算机过渡的关键一步，这一步是由英国数学家巴贝奇首先迈出的。巴贝奇在剑桥大学求学期间，正值英国工业革命兴起之时。为了

图 15-8　可编程提花机

解决航海、工业生产和科学研究中的复杂计算问题，许多数学表(如对数表、函数表)因此产生。这些数学表虽然带来了一定的便利，但由于采用人工计算，其中的错误较多。巴贝奇决心研制新的计算工具，用机器取代人工来计算这些实用价值很高的数学表。1822 年，他制成一种叫"差分机"(difference engine)的可运转的专用计算机。大约在 1834 年，又完成了他称为"分析机"(analysis engine)的新设计。这种分析机由加工部、存贮部以及专门控制运算程序的结构组成，这是世界上最早提出的通用程序控制数字计算机的设计思想。由于时代的限制，巴贝奇分析机的纯机械设计方案在技术实施上遇到了巨大的障碍，他的设计大约在 100 年之后才得以实现。

1886 年，美国统计学家霍勒里斯借鉴了雅各提花机的穿孔卡原理，用穿孔卡片存储数据(见图 15-9)，用机电技术取代纯机械装置，制造了第一台可以自动进行加、减、乘、除四则运算，累计存档，制作报表的制表机。这台制表机参与了美国 1890 年的人口普查工作，使预计 10 年的统计工作仅用 1 年 7 个月就完成了，这是人类历史上第一次利用计算机进行大规模的数据处理。他创办了制表公司，之后发展成为制造电子计算机的垄断企业。1925

年改名为国际商业机器公司(International Business Machines Corporation)，这就是赫赫有名的 IBM 公司。

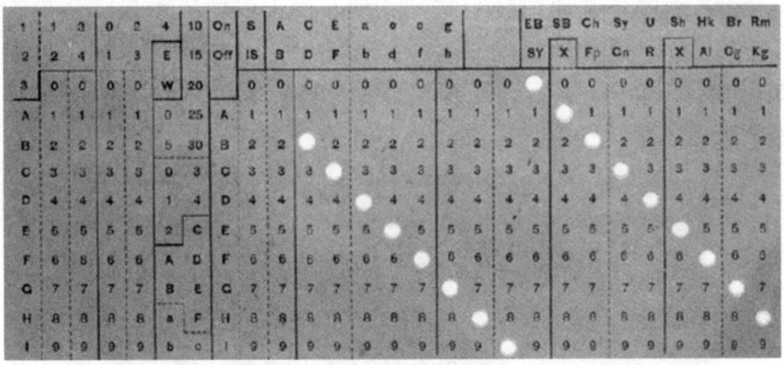

图 15-9　存储数据的打孔卡片

二、电子计算机

计算机科学的发展一直存在两条相互交错的路线，理论路线起源于图灵(Alan Mathison Turing，1912—1954)，而技术路线可以追溯到冯·诺依曼(John Von Neumann，1903—1957)，他们都是杰出的数学家。第二次世界大战是电子计算机诞生的催化剂。战争的特殊需求，如破解敌方密码、改进军事设备以及提高攻击准确性等，都需要进行大量快速准确的计算，对高精尖计算机器的需求十分迫切，军事需求成了强有力的刺激因素。电子计算机就是在硝烟弥漫的"二战"背景下研制成功的。

被誉为"计算机科学之父"和"人工智能之父"的英国数学家图灵在 1936 年设想了一种能根据输入的指令自动进行运算并给出结果的机器。严格地说，这是一个包括了输入、输出和处理数据功能的数学模型，后世称之为"图灵机"。它是计算机科学发展的理论依据之一。"二战"期间，图灵为英国军方效力，成功破译了德国密码，为盟军的军事胜利做出了实实在在的贡献。他因此在 1945 年获得了英国政府的最高奖——大英帝国荣誉勋章。而图灵设计的密码破译机其实就是现代计算机的雏形。1950 年，图灵在论文《计算机器与智能》中探讨未来的计算机是否会具有人类的智能这一问题，并预测到 2000 年，人类能够制造出具有人类智能的计算机。为检验机器是否具有智能，图灵亲自设计了采用问与答的模式进行的"图灵测试"。让密闭在小屋中的一个测试者通过控制打字机与小屋外的两个测试对象通话，其中一个测试对象是没有生命的计算机，另一个是活生生的人。小屋内的测试者不断提出各种问题，通过回答来辨别小屋外的究竟是计算机还是人。如果计算机能够非常好地模仿人回答问题，以至于测试者在充分的交流中误认为它是人而不是机器，就可以称这台计算机具有人类智能。

1946 年 2 月，冯·诺依曼参与研发的第一台现代电子计算机——电子数字积分计算机(The Electronic Numerical Integrator and Computer，ENIAC)诞生。它是第一台能够真正运转起来的电子计算机(见图 15-10)，因采用电子管使计算速度极大提升，可达每秒运算 5000 次。起初，它专门用于弹道计算，后经多次改进成为能进行各种计算的通用计算机。虽然 ENIAC 是电子计算机，但其基本结构与机电计算机并无太大差异，依然是个庞然大物，占地面积达 170 平方米，重达 30 吨，采用了 18000 只电子管，耗电 150 千瓦·时。据传，ENIAC 每次开机，整个费城西区的电灯都为之黯然失色。ENIAC 的计算速度虽然很快，但为了进行几分钟的运算，准备程序往往要花几小时，这使其由于采用电子管而获得的速度被显著抵消。主要原因在于其程序是"外插型"而非"存储型"。如果这个缺陷不能克服，那么刚刚诞生的电子计算机就有可能夭折。在这个关系到电子计算机存亡的问题上，数学家冯·诺依曼做出了关键的贡献。

图 15-10　冯·诺依曼和他的计算机

冯·诺依曼是美籍匈牙利人，1903 年 12 月 28 日出生在布达佩斯。他从小就天赋异禀、智商超群，6 岁时就能流利地说希腊语(如同说母语一样)，能心算八位数除法，8 岁便掌握微积分的原理，10 岁用几个月就读完了一部 48 卷的世界史。他不仅拥有惊人的记忆力，还具备卓越的数学才能，几乎涉猎了包括电子计算机、博弈论、代数、集合论、测度论和量子理论在内的诸多领域，成为这些领域里的一代宗师或开山鼻祖。为了解决 ENIAC 的缺陷，1945 年，冯·诺依曼将自己撰写的一份长达 101 页的存储程序通用电子计算机方案的报告公之于众。报告具体地介绍了制造电子计算机和程序设计的新思想，明确提出了今天称为"冯·诺依曼结构"的计算机体系构架：运算器、控制器、存储器、输入设备和输出设备，同时奠定了在电子计算机中采用二进制的中心设计思想。从 1951 年制造出电子计算机至今，无论计算机经历了多少次更新换代的改革浪潮，也不管是最原始还是最先进的计算机，使用的仍然是这份报告中最初设计的计算机体系结构。而在这个体系结构背后，有一个人们永远无法忘记的名字：被称为"计算机之父"的冯·诺依曼。

20 世纪初电子管的发明为电子计算机的成功问世提供了技术条件，以 ENIAC 为代表的电子计算机被称为第一代电子计算机。从此，计算机随着科技的进步不断升级换代。20 世纪中期晶体管的发明促进了计算机的发展。1956 年，体积小巧的晶体管代替体积庞大的电子管被应用在计算机中，晶体管和磁芯存储器催生了第二代计算机的产生，计算机在体积变小的同时速度变快。1958 年发明了集成电路(IC)，科学家将多个元件集成到单一的半导体芯片上。使用了集成电路的计算机是第三代计算机，其体积变得更小，速度变得更快，同时功耗却变得更低。这一时期的发展还包括使用了操作系统，使计算机在中心程序的控制协调下可以同时运行许多不同的程序。集成电路出现后，计算机发展的主要方向是扩大规模。大规模集成电路(LSI)可以在一个芯片上容纳几百个元件，超大规模集成电路(VLSI)可在芯片上容纳几十万个元件，后来的特大规模集成电路(ULSI)将数字扩充到百万级。计算机的体积和价格不断下降，而功能和可靠性却不断增强。1986 年，IBM 公司的微型计算机286 诞生，从此 PC 进入了普及年代。

我国计算机的研发起步于 20 世纪 50 年代。1958 年 6 月，我国第一台电子计算机

DJS-103 在苏联 M-3 小型计算机基础上仿制成功；1963 年，第一台晶体管计算机 441-B 由哈军工自主研发成功；70 年代引进国外集成电路计算机，开始了引进与自主研制相结合的道路。2010 年 11 月 14 日，全球超级计算机 500 强排行榜在美国公布，由中国国防科技大学研制的"天河一号"(见图 15-11)以每秒 2570 万亿次的实测运算速度成为世界上运算最快的超级计算机，远远超过位居第二的前世界第一——美国橡树岭国家实验室的"美洲虎"，后者的运算速度为每秒 1750 万亿次。这是来自欧美日之外国家的超级计算机首次登上榜首位置，"中国速度"引起国外媒体和专家的高度关注。几十年来，中国的计算机从无到有，从跟随到走在世界最前沿。在最新一期全球超级计算机 500 强榜单中，中国以拥有 226 台超级计算机继续蝉联全球拥有超级计算机数量最多的国家。

图 15-11　"天河一号"超级计算机

【教材对接】2022 年人教版《数学》四年级上册第一单元"大数的认识"中安排了一个专题"计算工具的认识"，较为系统地介绍了古今中外的计算工具(见图 15-12)。

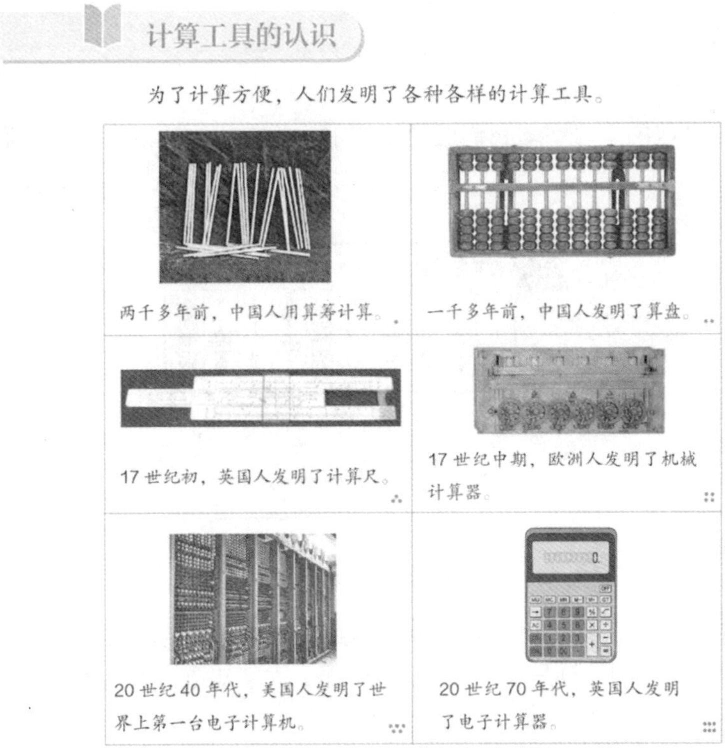

计算工具的认识

为了计算方便，人们发明了各种各样的计算工具。

两千多年前，中国人用算筹计算。

一千多年前，中国人发明了算盘。

17 世纪初，英国人发明了计算尺。

17 世纪中期，欧洲人发明了机械计算器。

20 世纪 40 年代，美国人发明了世界上第一台电子计算机。

20 世纪 70 年代，英国人发明了电子计算器。

图 15-12　小学教材中的计算工具

第三节　小学数学案例分享

不同于常规数学课中数学文化仅作为知识拓展的角色，在下面的案例里，数学文化成了绝对的主角。将算盘作为授课内容进行系统研究，这是一节颇为出色的数学文化拓展课。

课题：计算工具的认识——算盘[①]

教学内容： 2022 年人教版《数学》四年级上册第一单元"大数的认识"中的"计算工具的认识"，教材第 23～24 页。

教学目标：(1) 在现代化手段的辅助下，学生能够有条理地认识不同国家在不同时期发明的计算工具，了解计算工具发展的简要历史，能够简要阐述算盘的计算方法；(2)通过操作、观察、比较等活动，学生探究数学的欲望将得到增强，逐步养成认真思考、主动探究的良好学习习惯；(3)在自主探究、迁移学习的过程中让学生感受数学传统文化的魅力，增强民族自豪感。

教学重点： 在观察、操作、探究、交流等学习活动中感受数学传统文化，通过师生的"话说算盘"，了解算盘的发展过程，感受其曾经广泛使用和传播的辉煌历史所带来的自豪感。

教学准备： 数学课本、算盘、笔、直尺、学习单。

教学流程如下。

1. 回顾导入

同学们，在之前的学习中，我们已经了解了一些古代的计数方法，你们还记得吗？出示图 15-13。

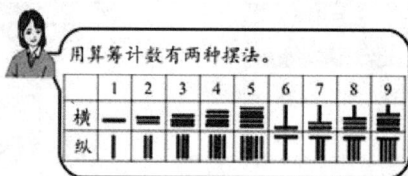

图 15-13　算筹计数

从使用小石子计算，到运用算筹计数，再到我们如今使用的数字，人类的计数经历了漫长的历史进程。古人的计算是从计数开始的，那么大家知道古人是用什么进行计算的吗？

[①] 本案例由哈尔滨市刘清姝名师工作室设计，团队成员哈尔滨市红岩小学教师杨谚艳执教。

　　摆算筹、打算盘，古人很早就开始借助工具进行计算了。今天，我们就一起来认识这些计算工具。

2. 探究交流

1) 自主探究

(1) 算筹是人类最早使用的人造计算工具。2000 多年前，中国人就用算筹来计数和计算，这种运算工具和运算方法在当时的世界上是独一无二的。在前面的学习中，我们已经初步认识了算筹，知道算筹在表示数的时候有横式和纵式两种摆法。

看图，你知道这个用算筹表示的数是多少吗？试着在学习单上写一写吧！

大家是怎么想的呢？

(2) 古人真聪明，发明了用横式、纵式相间的摆放方式来区分不同数位。

(3) 古人不仅用算筹来计数，还用它来计算。我国著名的数学家祖冲之就是用算筹算出 π 值在 3.1415926 与 3.1415927 之间，这一结果比西方早了近 1000 年。

随着社会经济的不断发展，人们也在持续改进计算工具。在 1000 年前，中国人发明了一种新的计算工具——算盘。

读一读，下面两则谜语的谜底是相同的，你能猜到吗？

一座城，四面墙，一群珠宝里面藏。如用小手拨一拨，噼里啪啦连声响。

一校分成两个院落，两个院里学生多。多的倒比少的少，少的倒比多的多。

(打一学习工具)

2) 观看交流

二年级的时候我们就已经认识了算盘，算盘是中国传统的计算工具。在生活中你在哪里见过算盘呢？

3) 动手操作

算筹用横纵相间的方式表示 125406，那么如果在算盘上表示，应该怎么拨珠呢？先想一想，在你的算盘上拨一拨，再把你的想法和同桌说一说。

让我们看一看同学们是怎么拨的吧！

4) 再次交流

生：我觉得我们要先确定数位，算盘上任何一档都能当作个位。比如这一档是个位，那么从右往左看，分别为十位、百位、千位、万位、十万位……(学生交流不同方法)

5) 方法总结

同学们，看来用算盘表示数也是有方法的，具体如下。

一定(定数位)，二看(看是上珠还是下珠)，三数(数珠子总数)，四写。

那么，请你拿出学习单，自己试着写一写吧！

请每名同学都拨一个数，再请同桌写出来或者读出来。

3. 文化拓展

1) 回顾对比

同学们，算筹和算盘都是我国古代非常重要的计算工具。尽管它们的摆弄方法不一样，但在计数的时候又有许多相同之处。刚才，我们用它们分别表示出了 125406，你发现算筹和算盘计数之间有哪些联系呢？大家可以用自己喜欢的方式比一比、找一找。

2) 观察交流

通过画图，我们发现算筹和算盘表示数的方式有很多相同的地方，可以列出一个表格来比较……(学生交流不同方法)

3) 交流质疑

通过比较我们发现，无论是算筹还是算盘，都能清楚地表示满十进一的计数过程。因为用算盘计数和计算更加简便、快捷，所以，至今仍被人们选择使用。

这是生活中常见的两种算盘，看一看你发现了什么？有什么疑问吗？

为什么我国传统算盘要设计成 7 珠的呢？

4) 小结过渡

算盘通过算珠的上下移动可以直观地呈现加减乘除的运算过程。利用算盘进行计算时，不仅要用手指不断地拨动算珠，还要用眼睛看数，同时要不停地动脑筋。这种手脑并用的计算工具，在帮助人们准确计算的同时，还能进行智力训练，深受世界各地人们的喜爱，至今在世界各地仍然得到广泛应用。在受中国文化影响比较深的日本、韩国、东南亚各国，珠算技术的传授以及普及教育一直受到重视。

5) 话说算盘

(1) 关于算盘你还知道什么？

生 1：我知道珠算口诀表顺口溜。

生 2：算盘的特点与运算的快速精准息息相关。1946 年，美国在日本举办一场计算比赛。

生 3：我通过查资料了解到，位于中国陕西省榆阳区夫子庙文化旅游街的中国算盘博物馆被确认为"收藏算盘数量最多的博物馆"。

生 4：在我国，还有一位被誉为"中国第一算盘收藏家"的陈宝定，他以八旬高龄苦学电脑，并在互联网上开办了算盘世界博物馆。

(2) 文化梳理。从古人掰手指计数开始，到算筹、算盘，再到计算器，计算工具不断推陈出新的背后，是人类的不断探索和积极创造。打开计算工具的宝库，算盘静静地悬挂在那里，低调又深沉。这一方小小的算盘，记载了历史，传承着文化。正是它的发明和广为应用，使中国古老的算学在世界数学史上绽放光彩。作为现代计算器的前身，算盘的发明，也有力地推动了社会的进步和发展。今后我们还将继续认识计算工具中的另一颗明星——计算器。

本章练习

一、填空题

1. 第一台能做(   )运算的齿轮式机械计算机是 1642 年由法国数学家帕斯卡发明的。

2. 1620 年，英国数学家(   )利用对数的加减能代替乘除这一特点，尝试设计对数计算尺。

3. 图灵机是一个包括了输入、输出和处理数据功能的(   )，是计算机科学发展的理论依据之一。

二、单选题

1. 2010 年 11 月 14 日，全球超级计算机 500 强排行榜在美国公布，由中国国防科技大学研制的"(　　)"以每秒 2570 万亿次的实测运算速度成为世界上运算最快的超级计算机。

　　A. 天河一号　　　B. 天河二号　　　C. 银河一号　　　D. 银河二号

三、多选题

1. 计算机的"冯·诺依曼结构"包括(　　)和输出设备。

　　A. 运算器　　　B. 存储器　　　C. 控制器　　　D. 输入设备

2. 我国古代数学名著《孙子算经》中编有算筹计数的方法："凡算之法，先识其位。一纵十横，百立千僵。千十相望，万百相当。"由此我们知道用算筹表示正整数时有纵、横两种摆法。纵式可以用来表示(　　)上的数字。

　　A. 个位　　　B. 十位　　　C. 百位　　　D. 千位

第十六章　哥尼斯堡七桥问题与欧拉

学习目标

➤ 能够陈述哥尼斯堡七桥问题的提出和解决过程。
➤ 能够陈述欧拉的主要数学成就。
➤ 认识一笔画的满足条件并判断图形能否一笔画成。

重点与难点

➤ 掌握一笔画的满足条件。
➤ 掌握如何判断图形能否一笔画成。

2022 年人教版《数学》六年级下册数学思考的"你知道吗？"板块中出现有关哥尼斯堡七桥问题的内容，因此，有必要多了解一些与哥尼斯堡七桥问题及欧拉有关的内容，以此激发学生的学习兴趣，丰富学生的数学思维。

第一节　哥尼斯堡七桥问题

哥尼斯堡
七桥问题.mp4

一、问题的提出

东普鲁士的哥尼斯堡(今俄罗斯的加里宁格勒)是一座美丽的城市，在这里诞生和培养过许多伟大人物。例如，著名唯心主义哲学家康德等。在哥尼斯堡的一个公园里，有七座桥将普雷格尔河中两个岛及岛与河岸连接起来，如图 16-1 所示。这一别致的桥群，吸引了众多的哥尼斯堡居民和游人来此河边散步或去岛上买东西。

图 16-1　哥尼斯堡七桥分布情况

18 世纪，有人提出："能否在一次散步中，将每座桥都走一次，而且只能走一次，最后又回到原来的出发点？"这个问题吸引了很多人去思考与实践。

对于这个貌似简单的问题，利用普通数学知识，可知每座桥均走一次，共有 7!=5040 种走法，而这么多情况，要想一一试验过，这将会是很大的工作量。是否在这 5040 种走法中存在着一条走遍七座桥而又不重复的路线呢？这便是著名的"哥尼斯堡七桥问题"。

二、问题的解决

"哥尼斯堡七桥问题"提出后，很多人对此很感兴趣，纷纷进行试验，其中包括很多数学爱好者与数学家，但在相当长的时间里，始终未能解决。"哥尼斯堡七桥问题"可以简化成图 16-2，河中有两个小岛用岛 A 和岛 D 表示，7 座桥用 a、b、c、d、e、f、g 表示。

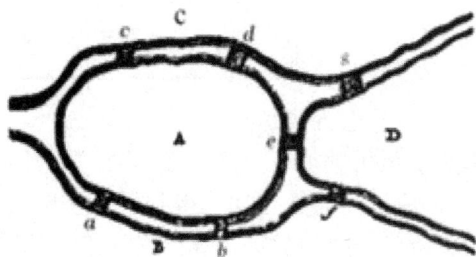

图 16-2　七桥问题简化图

1735 年，几位在当地读书的大学生写信给圣彼得堡科学院的大数学家欧拉，请他帮助当地居民解决这一问题。

一般人碰到这种问题，首先会试图找出各种可能的路线，逐一检验。而欧拉则认为，这样做一方面太烦琐，另一方面这种解法只适合这一个问题，没有普遍意义。

欧拉解决这一问题的第一步是，找出一种描述路线的简单方法。他用 A、B、C、D 分别表示被河流分割的陆地区域，由地点 A 跨越桥 a 或 b 走到地点 B 则记为 AB，如再由 B 跨越桥 f 走到地点 D 则记为 ABD。中间的字母 B 既表示第一次跨越的终点，又表示第二次跨越的起点。其余以此类推。由此他发现以下规律。

(1) 这种表示法与跨越的桥无关。例如，从 A 跨越桥 a 或桥 b 到 B，都记为 AB。

(2) 跨越 n 座桥的路线恰好用 n+1 个字母表示。

于是问题就转化为用 A、B、C、D 四个字母组成一个符合条件的 8 个字母的排列。有的区域不止一座桥相连，有的字母会重复出现，因此必须确定每个字母出现的次数。

为了找到判断某个字母出现次数的法则，欧拉取一个单独的区域 A，并设有任意多座桥 a、b、c、d……通向 A(见图 16-3)。这样散步者可以通过不同的桥多次进入或离开 A，而字母 A 出现的次数就由通过的桥数来决定。欧拉发现当桥数为奇数时，两者之间的规律如表 16-1 所示。也就是说，字母 A 出现的次数等于桥数加 1 的和再除以 2，与 A 是否为出发点无关。

当桥数是偶数时，则须考虑 A 是出发地点还是到达地点。如果 A 是出发地点，则字母 A 出现的次数是桥数的一半加 1；如果 A 是到达地点，字母 A 出现的次数则是桥数的一半。

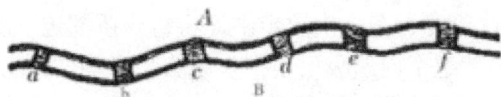

图 16-3　路线示意图

表 16-1　桥数为奇数时 A 出现的次数

桥数	A 出现的次数
1	1
3	2
5	3
...	...
2n-1	$N = \dfrac{(2n-1)+1}{2}$

每条线路都有一个出发点，其余为到达点。根据上述分析，计算线路中字母出现的次数的方法是：当桥数为奇数时，将桥数加 1 再除以 2；当桥数为偶数时，直接将桥数除以 2。当出发地点的桥数为奇数时，将这些次数相加就得到所有字母出现的总次数；当出发地点的桥数为偶数时，还要将求出的和再加 1。如果算出的结果等于桥数加 1，则所要求的散步方式可以做到；否则就不能做到。

欧拉对于哥尼斯堡七桥问题，列出了表 16-2，桥数为 7，是奇数，桥数加 1 得 8。

表 16-2　七桥问题

A	5	3
B	3	2
C	3	2
D	3	2
		9

最后一列数是每个字母在路线中出现的次数。由于它们的和不等于桥数加 1，因此所要求的散步方式不能实现。

欧拉还用这种方法讨论了一个例子，如图 16-4 所示。有两个岛被 4 条河环绕，有 15 座桥连接两岛和陆地。欧拉按以上问题列出了表 16-3，并在有偶数座桥连接的字母上打一个*号：计算出的字母数与所要求的相等，因此所要求的散步可以实现。但这只是按有偶数座桥的地区为到达地点计算的，这种散步只能从两个没有标*号的地点出发。若从任一有偶数座桥的地点出发，则字母数还需加 1，就超过了规定的字母数，因而没有满足条件的散步方法。

问题到此似乎已经完全解决，但是欧拉通过观察这张表，他发现了一个更简单的方法。

首先他注意到第二列数之和是桥数的 2 倍，原因是每座桥都被计算了两次。由此可知第二列数字之和应为偶数。这时如果每两个地点都由偶数座桥相连，那么如前所述，计算出的字母数恰好等于桥数加 1(这时出发点由偶数座桥连通)，在这种情况下，不管从哪一地点出发，所要求的散步都可实现。

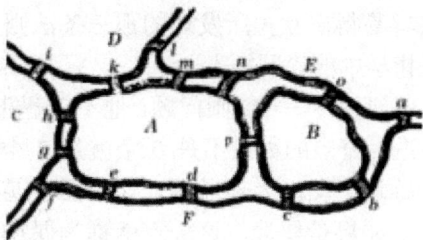

图 16-4　欧拉 15 桥问题示意图

表 16-3　欧拉 15 桥问题

A*	8	4
B*	4	2
C*	4	2
D	3	2
E	5	3
F*	6	3
		16

　　如果有的地点由奇数座桥相连，那么这样的地点一定是偶数个。如果恰有 2 个这样的地点，那么按前面的计算方法，得到的字母数恰好等于桥数加 1，所要求的散步也能够实现；如果有 4 个或更多的这样的地点，则得到的字母数将大于桥数加 1，所要求的散步不能实现。

　　总之，对于任何这类图形，确定不重复地走遍所有的桥是否可能的最简单的方法是：(1)如果有多于两个地点由奇数座桥相连，则不存在满足条件的路线；(2)如果只有两个地点由奇数座桥相连，只要从这两个地点之一出发，所要求的散步方式就可以实现，但终点只能是这两个地点中的另一个；(3)如果所有地点都由偶数座桥相连，则不论从哪一地点出发，所要求的散步都可以实现，并且可以回到起点。

　　这三条法则彻底解决了哥尼斯堡七桥问题及同类问题。

　　欧拉通过对七桥问题的研究，不仅圆满地回答了哥尼斯堡居民提出的问题，而且得到并证明了更为广泛的有关一笔画的三条结论，人们通常称之为"欧拉定理"。

　　最后指出一点，解决问题的数学模型往往不止一种。对于"七桥问题"，进一步的研究发现，以上解法中的数学模型还可以进一步简化。因为这个问题与岛和陆地的面积、桥和路的长短、方向等几何量都无关，所以可以用点来表示岛或陆地，用线来表示桥，这样就可以将图 16-2 最大限度地简化为图 16-5。其中，A 是岛屿，B、C、D 是陆地，AB、BA、AC、CA、AD、CD、BD 七条线分别代表 7 座桥。而问题也就转化成：能否从图 16-5 的 A、B、C、D 中的任意一点出发，不重复也不遗漏地一笔画完图 16-5 中的所有两点间的连线。

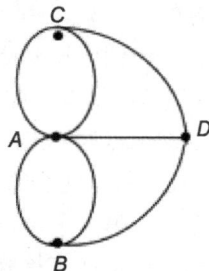

图 16-5　七桥问题转为一笔画问题

根据图中顶点的奇偶性，很容易得出欧拉所发现的那三条法则。这就是我们熟悉的"一笔画"问题，而这个图属于拓扑学中的"网络"。

欧拉把它转化成一个几何问题——一笔画问题。他不仅解决了此问题，而且给出了连通图可以一笔画完的充要条件是：奇点的数目不是 0 个就是 2 个。如果一个图形中的任意两点在图中都有路径相连，则称这个图形为连通图。连通图中连到某一点的线条数目如果是奇数，则这一点就称为奇点；如果是偶数，这一点就称为偶点。任何图要想一笔画成，要么没有奇点，若有奇点，它们只可能在起点和终点这两端。

欧拉运用图中的一笔画定理为判断准则，很快地就判断出要一次不重复地走遍哥尼斯堡的 7 座桥是不可能的。也就是说，多少年来，人们费脑费力寻找的那种不重复的路线，根本就不存在。一个曾难住了那么多人的问题，竟是这么一个出人意料的答案！

三、问题的影响

1736 年，在经过一年的研究之后，29 岁的欧拉提交了《哥尼斯堡七桥》的论文，圆满回答了这一问题，同时开创了数学的一个新分支——图论。他的巧解，为后来的数学新分支——拓扑学的建立奠定了基础。

在论文中，欧拉将七桥问题抽象出来，他用点 A、B、C、D 表示哥尼斯堡城的四个地区 A(岛区)、B(北区)、D(东区)、C(南区)；七座桥看作这四个点的连线，用 1、2、3、4、5、6、7 七个数字表示，如图 16-6 所示。这样著名的"七桥问题"便转化为是否能够用一笔

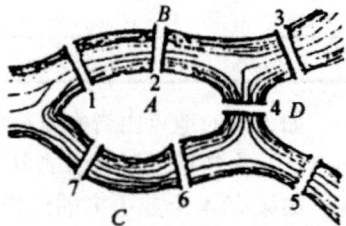

图 16-6 七桥问题抽象示意图

不重复地画出过此七点的问题了。若可以画出来，则图形中必有终点和起点，并且起点和终点应该是同一点。由对称性可知由 B 或 C 为起点得到的效果是一样的，若假设以 A 为起点和终点，则必有一离开线和对应的进入线，若我们定义进入 A 的线的条数为入度，离开 A 的线的条数为出度，与 A 有关的线的条数为 A 的度，则 A 的出度和入度是相等的，即 A 的度应该为偶数。即要使从 A 出发有解，则 A 的度数应该为偶数，而实际上 A 的度数是 5 为奇数，于是可知从 A 出发是无解的。同时若从 B 或 D 出发，由于 B、D 的度数都是 3，3 为奇数，即以之为起点也都是无解的。

"七桥问题"由上述理由可知，对于所抽象出的数学问题是无解的，即"七桥问题"也是无解的。

由此，我们可知要使一个图形可以一笔画，必须满足以下两个条件。

(1) 凡是由偶点组成的连通图，一定可以一笔画成。画时可以以一个偶点为起点，最后一定能以这个点为终点画完此图。

(2) 凡是只有两个奇点的连通图(其余都为偶点)，一定可以一笔画成。画时必须以一个奇点为起点，另一个奇点为终点。

我们可以依此来检验图形是不是可一笔画出，也可以由此来判断"七桥问题"，4 个点全是奇点，可知图不能"一笔画出"，也就是不存在不重复地通过所有七桥的路线。

欧拉所使用的方法是图论中常用的方法。欧拉的这个结论标志着图论的诞生，即研究

由线连接的点组成的网络。用现代图论的术语来说，哥尼斯堡七桥问题属于一笔画问题：如何判断这个图是不是一个能够遍历完所有的边而没有重复的图。如果存在这样的方法，该图则称为欧拉图，这时遍历的路径称作欧拉路径(一个环或者一条链)；如果路径闭合(一个圈)，则称为欧拉回路。

图论原是组合数学的一个重要课题，由于发展迅速，现已成为一个独立的数学分支，我们用点表示事物，用连接点的边表示事物间的联系，便可得到图论中的图。图论为研究任何一类离散事物的关系结构提供了一种本质的框架。他的理论已应用于经济学、心理学、社会学、遗传学、运筹学、逻辑学、语言学及计算机科学等诸多领域。由于现代科学尤其是大型计算机的迅猛发展，使图论大有用武之地，无论是数学、物理、化学、地理、生物等基础科学，还是信息、交通、经济乃至社会科学的众多问题，都可以运用图论方法予以解决。当然，图论也是计算机科学的基础学科之一。值得一提的是，欧拉对七桥问题的研究，后演变成多面体理论，得到了著名的欧拉公式 $V+F=E+2$，欧拉公式是拓扑学的第一个定理。这个定理使我们看到了几何问题的一种更具深刻内涵的性质。

【教材对接】2022 年人教版《数学》六年级下册最后一个单元"整理与复习"中"你知道吗？"板块介绍了七桥问题(见图 16-7)。

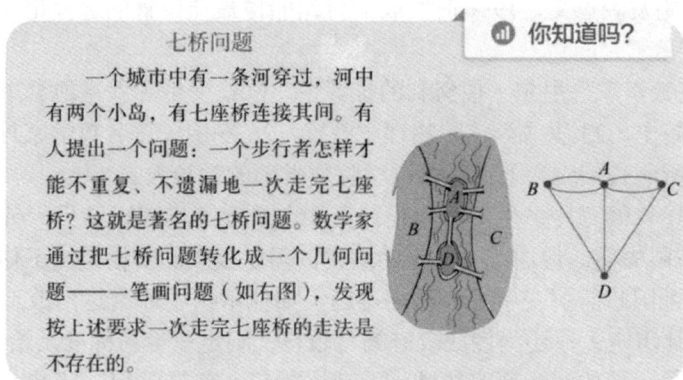

图 16-7　小学教材中的七桥问题

第二节　欧　　拉

欧拉.mp4

莱昂哈德·欧拉是数学史上最多产的一位数学家。他生前共出版了 800 多篇论文和著作，其中 58%是数学方面的，力学和天文学各占了 28%和 11%，余下的 3%还涉及航海学和建筑学等领域。不可思议的是，在他逝世后，人们又整理发现了他的 400 多篇尚未发表的论文。时至今日，其著作和信件仍未全部面世，多达 70 卷，长达几万页。欧拉涉足的研究领域十分广泛，从数论、几何、音乐理论等"纯粹"研究，到无穷级数、对数、微积分和力学，再到光学、天文学、行星运动、航海学及其他实用领域。

欧拉是保罗·欧拉(P.Euler)与玛格丽特·布鲁克(M.Brucker)夫妇的儿子，1707 年 4 月 15 日生于瑞士，是杰出的数学家和物理学家，近代数学先驱之一。父亲保罗·欧拉是一位爱好数学的牧师，曾是雅各布·伯努利(J.Bernoulli，1654—1705)的学生。7 岁时欧拉被送进神学校里学神学。他聪颖早慧，十分用功，背诵经文非常熟练，不过学了一些自然知识后，开始对上帝产生怀疑，对《圣经》心不在焉。不久学校将他这个"叛逆"学生开除，他却似乎获得了解放。

他的天赋最早表现在 12 岁时解决"巧定羊圈"问题。1719 年的一天，欧拉的父亲准备了 100 米周长的材料，想围成一个面积最大的羊圈。父亲丈量出一块 40 米长、10 米宽的土地，四角打上角桩，打算做一个长方形的羊圈。此时，欧拉通过计算，向父亲提示，应当把长和宽都定为 25 米的正方形，面积才是最大的。因为在保持周长不变的条件下，正方形的面积是 625 平方米，而长方形的面积都只有 400 平方米，父亲高兴地将欧拉抱起来，连连说：你还真聪明呢！

1720 年，年仅 13 岁的欧拉在著名数学家约翰·伯努利(J.Bernoulli，1667—1748)的保举下，破例地进入了巴塞尔大学学习，起初他学习神学，不久改学数学。在此期间约翰·伯努利热心地每周给这个年轻人单独上一次课。欧拉利用每周的课余时间预习下一课的内容，以便听老师讲课时困惑尽可能减少。很快，他的勤勉和卓越能力被丹尼尔·伯努利(D. Bernoulli，1700—1782)和尼古拉斯·伯努利(N. Bernoulli，1695—1726)注意到了，他们俩成了欧拉的亲密朋友。欧拉勤奋好学，成绩优异，15 岁大学毕业，17 岁在巴塞尔大学获得硕士学位，18 岁开始发表论文，19 岁时发表的讨论船桅最佳位置的选择论文，荣获了法兰西科学院的奖金。

1727 年，在数学家丹尼尔·伯努利的推荐下，欧拉受俄国女皇凯瑟琳一世的聘请，到彼得堡科学院任院士，23 岁成为该院物理学教授，26 岁接任著名数学家丹尼尔·伯努利的职务，成为数学所所长，成为圣彼得堡科学院数学部的领导人。

由于圣彼得堡气候寒冷，生活环境艰苦，加之研究工作夜以继日，劳累过度，当时年仅 28 岁的欧拉右眼失明。他谢绝了医生的劝说，仍以极大的热情继续工作，写出了许多杰出的论文。他为俄国政府解决了许多科学难题，如他承担了菲诺运河改造方案的设计和宫廷排水设施的设计审定。他还为俄国政府编写教材、制定度量新标准及绘制地图等。

欧拉是个天才，他的科学研究领域涉及范围极广，包括几何、代数、数论、分析、微分方程、变分法、力学、声学、光学、热学、天文学、弹道学、航海学和建筑学等。他在许多学科中是创始人，他编著的《无穷小分析引论》《微分学原理》《积分学原理》等都成为数学中的经典著作。

欧拉还对现代数学语言的发展做出了重大贡献，他给出了许多沿用至今的数学符号。例如，用 $f(x)$ 表示函数，用 e 表示自然对数的底，用 $\sin x$ 表示正弦，用 $\cos x$ 表示余弦，用 $\tan x$ 表示正切，用 Σ 表示求和，用 a、b、c 表示三角形的三条边，用 A、B、C 表示三角形的对角等。

1741 年普鲁士国王腓特烈大帝邀请欧拉加入了柏林科学院。欧拉在柏林居住了 25 年后于 1766 年返回俄国。前文提到，欧拉因过度劳累导致右眼失明，1771 年因大火他的另一只眼睛也失去了光明。双目失明的欧拉，用坚强的毅力和不屈的意志，通过口授和请助手笔录的方式继续坚持科学研究。

欧拉一生的最后几年虽然比他以往的生活更加安宁，但充满了接踵而来的不幸。1771年，欧拉的住宅被烧毁，书房化为灰烬，而他自己也差点丧命。欧拉虽然幸免于难，可他的藏书及大量的研究成果都化为灰烬。但是种种磨难并没有把欧拉搞垮。他说，"如果命运是块顽石，我就化作大锤，将它砸得粉碎"。大火以后，在资料被焚且双目失明的情况下，欧拉又与衰老和黑暗拼搏了 12 年，他通过与助手们的讨论，以及口授等方式，完成了大量科学论文和著作。1783 年 9 月 18 日，他在圣彼得斯堡去世，终年七十六岁。

欧拉直到生命的最后一刻还在孜孜不倦地工作。孔多塞侯爵的悼词将我们带回他的最后一个下午：1783 年 9 月 18 日，他在一块石板上计算出气球上升定律后(后来这一新发现在整个欧洲引起了轰动)，与莱克塞尔先生及其家人共进晚餐，谈论着赫歇尔行星(天王星)以及确定其轨道的计算。没过多久，他叫来了他的外孙，一边喝茶，一边与之玩耍，突然间，烟斗从他手中掉了下来，他停止了计算和呼吸，欧拉时代最终还是落下了帷幕。

欧拉的著述浩瀚，不仅包含科学创见，而且富有科学思想，他给后人留下了极其丰富的科学遗产和为科学献身的精神。历史学家把欧拉同阿基米德、牛顿、高斯并列称为数学史上的"四杰"。如今，在数学的许多分支中经常可以看到以他的名字命名的重要常数、公式和定理，如欧拉角(刚体运动)、欧拉常数(无穷级数)、欧拉方程(流体动力学)、欧拉公式(复合变量)、欧拉数(无穷级数)、欧拉多角曲线(微分方程)、欧拉变换(无穷级数)、伯努利—欧拉定律(弹性力学)、欧拉—傅里叶公式(三角函数)、欧拉—拉格朗日方程(变分学，力学)以及欧拉—麦克劳林公式(数字法)等。

一、欧拉线

三角形的三个不同点：重心、外心和垂心总是呈一条直线，这条直线称为"欧拉线"。

欧拉于 1765 年在他的著作《三角形的几何学》中首次提出定理：三角形的重心在欧拉线上，即三角形的重心、垂心和外心共线，而且重心到外心的距离是重心到垂心距离的一半(见图 16-8)。

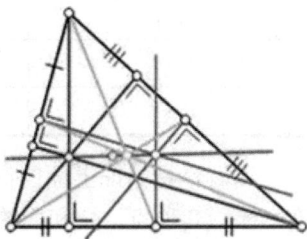

图 16-8　欧拉线

二、欧拉公式

2004 年，英国权威科学期刊《物理世界》举办了一个活动：让读者投票选出科学史上最伟大的公式。结果，具有"最美公式"美誉的欧拉公式毫无悬念地成功入选，它是伟大的数学家欧拉于 1748 年发表的一个极其重要的公式：$e^{i\theta}=\cos\theta+i\sin\theta$，这个公式非常巧妙地将三角函数与复指数函数关联了起来，(其中，e 为自然常数，i 为虚数，θ 则是以弧度为单位的参数)深刻而优美，被数学家们誉为"上帝创造的公式""宇宙第一公式"等。数学王子高斯就曾经说过一句话，"如果一个人第一次看到欧拉公式而不感受到它的魅力，那么他不可能成为数学家"。物理学家理查德·费曼称欧拉公式为："我们的珍宝"和"数学中最非凡的公式"。尤其是当参数 θ 等于 π 的时候，欧拉公式可简化为：$e^{i\pi}+1=0$。它将数学里最重要的几个数字联系到了一起：两个超越数——自然对数的底 e，圆周率 π；两个单位——虚数单位 i 和自然数的单位 1；以及数学里常见的 0。这个简洁的恒等式完美地将数学中最重要的五个基本常数 e、i、π、0、1 统一到一个公式中，仿佛一句诗，道尽了数学之美和自然之美，令人叹为观止。

三、多面欧拉定理

多面欧拉定理是指对于简单多面体，设其顶点、边和面的数量分别为 V、E 和 F，其之间的关系可表示为：$V-E+F=2$。这个公式称为多面欧拉定理，也称为(立体几何)欧拉公式。

如图 16-9 所示的(1)、(2)、(3)，分别为三棱锥、四棱柱、八面体。

三棱锥有 4 个顶点，6 条棱，4 个面，也就是 $V=4$，$E=6$，$F=4$。

四棱柱有 8 个顶点，12 条棱，6 个面，也就是 $V=8$，$E=12$，$F=6$。

八面体有 6 个顶点，12 条棱，8 个面，也就是 $V=6$，$E=12$，$F=8$。

则这三个多面体的 V、E 和 F 如表 16-4 所示。

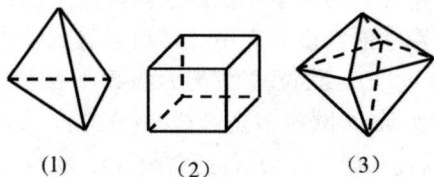

图 16-9　三棱锥、四棱柱、八面体示意图

表 16-4　三棱锥、四棱柱、八面体的特征数据

图形编号	顶点数 V	面数 F	棱数 E
(1)	4	4	6
(2)	8	6	12
(3)	6	8	12

我们容易验证上面的简单多面体都满足：$V-E+F=2$。多面欧拉定理的结论就像魔术奇迹一样，其顶点、边和面的数量，居然有着这样的恒等关系。

第三节　小学数学案例分享

小学数学
案例分享.mp4

下面以"一笔画"一节课为例，阐述在小学课堂渗透数学史的一种方式。

课题：一笔画(数学文化拓展片段)[①]

教学内容：本节课的教学内容选自陕西省杨勇名师工作室 2016 年编写的《小学数学思维训练》四年级上册第五讲《一笔画问题》，同时七年级的数学教学中也有七桥问题和一笔画的相关内容。

教学目标：(1)认识一笔画，能判断一个图形是否能一笔画出；(2)通过操作、观察、比较，进一步发展学生的空间观念。培养学生认真思考、主动探究的良好学习习惯，能运用一笔画原理分析和解决实际问题；(3)在自主探究、迁移学习的过程中渗透数学文化，初步

① 本案例由陕西省杨勇名师工作室设计，工作室成员任斌老师执教。

了解数学的发展史，以及一笔画的由来，初步建立数学建模的思想；(4)通过探究"一笔画"规律的活动，激发学生学习数学的兴趣，培养学生的创新能力和应用意识。

教学重点：在观察、探究、交流等学习活动中，渗透数学文化，发展学生的空间观念。运用"一笔画"的规律，正确快速地解决问题。

教学难点：探究"一笔画"的规律。

教学手段：数学书、彩纸若干、笔、直尺、练习本、课件、实物投影、学习单。

一笔画教学流程如表 16-1 所示。

表 16-1　"一笔画"教学流程设计

教学环节	视听呈现
导入新课	(1) 同学们谁画过一笔画？谁愿意上来给大家示范画一下？老师小时候最会画的是一笔的五角星！这个本领还是偷偷向我们老师学习的。 后来，这种快速、有趣的绘画被素描取代了，直到我偶然看到这样的作品。 课件出示作品。 你们觉得这幅画作怎么样？ 于是我又开始练习一笔画，却无论如何也达不到展示作品的水平，于是画简单的小动物。 (2) 说说看什么是一笔画？ 从图形上的某点出发，笔不离开纸，而且每条线都只画一次，不重复地画完整幅图形。 说了这么多，这节课毕竟是数学课，一笔画与我们的数学又有什么关系？想知道答案吗？还得从一个故事说起。 **【设计意图】**通过谈话调动学生利用已有的生活经验，引发学生的数学思考，让学生学会用数学的眼光看待问题，用数学的思维方式去思考问题。鼓励学生大胆阐述自己观点，努力营造一个民主、平等、和谐的课堂氛围。激发学生学习的兴趣，提高学生学习的主动性，巧妙地引入新课。
探究交流	1. 数学故事 故事发生在 18 世纪初普鲁士的哥尼斯堡，普雷格尔河流经此镇，奈发夫岛位于河中，共有 7 座桥横跨河上，把全镇连接起来。当地的市民正从事一项非常有趣的消遣活动，这项消遣活动是在星期六做一次走过所有七座桥的散步，每座桥只能经过一次而且起点与终点必须是同一地点。即当地居民热衷于一个难题：是否存在一条路线，人们可沿着这条路线不重复、不遗漏地一次走遍七座桥，即著名的哥尼斯堡七桥问题。 它一直困扰了人们很多年，直到 1836 年，大数学家欧拉用一个简单的数学知识给出了结论：不可能！同学们，你们知道欧拉是用什么知识解决了这个数学问题的吗？就是一笔画！原来他将七桥问题转化为一笔画问题后顺利找到了答案。

教学环节	视听呈现
探究交流	【设计意图】通过数学故事的形式把问题引出来，使学生体会到数学就在身边，进一步感受数学与现实生活的密切联系，能有意识地从数学的角度去思考问题。 要说清其中的道理还真不容易。我们先从简单的图形入手，来探究一笔画中的学问。 师：像长方形、正方形、三角形等都能够一笔画出。 2. 探究活动一 师：老师也为大家准备了几种图形，下面请四人小组合作，共同完成探究记录单。 （见下表） 师：很多小组都已经有答案了，谁来汇报一下你们探究的结果？ 师：是啊，像1号图这样，各个部分没有连起来，就不可能一笔画出。这说明要能够一笔画出，图的各个部分之间必须是连通的。只有连通图才有可能一笔画出。 师：那你们有没有想过，虽然2号图和3号图都能一笔画成，但是2号图可以从任意一点出发，而3号图只能从E点和F点出发，才可以一笔画出，这里面有没有什么奥秘呢？ 3. 认识奇点、偶点 1) 奇偶点的认识 奇点：从这点出发的线的数目是1、3、5、7等奇数条的点是奇点。 偶点：从这点出发的线的数目是2、4、6、8等偶数条的点是偶点。 2) 研究 师：大家回过头来观察2号、3号图形，看看各点的情况。 生：2号图形全部是偶点。 师：那3号图形呢？ 生：它有两个交点的连线条数是3，其余各交点都是偶点。 师：3号图形中只有两个奇点，其他都是偶点，欧拉发现这样的图形虽然能够一笔画出，但是……

探究记录单：

编号	图形	画一画	一笔画情况
①	（三个正方形）		能（　） 不能（　）
②	（一个长方形）		能（　） 不能（　）
③	E（带横线的长方形）F		能（　） 不能（　）

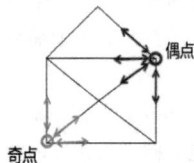

偶点

奇点

教学环节		视听呈现
探究交流		生：必须从奇点出发。 师：你和欧拉真是心有灵犀！的确必须从奇点出发。那么大家看，这个图形能不能一笔画出呢？ 课件出示图形。 生：它也可以一笔画出，但是必须从那两个奇点出发才行。 3) 总结一笔画规律 (1)所有点都连通。 (2)若都是偶点，从任意一点出发，最终再回到这个点。 (3)若有两个奇点，从一个奇点出发，另一个奇点结束。 师：欧拉 1763 年就探究得出这一结论，我们将这一定理命名为"欧拉定理"。 4. 学以致用 师：下面我们来轻松一下，玩一个游戏吧。 **【夺宝小奇兵】** 藏宝庄园里有 10 个百宝箱，每次可以打开宝箱取宝 1 个。但是不能走重复路线，否则就会触动机关取宝失败。现在关羽和张飞站在不同的起点准备出发了，你认为谁会全部取宝成功？为什么？ 5. 探究活动二 师：那么，是不是所有的连通图都能一笔画出呢？我们继续探究。 师：下面请四人小组合作，共同完成探究记录单，首先请看活动要求。

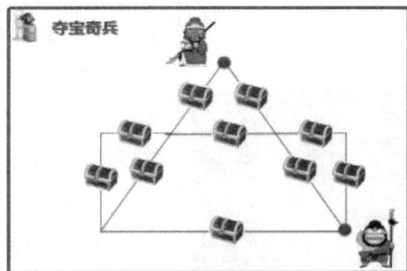

编号	图形	画一画	一笔画情况	奇点个数	偶点个数
①			能（　） 不能（　）		
②			能（　） 不能（　）		
③			能（　） 不能（　）		

教学环节	视听呈现	
探究交流		生：我试了好多次，给出的图形都不能一笔画出。 师：其他同学有没有不同的看法？ 生：我也试了很多次，不能一笔画出。我猜想可能和它的奇点多了有关系。 师：你很善于推理，欧拉花了一年多时间发现的秘密，你们居然这么快就能领悟。欧拉发现，连通图中，如果奇点超过了 2 个，它就不能一笔画出了。 我们一起来看看欧拉的发现吧(介绍欧拉定理)。 【设计意图】以"七桥问题"这一故事情境为线索，在解读欧拉定理的过程中，由易到难，从学生熟悉的图形入手，设计了两次探索活动。学生以小组为单位，动手操作，互动交流，经历探索一笔画规律的全过程。
文化拓展	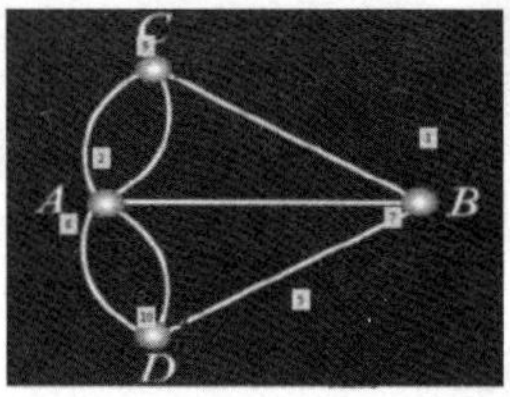	师：现在我们回到之前的"哥尼斯堡七桥问题"，它与一笔画知识有什么关系呢？让我们来了解一下。 师：欧拉认为，能否一次不重复地走过这七座桥，与桥的长短、岛的大小无关，所以岛和岸都可以看作一个点，而桥可以看作连接这些点的线。所以他将七桥问题转换成这样的一笔画图形。现在你能用今天学到的知识来解释为什么无法一次不复地走遍这七座桥吗？ 生：因为把它变成这样的图形后，这个连通图中有 4 个奇点，就不可能一笔画出了。 在七桥问题中，如果允许你再架一座桥，能否不重复地一次走遍这八座桥？这座桥应该架在哪里？请你试一试。 欧拉是怎样将这样一个生活问题，用数学的方法解决的？ 生：他将复杂的问题简单化了。 师：的确，欧拉是将这个问题转化成了一笔画问题。转化是我们学习数学的一个好方法，它可以化难为易。 【设计意图】让学生亲身经历将实际问题转换成数学模型并进行解释与应用的过程，进而使学生获得对数学理解的同时也特别关注了对学生创新意识的培养。

续表

教学环节	视听呈现	
总结延伸	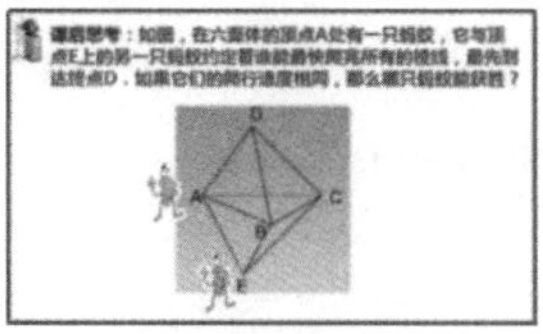	师：同学们的收获可真不少！今天我们只是初步了解了一笔画知识，以后我们升入七年级后还将继续深入学习一笔画的知识。 【设计意图】引导学生对本节课的内容进行升华、提炼，帮助学生归纳解决问题过程中的思路和方法，让学生反思自己在学习中的优点和不足，使双基进一步落实，数学思想得到提升，能感悟数学价值。 课件出示图形。 师：同学们试着用今天所学知识解决图中的问题。
板书设计		一笔画 要求：这个图形必须是连通图形(转化)。 全是偶点：从任意一点开始，回到起点。 只有2个奇点：从一个奇点开始，另一个奇点结束。

本章练习

一、填空题

1. 如果三角形的外心、重心、垂心，依次位于同一直线上，那么这条直线就叫作三角形的(　　)。

2. (　　)将哥尼斯堡七座桥问题转化为一笔画问题来考虑。

二、单选题

1. 一笔画的满足条件是(　　)。

  A. 全是偶点　　　B. 全是奇点　　　C. 只有两个偶点　D. 只有3个奇点

2. 欧拉变换公式是(　　)。

  A. $V-E+F=2$　　　B. $V+E-F=2$　　　C. $V-F-E=2$　　　D. $V+F+E=2$

三、判断题

1. 五角星能一笔画出来。　　　　　　　　　　　　　　　　　　　　　(　　)

2. 哥尼斯堡七桥问题能不重复地一次走遍。　　　　　　　　　　　　　(　　)

四、简答题

1. 下列图中哪幅图能一笔画出来？说明理由。

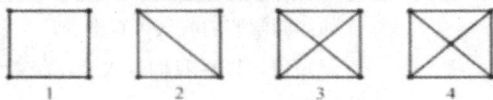

2. 试着对哥尼斯堡七桥问题的内容作简要介绍。
3. 列举数学家欧拉具有世界意义的数学成就(至少列举 3 项)。

第十七章　神奇的莫比乌斯带

学习目标

➤ 了解莫比乌斯带的产生过程。
➤ 了解莫比乌斯带的特征。
➤ 感受莫比乌斯带在生活中的应用。

重点与难点

➤ 了解莫比乌斯带的特征。
➤ 体会莫比乌斯带在生活中的应用。

　　莫比乌斯带也称为"莫比乌斯圈"，是一种拓扑图形。它是一个扭转 180°后再将两头黏接起来的纸条，打破了学生原有的对线与面的认知，从双侧曲面发展到单侧曲面，拓展了学生的空间观念，并且，它奇异的特性解决了一些在平面上无法解决的问题。

　　莫比乌斯带不同于学生在平时数学课上接触到的几何图形,它属于现代数学分支——拓扑学的研究对象。拓扑学是研究物体在扭曲变形(拉伸或压缩)下保持不变的那些性质。

　　莫比乌斯带引起了许多科学家的研究兴趣，还在数学、历史、哲学、艺术等领域产生了极为广泛的影响。许多文学家、数学家、哲学家、艺术家以及历史学家都被它吸引。在这样一个简单但是又神秘的魔圈上，他们尽情地挥洒智慧，不断地释放创造力和想象力。

第一节　莫比乌斯带的产生

莫比乌斯带的产生.mp4

　　莫比乌斯带，是由德国著名的数学家和天文学家奥古斯特·费迪南德·莫比乌斯(A.F.Möbius，1790—1868)，在 1858 年研究四色定理时偶然发现的副产品。它第一次出现在大众面前，是在巴黎举办的一次数学论文竞赛中。我们将一张纸条扭转 180°，然后将两端边缘线粘贴起来,这样就把一个二维平面中的纸变成了一个三维立体的莫比乌斯带(见图 17-1)。然而，这样的纸只有单侧的曲面。

图 17-1　莫比乌斯带

我们找一只蚂蚁，放在这个莫比乌斯带上，让它爬行。蚂蚁可以很轻松地爬遍整个曲面，而不需要翻越边缘，正如埃舍尔(M.C.Escher，1898—1972)的《红蚁》这幅画中所描绘的那样(见图17-2)。我们知道，普通纸带具有两个面(即双侧曲面)，一个正面，一个反面，两个面可以涂成不同的颜色；而按莫比乌斯的方法得到的纸带却只有一个面(单侧曲面)，即"莫比乌斯带"。现在假想一只蚂蚁开始沿着莫比乌斯带爬行，那么它能够爬遍整条带子而无须跨越带的边缘。要证实这一点，方法很简单。我们只要拿来一支笔，让笔不离纸地连续画线。那么，你会经过整条的带子，并回到原先的起点。

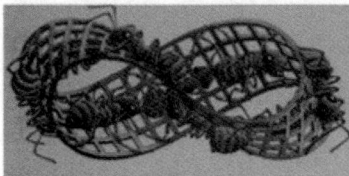

图 17-2　《红蚁》

一开始，人们并不接受这个奇怪的圈，还给它取了一些怪名(魔法圈、怪圈等)。后来，学术界开始研究莫比乌斯带之后，人们才逐渐了解它，并以发现者莫比乌斯先生的名字来命名它。

莫比乌斯带的发现源于一个古老的问题：世界上是否存在只有一个面、一条封闭曲线作为边界的纸圈呢？这个问题引起了莫比乌斯的注意，他经过长时间的研究和试验，却总是毫无结果。据说有一天，工作了一整天的莫比乌斯感到有些疲惫，便到郊外散步。他来到玉米地，看到一片片肥大的玉米叶子在微风中忽而伸直，忽而卷起。玉米叶子在他脑海里变成了一张张纸条。于是他蹲下身去，撕下一片叶子，顺着它卷起的方向把它首尾相接成一个"圆圈"，他惊叹道："这不就是我梦寐以求的那种圆圈吗！"于是，莫比乌斯忘记了劳累，兴奋地跑回办公室，裁出纸条，把纸的一端扭转 180°，再将一端的正面和另一端的背面粘在一起，做成了一个只有一个面的纸圈。纸圈做成后，莫比乌斯捉了一只小甲虫，让它在纸圈上面爬。结果，小甲虫不翻越任何边界就爬遍了纸圈的所有部分。莫比乌斯激动地说："公正的小甲虫，你无可辩驳地证明了这个纸圈只有一个面。"

一个伟大的数学发现就这样在不经意间诞生了，并且以发现者莫比乌斯的名字命名。从此以后，人们称它为"莫比乌斯带"，也有人叫它"怪圈"。

莫比乌斯带被公之于世已 150 多年了，别看莫比乌斯带其貌不扬，但它的内在世界却非常丰富。它是现存于世上唯一一个本身既可以同时涵盖多门学科，又存在许多未解之谜的科学圣物。它还被戏称为"魔带"，这更为其增添了许多神秘色彩。

【教材对接】

1. "神奇的莫比乌斯带"(见图17-3)是 2014 年北师大版小学数学六年级下册的"拓扑学"内容，是继五年级下册"有趣的折叠"之后，作为"数学好玩"内容进行编排的，这一内容的学习又为后续学习"可爱的小猫"奠定了基础。

2. 2022 年人教版《数学》教材将"神奇的莫比乌斯带"(见图17-4)作为"数字游戏"，编排在四年级上册。

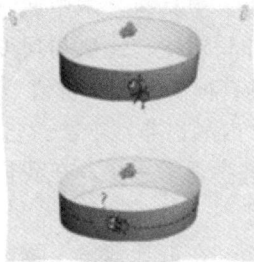
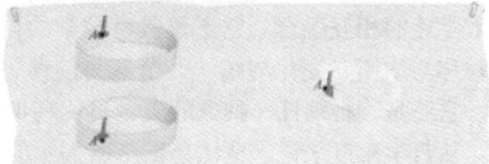

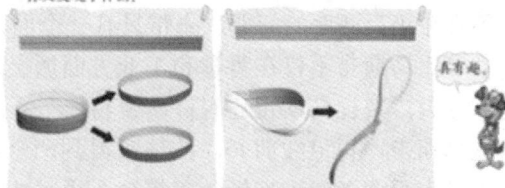

图 17-3　北师大版小学教材中的莫比乌斯带

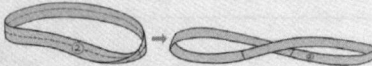

图 17-4　人教版小学教材中的莫比乌斯带

第二节　莫比乌斯带的特性

莫比乌斯带的特性.mp4

　　莫比乌斯带属于数学的一个重要分支——拓扑学的范畴，它展示了拓扑学中最有趣的单侧面问题。在拓扑学中，对于莫比乌斯带的定义是：单侧面、闭合的、翻转定向的曲面。

简单来说，莫比乌斯带是一种空间的扭曲现象。

从艺术美学角度来看，莫比乌斯带作为数学理论的一种形式，其形式美来源于天然美与数学美的相互融合。它不仅具有数学的自然美，更具有艺术中通常所说的形式美法则，如对称与均衡、变化与统一、节奏与韵律、调和与对比、比例与尺度、多样与统一等。此外，它还是一种理性、抽象的美。莫比乌斯带具有很高的美学价值。

从哲学角度来说，莫比乌斯带所揭示的哲学内涵也非常丰富。它所体现的包容、和谐、对立统一、一分为二、合二为一、互补共存等这些哲学思想，在我们解决数学、哲学等学科中存在的思想障碍时，起到了至关重要的作用。

莫比乌斯带的特性在工业上有许多重要用途，在近代数学、物理学中也占有重要的地位。例如，针式打印机的色带、传送带都采用这种形式，因为与传统的传送带相比，它在耐磨损和撕裂方面表现更佳，使用寿命更长。如果把录音机的磁带做成"莫比乌斯带"状，就不存在正反两面的问题，磁带只有一个面，能更完整、不间断地记录信息。

莫比乌斯带不仅在哲学和工业方面派上用场，甚至连艺术家、作家都用它来激发自己的想象力。莫比乌斯带还有许多奇特之处：如果在裁好的一张纸条正中间画一条线，粘成莫比乌斯带，再沿线剪开，按理应得到两个圈，但奇怪的是，剪开后却是一个大圈。如果在纸条上画两条线，把纸条三等分，再粘成莫比乌斯带，用剪刀沿画线剪开，剪刀绕两个圈竟然又回到原出发点，你会惊奇地发现，纸带不是一分为二，而是一大一小的相扣环。

莫比乌斯带虽是人为构造出来的，看上去也比较简单，但意义深刻。它不仅是科学的艺术形象，也是艺术形象的科学。

运用莫比乌斯带原理，我们可以建造立交桥和道路，避免车辆行人的拥堵，如图 17-5(a)所示；美国匹兹堡著名的肯尼森林游乐园里，就有加强版的云霄飞车，其轨道是一个莫比乌斯圈，乘客可以在轨道的两面上飞行，如图 17-5(b)所示；中国科学技术馆大厅里，有一个巨大的抽象雕塑，蓝白两色的彩灯沿着曲面不断地滚动，令人驻足观看、流连忘返，这就是参照莫比乌斯带设计的大型室内雕塑，如图 17-5(c)所示。

(a) 莫比乌斯立交桥   (b) 加强版云霄飞车   (c) 莫比乌斯雕塑

图 17-5　生活中的莫比乌斯带

莫比乌斯带具有封闭性且无穷无尽，体现了无限性；它能在二维平面虚拟出看似不可实现的三维图形，却可用三维的客观事物来实现；它模糊了本应矛盾而对立的空间界限，使内外空间之间产生微妙的关系，从而使空间无限循环。莫比乌斯带是一个同时具有自然美与抽象美的图形，它非常神秘，本身就具有美感，兼具智学性和科学性。

第三节　小学数学案例分享

小学数学案例分享.mp4

数学历史文化的融入有利于拓展学生的学习视野，激发学生的学习兴趣。教师适时引导学生了解数学史，让学生在历史的长河中看到数学的悠久历史，这有利于将数学学习纳入人类的文化范畴。在"神奇的莫比乌斯带"一课教学中，当学生创造出了"怪圈"后，教师可以介绍德国数学家莫比乌斯如何无意中发现这样的纸圈。

课题：神奇的莫比乌斯带①

教学内容： 2014 年北师大版《数学》六年级下册。

教学目标： (1)了解发现莫比乌斯带的发现过程，培养学生用数学家的眼光发现、提出、分析和解决问题的能力；(2)经历"猜想—操作—验证"的数学研究过程，学会将长方形纸条制成莫比乌斯带，探索莫比乌斯带的神奇特征，感受莫比乌斯带的神奇魅力，拓宽数学视野；(3)通过观看莫比乌斯带原理在现实中的广泛应用，体会数学的实用价值，领略数学家的贡献，激发学生学好数学和应用数学的兴趣。

教学重点： 会制作莫比乌斯带，体会莫比乌斯带的特征。

教学难点： 在"猜想—操作—验证"的过程中，探索推理出变化规律，并尝试表述和概括。

教学准备： 长方形纸条若干、剪刀、双面胶带、彩笔等。

教学过程如下。

1. 游戏导入，激发学习兴趣

师：老师给大家带来一个魔术，这个纸带能让两个回形针成为好朋友，请一个小朋友来协助一下。

演示魔术：师生合作，一人拉一边，两根回形针夹在了一起。

学生惊叹不已。

师：哇！这个普普通通的小纸带真是太神奇了！这节课我们就一起来玩这个小纸带。

【评析】教育的艺术不在于传授本领，而在于激励、唤醒和鼓舞。课程刚开始，教师表演了一个小魔术，用一个小纸带神奇地把两个回形针夹在了一起。学生兴趣盎然地观看了魔术，产生了强烈的好奇心，想去探究纸带背后的数学奥秘。这个小小的魔术，在短短的两分钟里，点燃了学生学习的激情，激发了学生学习的动力。

2. 实践探索，经历研究的过程

1) 动手制作莫比乌斯带

师：观察这张长方形的纸条，它有几条边？几个面？(板书：观察)

生：4 条边，2 个面，正面和反面。

---

① 根据张焕颖等的《游戏点燃学习激情，故事再现数学家思维——"神奇的莫比乌斯带"教学与评析》整理微调。

师：假如我的手是一把刷子，要把纸条全部涂红，我就要先涂正面，再跨越这个边缘涂反面，不能一次涂完，它就是2个面。

师：我可以变魔术，将它变成2个面、2条边，你们信吗？

大部分学生说"信"，也有个别学生说"不信"。

师：那一起来见证奇迹吧！

教师将纸条做成纸圈。

师：是不是只有2个面、2条边？现在它的面变成了曲面，里面的叫作内侧面，外面的叫作外侧面，它是一个双侧曲面。

师：作为魔术大师，难道就这点儿水准？谁给我来点儿有难度的？

生：1个面、1条边。

师：这么高的难度？那大家就把眼睛瞪大了。

教师示范：先把这张纸条做成一个普通的纸圈，然后捏住一端，将另一端翻转180°。将两端对齐用双面胶粘上。

请一名学生再次示范。

师：看明白了吗？拿出纸条，做一个这样的纸圈。

学生独立制作纸圈。

【评析】莫比乌斯带的发现是数学家灵感思维的体现。数学思维有六种主要形式：抽象思维、形象思维、逻辑思维、猜想思维、直觉思维、灵感思维。其中，灵感思维被看作是一种不可教数学思维形式。教师尊重这一教育规律，在课堂上没有引导学生去探索莫比乌斯带的制作方法，而是采取直接演示的方式来教学。学生则通过模仿学习的方式进行学习。这样的教学方式合理、高效，学生快速地做出莫比乌斯带(虽然现阶段还不知道它的名称)，为本课的主要探究活动打好了基础。

2) 初步探究莫比乌斯带的神奇之处

(1) 研究莫比乌斯带的特征。

师：这个纸圈真的只有一条边、一个面？

生：真的。

师：这么相信我？现在还只是一个猜想。(板书：猜想)接下来怎么办？

生：验证。

师：你打算怎样验证?(板书：验证)

生：用手指着面，一直走。

师：用手比画不容易留下痕迹。这样吧，我们用一支彩笔把手指运动的路线描下来。我们先验证是不是只有 1 条边。请一个同学与我合作，老师拿笔，同学拿纸圈。我们两人配合，从边上的一点出发，沿着边一直画。

师：知道怎么画了吗？自己尝试一下。同桌合作操作。

师：通过验证，你发现了什么？

生：好神奇！画着画着就回到原来的点上了，真的只有1条边。

师：真的？还有哪些同学也有这样的发现？

学生纷纷举手。

生：终点和起点重合了，真的只有1条边。

师：是不是只有一个面呢？再来验证一下，请看屏幕，从一个地方出发，笔刷不离开纸，一直涂下去。

学生动手操作。

师：画完了吗？手举高，我们欣赏一下大家的成果。发现了什么？

生1：只有一个面。

生2：跟边差不多，也回到了起点。

师：通过刚刚的操作，我们从一个地方出发，笔刷不离开纸，没有跨越边缘，居然把所有的面都涂完了，说明这是一个单侧曲面，它只有1条边、1个面。这样的纸圈有个特别的名字，叫作莫比乌斯带。(板书课题：莫比乌斯带)

(2) 介绍莫比乌斯带的发现。

师：看到这个名称，你有什么问题想问吗？

生：为什么叫莫比乌斯带？它是谁发现的？

师：我们来看一段视频。

莫比乌斯是德国著名的数学家和天文学家，是拓扑学的先驱。他最著名的成就是发现了三维欧几里得空间中一种奇特的二维单面环状结构，后人将这种结构命名为"莫比乌斯带"。

有一天，莫比乌斯无意中做了一个纸圈。这时，有一只蚂蚁爬上了纸圈。他突发奇想：如果蚂蚁能够不通过纸圈上下边缘就能进入内圈爬行，那该多好呀！他研究了数日，却没有得出结果。

一个偶然的机会，他路过一片玉米地，看见玉米叶子弯曲着耷拉下来。于是他顺手撕下一片，顺着叶子自然扭曲的方向对接成了一个圆圈。他惊喜地发现，这个"绿色的圆圈"就是他梦寐以求的那种圆圈。莫比乌斯回到办公室，裁出纸条，把纸的一端扭转180°，再将一端的正面和另一端的正面粘在一起，就做成了只有一个面的纸圈。在这个纸圈上，蚂蚁可以爬遍整个曲面而不必跨过它的边缘，从此，莫比乌斯带诞生了。

师：看完这段介绍，你有什么感觉？

生1：莫比乌斯带好神奇呀！

生2：我也要向莫比乌斯学习，多观察，多动手。

师：莫比乌斯有一个善于思考的大脑，还有一双善于发现的眼睛，更有一种孜孜不倦、反复研究的精神。一张简单的长方形纸条，被他这样一扭，居然扭出一个神奇的莫比乌斯带。(板书完善课题：神奇的莫比乌斯带)

【评析】莫比乌斯带的神奇之处，在于它与普通纸圈的区别。普通的纸圈有2条边和2个面，而莫比乌斯带只有1条边和1个面。怎样才能让学生体会和理解这种神奇的特征呢？数学的思维应如何展现，才能便于表达和交流呢？教师可运用思维可视化的理论，启发学生进行大胆想象和表达。在学生提出用手指来指的基础上，教师进一步优化方法，引导学生用彩笔描出莫比乌斯带的边，用涂色展示莫比乌斯带的面。当彩笔从起点出发，又回到了起点时，莫比乌斯带的神奇震撼了所有的学生。数学的神奇之美，穿越了100多年的时光，让今天的见证者与当初的发现者产生强烈的情感共鸣。数学家的研究精神之美，历经上百年，仍然感动着今天的学习者。这就是数学和数学家的魅力。

3) 深入研究莫比乌斯带的神奇之处

(1) 沿中线剪开。

师：这还不算什么，我们接着玩，带你们真正感受一下它神奇的地方。

师：这是一个普通的纸圈，我沿着中线剪开。猜想一下，会变成什么呢？

生：变成两个纸圈。

师：你们确定吗？实践出真知，我们来验证一下。

教师动手操作，先对着中线戳一个小孔，再沿着中线一直剪下去，变成了两个纸圈。

师：大家都猜中了，料事如神！

师：那我们来猜想一下，把莫比乌斯带沿着中线剪开，又会变成怎样呢？现在请你们跟着我闭上眼，头脑中想象一下，把莫比乌斯带沿着中线剪开，会怎样呢？

师：有想法了吗？请写在印有"猜想 1"的题单上。

统计学生的猜想，贴在黑板上。

生 1：会变成两个纸圈。

生 2：会断开。

生 3：变成一张长纸条。

师：大家刚大胆进行了猜想，接下来我们动手操作进行验证。请拿出纸条，把它做成莫比乌斯带，然后沿中线剪开。小组合作，按下面的学习要求进行学习。

学习要求：①剪一剪，一人剪，其余同学观察；②画一画，看剪开后的纸圈属于哪一类。

学生边动手，边发出感叹：哇，好神奇呀！是一个大圈。

师：刚刚一直听到大家说很神奇。想不想重温一下神奇？

请一个小组来展示。

生 1：我们组有两种猜想，一是会变成两个圈，二是会剪断。

生 2：我来剪，请大家看。剪开之后，变成了一个大圈。

生 3：开始我们以为是一个普通的圈，但是观察后发现是扭着的。

生 4：我们猜它可能也是莫比乌斯带。

师：有了猜想，快验证一下吧！看看它到底是不是莫比乌斯带。

学生马上合作，用笔验证，果然是 1 个面、1 条边。

生 1：真的是莫比乌斯带！

生 5：这个大莫比乌斯带的宽度只有原来的一半，长度是原来的两倍。

师：哪些同学猜对了？

师：哈哈，大多数同学都猜错了！玩到这里，你对莫比乌斯带有什么感受？

生：太神奇，出乎意料。

师：出人意料是吧？这就是它的神奇之处。

(2) 沿着三分线剪。

师：还想继续玩吗？刚刚是沿着中线剪的，我们还可以怎么剪？

生：沿着三分线剪。

师：就像你说的这样，沿三分线剪。剪之前，大家先猜想一下，然后动手剪一剪，验证你们的猜想。

生 1：我们的猜想有三种：一是得到两个圈，二是得到一个更大的圈，三是会断开。

生 2：我们合作做了莫比乌斯带，然后沿着三分线剪。

生 3：原来我以为是有两条三分线的，可是剪着剪着就回到了起点，原来三分线只有一条。真是太神奇了。

生 4：我们剪完之后，抖了一下，发现变成了一大、一小两个圈。

师：真神奇！其他组还有什么神奇的发现要分享吗？

生 5：我们发现大圈是外面的白色部分，小圈是里面的蓝色部分。

师：你还观察了它是怎么来的，观察得真仔细！

生 6：我们并没有剪断，小圈是怎么掉出来的呢？

师：主动质疑的态度，真了不起！

生 7：小圈是莫比乌斯带，大圈不是莫比乌斯带。

师：你是怎么知道的？

生 7：我用笔画了一下，小圈是 1 个面，大圈是 2 个面。

师：你小心求证的精神让我佩服。

…………

师：刚刚我们用不同的剪法剪开了莫比乌斯带，真是让人脑洞大开，我们见识了莫比乌斯带的不可思议。同时，同学们仔细观察、大胆猜想、小心求证的学习态度也让老师感受到你们的不可思议！

师：课堂上，我们沿中线和三分线剪，课后，我们还可以……(学生说"沿四分线剪"等)相信有这种不断探索的精神，你们一定会创造更多的神奇。

【评析】在初步认识莫比乌斯带基本特征的基础上，教师安排的两次剪切活动，进一步激活了学生的思维。第一次剪切，把莫比乌斯带沿中线剪开。教师先请学生闭上眼睛想象，猜想一下剪开的结果，然后才安排剪切活动来验证猜想是否正确。对于通过实际操作剪出的纸圈，教师也请学生先猜想一下它是否还是莫比乌斯带，再用笔画一画，验证猜想是否正确。学生亲身经历了"猜想—操作—验证"的学习过程，有疑问、有思考、有操作、有感悟，真正经历了一场"火热的思考"。第二次剪切，沿三分线剪开。学生汲取了上一次数学研究的经验，主动进行想象、猜想、思考和检验，完成了探究活动。然而，这一次他们的想象力受到了巨大的冲击，结论让他们瞠目结舌：剪开后既不是三个圈，也不是一个更大的圈，而是一大、一小两个套着的圈。虽然猜想惨遭失败，但所有学生的脸上都洋溢着欢乐。在这样的数学学习研究活动中，学生投入地思考、实践、反思，开心地面对成功与失败。这样的学习体验是宝贵的成长财富。

3. 回归生活，感受数学的魅力

师：莫比乌斯带很神奇。现实中有许多地方都运用到了莫比乌斯带原理，给生活带来了便利。

课件出示过山车。

师：你觉得这里应用莫比乌斯带原理的作用是什么？

生：刺激。

生：能让玩的时间变得更久。

课件出示传送带。

生：会让传送带寿命更长。

播放微视频，介绍莫比乌斯带的应用。

镜头一：娱乐射击，惊险刺激。有些过山车的轨道是根据莫比乌斯原理设计的。

镜头二：延长寿命，节省开支。有些机器上的传动带是根据莫比乌斯带原理制作的。例如，常见的传输带、办公室里的打印机色带等制成莫比乌斯圈，两个面交替使用，从而延长使用寿命。

镜头三：象征永恒，寄托愿望。莫比乌斯圈蕴含着永恒、无限的意义。例如，可回收标志设计灵感来源于此；中国科技馆的三叶扭结不仅给我们带来美的享受，还象征着科学没有界限。再如，2007 年世界特殊奥林匹克运动会的主火炬，它告诉我们，转换一种生命方式，您将获得无限发展。

镜头四：深化发展，形成拓扑。莫比乌斯圈美中不足的是有一个明显的边界。后来，德国数学家克莱因发现了一种自然封闭且没有明显边界的结构，即把两条莫比乌斯带沿着它们唯一的边黏合起来，人们就用他的名字将其命名为"克莱因瓶"。数学家们不断研究，逐渐形成了一种新的学科——拓扑几何学。有兴趣的同学课后可以了解一下。

【评析】莫比乌斯带的发现，给数学领域带来了惊喜，莫比乌斯变换、莫比乌斯函数、莫比乌斯反演公式等也随之产生。然而，这些数学概念对于小学生来说可能过于抽象，他们目前难以理解与感受。对小学生而言，可以理解与感受的是莫比乌斯带在现实中的神奇应用。教师通过微视频向学生介绍了莫比乌斯带在生活、科学等方面的应用，让学生进一步感受到单侧曲面的价值。莫比乌斯带首尾相接、无始无终的特性激发了人们无限的遐想，也赋予了它丰富的人文和哲学意义。在这里，数学不再仅仅是工具，更是点亮科学、艺术、哲学的启明星。

4. 总结反思，畅谈学习收获

师：学习了这节课，你有什么收获?

生 1：我认识了神奇的莫比乌斯带，它只有 1 个面、1 条边，与普通的纸圈完全不同。

生 2：我知道可以用观察、猜想、验证的方法学习。

生 3：我也要像莫比乌斯一样做一个爱观察、爱思考的人。

生 4：剪莫比乌斯带的游戏很刺激，像在探险。

师：我们要感谢莫比乌斯，他启发我们要做一个学会观察、学会思考的人。要感谢莫比乌斯带，这种只有 1 条边、1 个面的曲面，让我们享受了观察、猜想、操作、验证的学习乐趣。希望同学们课后进一步了解相关的资料，与伙伴和家人一起玩一下莫比乌斯带的游戏，分享数学的神奇与乐趣。

【评析】在经历了"火热的思考"过程之后，教师要引导学生静下心来回头看，即对学习内容进行反思与回顾。通常可以从知识与技能、过程与方法、情感态度与价值观三个维度进行梳理。本课的最后一个环节，教师引导学生总结了数学知识(莫比乌斯带是一个单侧曲面)、学习的方法(观察、猜想、操作、验证)、情感的体验(数学好玩、数学神奇、要向数学家学习)。通过全课的总结反思，达到了两个目的：一是沉淀，帮助学生积累数学研究的经验，品味科学探索的乐趣，获得积极向上的数学情感；二是激励，让学生的学习、探索热情继续燃烧，激励学生去了解更多的数学家，去探究更多的数学奥秘。

本章练习

1. 把一个莫比乌斯带沿三等分线剪开，能够得到什么？

2. 把纸带扭转一圈半，再两端粘连，沿中线剪开，能够得到什么？扭转更多圈后再剪开呢？

3. 查找莫比乌斯带在生活中的应用举例，感受莫比乌斯带的美。

第十八章　度量衡的演变

学习目标

➢ 了解我国度量衡的起源与发展。
➢ 知道度量衡的含义。
➢ 理解"黄钟累黍"理论。
➢ 知道 12 时制与 24 时制的对应关系。
➢ 了解早期计时工具的原理。
➢ 树立规则意识。

重点与难点

➢ 了解度量衡的发展。
➢ 知道时间计量单位的形成与演进。

度量是数学的本质，是人类创造出来的数学语言，是人类认识、理解和表达现实世界的工具。正如庞加莱所说，如果没有测量空间的工具，我们便不能构造空间。度量的产生是从我们身边的事物开始的。中国古代计量以度量衡和计时为主，经历了漫长的时间，承载了由多元到统一、由粗略到精细的发展历程。

第一节　我国度量衡制度的演变

我国度量衡
制度的演变.mp4

度量衡是对表示物理量的单位的统称。度是长度，用于量长短；量是容量，用于量容积、体积；衡是权衡，用于称重量。权是秤砣，衡是秤杆。度量衡的诞生和使用，使人类逐渐掌握了自然界中本质与现象的联系，逐渐认识了社会生产、生活中应遵循的规律，逐渐提高了商业活动中文明诚信的标准。中国的计量活动深深浸润了儒家礼乐文明的痕迹，与国家治理紧密联系在一起，具有鲜明的民族特色。

中国的计量活动从人类文明的初始阶段便已开始。度量衡的发展大约始于父系氏族社会末期，传说黄帝"设五量"，少昊"同度量，调律吕"。继尧舜之后，中华先圣禹为了治理水患，创造了最早的测量工具——规、矩和准绳，分别用来测圆、测方和测长，并以自己的身长和体重作为长度和重量的标准，中国古籍中也有"布手知尺，布指知寸""一手之盛谓之掬，两手谓之溢"的记载。

殷商时期，我国的度量衡已从萌芽阶段进步到初步建立相关制度的阶段。目前所见最早的尺，有传世的商骨尺和商牙尺(见图 18-1)，尺上的分寸刻画采用十进制，长度约为 16 厘米，与中等身材的人大拇指和食指伸开后的指端距离相当。相传它们均出土自河南安阳殷墟，和青铜器一样，反映了当时的生产和技术水平。

图 18-1　商代牙尺

春秋战国时期，群雄并立，各国度量衡不统一。秦始皇统一全国后，推行"一法度衡石丈尺。车同轨。书同文字"。颁布统一度量衡诏书，制定了一套严格的管理制度，为中国 2000 多年封建社会的度量衡制度奠定了基础。此后，历代王朝更替后都要重新考校、制定度量衡标准，颁发标准器具。

汉代在中国度量衡史上起着承上启下的作用。汉承秦制并不断发展，无论是在标准的建立、单位制的制定，还是在器具的制造等方面都取得了很高的成就。

西汉末年编撰的《汉书·律历志》首次明确规定度量衡以黄钟为标准：度量衡出于黄钟之律也。度者，本起于黄钟之管；量者，本起于黄钟之龠(音：yuè)；权(即衡)者，本起于黄钟之重。也就是说，黄钟律管作为长度标准，即为 1 尺；又以黄钟律管的容量作为量度的标准，即为 1 合(音：gě，1 合=2 龠)；"权"即衡器，黄钟之重，就是指确定了"量"之后，"衡"也就随之确定。黄钟律管可容黍 1200 粒左右，这一重量作为衡器的标准，即相当于半两(1200 粒黍重 12 铢，重量是 12 铢，24 铢=1 两，16 两=1 斤，1 钧=30 斤，1 石=4 钧=120 斤)。

"黄钟累黍"理论摒弃了以人体或某一特定人造物为基准的传统，第一次将音律作为测量基准，其基本原理与 20 世纪采用光波波长确定"米"的基准有惊人的相似之处。这一理论深刻影响了中国历代度量衡制度，一直持续到现代"米制"传入。

马王堆汉墓出土的汉代十二律管(见图 18-2)，现藏于湖南省博物馆，右侧最长的为"黄钟"，长度为九寸。

汉代以后，中国社会经历了 2000 多年的朝代更迭，战争频繁，社会动荡，但度量衡制度基本保持稳定。自秦至明代，民间通行的度量衡制度不断完善，其体系如下。

度制：共五度，引、丈、尺、寸、分，均为十进制。

图 18-2　汉代十二律管

量制：共五量，斛、斗、升、合、龠，前四量为十进制，一龠为半合。

衡制：共五衡，石、钧、斤、两、铢(音：zhū)，一石为 4 钧，一钧为 30 斤，一斤为 16 两，一两为 24 铢。

明末以来，欧洲的科学技术，包括计量制度和仪器，开始进入中国，传统的度量衡逐渐向近代科学计量转变。

1704 年，清朝开始实行以"百颗黍子纵向排列的长度为一营造尺，方升三十一寸六百分"和"赤金每立方寸重十六两八钱"的度量衡标准，简称"营造尺库平制"。乾隆皇帝钦定的《数理精蕴》一书中对度量衡进行过了详细考订，并用万国权度原器与营造尺、库平两进行校验。营造尺相当于 32 厘米，库平两约合 37.3 克。

1908 年，清政府改行"以国际权度局米原器的 32 厘米为一营造尺"，"以一立方寸纯水在 4 ℃时的重量为一库平两"的营造尺库平制，并规定"尺、升、两"为主单位，以 1800 营造尺为一里、6000 平方尺为一亩。

1928 年，《中华民国权度标准方案》颁发，正式确定以"万国公制"为标准制，同时设立"市用制"作为过渡。该方案既采用了国际标准，又兼顾民间习惯，在公制与市制之间确立了"三一二"的简单换算比例，即

度：1 公尺(米)=3 市尺；量：1 公升=1 市升；衡：1 公斤=2 市斤

由于战争和社会动荡，民国时期的度量衡统一目标未能完全实现，国际公制单位未全面推广，但市制单位在民间得到广泛应用。

中华人民共和国成立后，国家对度量衡统一工作未高度重视。1950 年，政务院颁布《度量衡暂行条例》。1953 年，"度量衡"称"计量"。1959 年，国务院发布《关于统一我国计量制度的命令》，推行米制，改革市制(16 两为 10 两)，限制英制，废除旧杂制。1984 年，国务院发布命令，采用以国际单位制为基础，同时选用部分非国际单位制单位的中华人民共和国法定计量单位(简称法定单位)。自 1991 年 1 月 1 日起，法定单位成为中国唯一合法的计量单位。

【教材对接】2022 年人教版《数学》四年级上册第 35 页"你知道吗？"板块介绍了我国市制土地面积单位"亩"的相关知识(见图 18-3)。

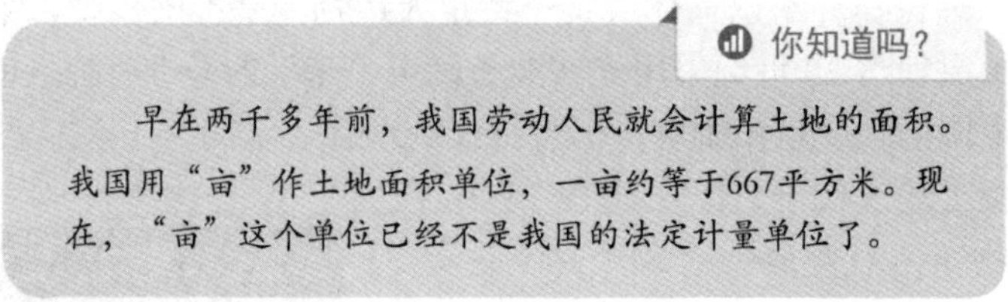

📶 你知道吗？

早在两千多年前，我国劳动人民就会计算土地的面积。我国用"亩"作土地面积单位，一亩约等于667平方米。现在，"亩"这个单位已经不是我国的法定计量单位了。

图 18-3　小学教材中的市制土地面积单位"亩"

第二节　时间计量单位的确立

时间计量
单位的确立.mp4

传统计量不仅包含古代度量衡，对时空进行计量也是其重要内容之一。

时间计量具有特殊性。在常规计量中，单位多为人定标准，而时间计量却存在自然单位体系，即年、月、日。

地球绕着太阳公转，形成了春、夏、秋、冬的季节变化，寒暑交替，周而复始，逐渐使人们产生了"年"的概念。这里所说的年，是指回归年，古人又称其为"岁"。《后汉书·律历志》载："日周于天，一寒一暑，四时备成……谓之岁。"其中"四时"即指四季。

月亮的圆缺变化，也是一个显著的周期现象。古人据此形成"月"的概念。《梦溪笔

谈·补笔谈》中有“月一盈亏谓之一月”。通过月亮的盈亏来确定时间长度，称为朔望月。由于月亮绕地球公转，而地球又绕日公转形成的。并且月亮和地球的运动速度都有周期性的变化，朔望月长度并不固定“有时长达 29 天 19 小时多，有时则仅有 29 天 6 小时多”。通常所说的朔望月长度均指平均值。

除年、月外，日是人们接触最多的自然时间单位。中国古代将一日划分为 12 时辰，形成独特的计时体系。

12 时辰制，又叫 12 辰制。这种时制的产生与古人对太阳运动的认识有关。先秦时期，人们用太阳在空中的方位标志时间的早晚，把太阳在空中的运行轨道均匀分为 12 份，每 1 份对应 1 个方位，分别用子、丑、寅、卯、辰、巳、午、未、申、酉、戌、亥表示不同时段。自唐代起，每个时辰又细分为时初、时正两部分，这与现代 24 小时制已基本对应。至今，我们仍沿袭这一传统，称一昼夜为 24 小时。

12 时辰制与现代 24 小时制对应关系，这种对应关系如表 18-1 所示。

表 18-1　12 时辰制与 24 小时制对应关系

12 时辰制	子	丑	寅	卯	辰	巳	午	未	申	酉	戌	亥
24 小时制	23~1	1~3	3~5	5~7	7~9	9~11	11~13	13~15	15~17	17~19	19~21	21~23

12 时辰制作为时间计量单位，在需要精确计量的场合，仍显粗略。为解决这一问题，中国古代还发展出另一种计时制度——百刻制。百刻制是与 12 时辰制相并行的计时体系，它把昼夜分成均衡的 100 刻，每刻相当于现代的 14.4 分钟。百刻制完全不考虑太阳的运动，是纯粹的人为时间划分，其精细程度体现了中国古代计时技术向精密化方向的发展。

明朝末年，欧洲天文学知识传入中国，一百刻制改良为 96 刻制，这样，一个时辰是 2 时，把 120 分钟划分成 8 刻，一刻是 15 分钟，这就是现代“刻”这一时间单位的由来。

在传统计时中，夜间时段被划分为五更：戌时(19～21 时)作为一更，亥时(21～23 时)作为二更，子时(23～1 时)作为三更，丑时(1～3 时)作为四更，寅时(3～5 时)作为五更。

明万历年间，西方机械钟表传入中国后，与传统计时方式融合，把一个时辰叫作大时，钟面上的一个钟点叫“小时”，慢慢地有了“大时”与“小时”的区别。后来随着钟表的普及，“大时”一词逐渐消失，而“小时”却沿用至今。

【教材对接】2022 年人教版《数学》三年级下册第 80 页“你知道吗？”板块介绍了《二十四节气歌》的一部分，让学生了解与二十四节气相关的农事活动(见图 18-4)。

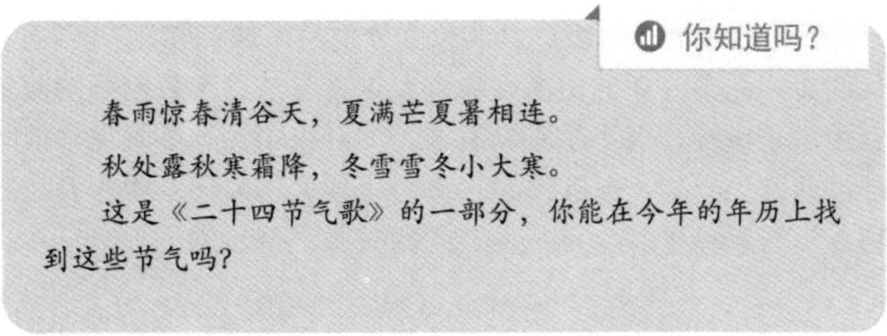
你知道吗？

春雨惊春清谷天，夏满芒夏暑相连。

秋处露秋寒霜降，冬雪雪冬小大寒。

这是《二十四节气歌》的一部分，你能在今年的年历上找到这些节气吗？

图 18-4　小学教材中的“二十四节气”

第三节　计量器具的演变

计量器具的演变.mp4

度量衡的发展，使度量单位逐渐稳定，出现了各种专用的器具，进一步保证了测量的准确性。

一、道路的计程器

在各种计量活动中，长度计量是最基本的。就"度(长度)"而论，最早的尺多用木、骨或象牙制成，因木、骨易腐朽，保存到后世的很少。

此外，古人还用记里鼓车(又称记里车、大章车)实现对道路的计量。据《古今注》记载，记里车，车为二层，皆有木人，行一里，下层击鼓；行十里，上层击镯。

古人分程计里的最早工具是"堠"。堠，是古代标记里程的土堆或土墩，引申为路程。《正字通》中记载："禹治水所穿凿处，皆青泥封记，使玄龟印其上。今人聚土为界，乃遗事也。此封堠之始也。"但黄帝巡游天下时，就已有记里之车，道路之记以里堠，这个办法从轩辕时就有了。

后来，古人认为里堠用土堆成，经过刮风下雨，常常会遭到损坏，于是就用植树来代替里堠。据《北史·韦孝宽传》记载，"先是，路侧一里置一土堠，经风颓毁，每须修之。自孝宽临州，乃勒部内，当堠处植槐树代之。既免修复，行族又得庇荫"。用种树来代替土堆，优化了环境，确实是一大进步。其实这一计程方式至今仍在使用。我们乘车行驶在高速公路上，右侧路旁有小方牌，它们有的是石头或水泥做成的，上面记载着自始发地至目的地的实际里程。

二、土地计量器具

古代测量地积，一般不用长度单位丈、尺，而有专用的单位名称：步、亩、里。

丈量土地使用的步弓，大约形成于明朝万历年间张居正对田赋制度进行改革的时候。《辞源》记载，"量地器，木制，似弓形，有柄，两足相距一步，故名"。步弓着地两尖的距离为五尺，丈量时，翻动一次又五尺，循环往复，记下所量次数，再计算总长，长乘宽计算出面积。

南阳唐王府博物馆收藏的三具步弓，其长度分别是：165厘米、165厘米、167厘米。这些长度与商代的丈、先秦时期的仞高度吻合。这种方法用于较精确的测量，而估算或不太精确的测量则用步来进行，《小尔雅》有云，"跬(kuǐ)，一举足也，倍跬谓之步。"即迈脚一次为一跬，两跬为一步，一跬约二尺半。《穀梁传》曰："古者，三百步为里……两百四十步为亩。"这解释了步、亩、里之间的关系：一步为五尺，三百步为里，二百四十平方步为亩。

【教材对接】2022年人教版《数学》二年级上册第6页"你知道吗？"板块介绍了生活中常见的测量长度的工具，丰富学生对测量工具的认识(见图18-5)。

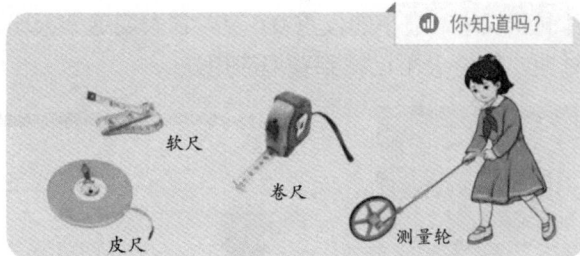

图 18-5　小学教材中的测量长度的工具

三、容量、质量计量器具

新莽嘉量(今藏于台北故宫博物院)是新朝始建国元年颁行的标准量器(见图 18-6)，由 5 个量体组成，即龠、合、升、斗、斛，故名嘉量。正中的圆柱体的上部为斛、下部为斗、左耳为升，右耳上截为合，下截为龠。器外有铭文，分别说明各部分的量值及容积计算方法。新莽嘉量制作精良，刻铭说明详细，在我国度量衡史上占有重要地位。

计量液体的器具，一般都称为"提子"，由小圆桶和上口一侧的长提杆组成(见图 18-7)，主要用来打油、打酒。按照油或酒的重量制成一斤、半斤、四两、二两、一两等各种规格的一套，2 斤或 3 斤的比较少见。用提子提满一次油或酒，就是这个提子所计量的重量，不用秤称，省时省力。

图 18-6　新莽嘉量

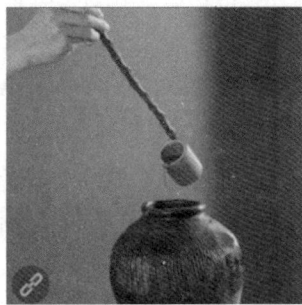

图 18-7　提子

中国古代如何测量质量呢？最早，人们只能凭借感觉确定物体的质量，如以"手捧为升"量粮食。直到春秋战国时期，仍是用升、斗、合等来测量粮食的质量，此后再逐步过渡到用石、钧、斤、两等测量。

最早使用的测量质量的仪器是天平。衡的形式包括等臂天平、不等臂天平、杆秤，与衡配套使用的叫权(见图 18-8)。对于天平来说，权是砝码；对于杆秤而言，权就是秤砣。

天平的本质是等臂杠杆，支点在中间，两端分别挂上待测物体与砝码。《汉书·律历志》记载："权者，铢、两、斤、钧、石也，所以称物平施，知轻重也。"杠杆水平静止时，物重与权重相等，从砝码质量可知物体质量。天平测量质量很准确，但要求配备成套的砝码，携带很不方便，并且量程受到限制。

迄今为止，考古发掘出土的较早且完整的权衡器是湖南长沙左家公山一座战国时代楚墓中的木衡铜环权(见图 18-9)。该木衡是等臂天平，环权制作精细，大小成套，是与天平配套使用的砝码。在这套铜环权中，最小的仅重 0.6 克，它表明这架天平已经达到了很高的精度，反映了春秋战国时期，等臂天平已得到普遍应用。

图 18-8　始皇诏八斤铜权

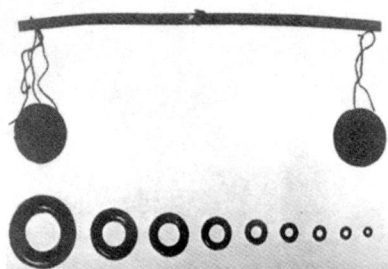

图 18-9　长沙楚墓木衡铜环权

　　西汉后，权衡器逐渐转化为不等臂的杆秤、杆砣。杆秤量程广，使用和携带都很方便，制作也简单，受到人们的欢迎，一直流传至今。杆秤分为大型、中型、小型和微型几种。大型的有 300 斤、250 斤、200 斤、150 斤、100 斤、80 斤、50 斤等多种，最小刻度为半斤，这种秤只有钩，主要用于称量不宜盛装的大件物品。称量时由两人抬起秤和重物，因此不能做得太大，超过 300 斤两人就很难抬起来。中型的有 30 斤、20 斤、15 斤、10 斤的几种。小型的有 5 斤、3 斤、2 斤等几种，最小计量单位为两。中小型秤上既有钩又有盘，既可称整件物品又可称零散物品。微型的杆秤俗称戥(děng)子(见图 18-10)，主要用来称量金银等贵重物品及药物，最大的有 16 两(一斤)、8 两(半斤)；小的为 4 两、2 两、1 两，最小刻度为厘，再小无法细分。

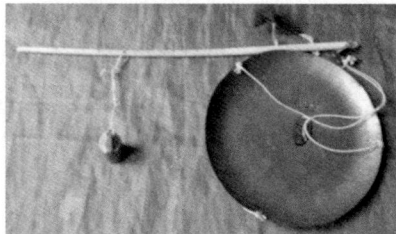

图 18-10　戥子

　　古代还有铢、锱等计量单位，24 铢为一两，6 铢为一锱。旧制一斤为 16 两，新中国成立后市制一斤为 10 两。但金、银、药物仍用一斤 16 两的旧制单位，直到 1990 年后，金、银、药物才改用克计量。

　　【教材对接】2022 年人教版《数学》二年级下册第 101 页"你知道吗？"板块介绍了生活中常用到的其他秤，以拓宽学生的视野(见图 18-11)。

图 18-11　小学教材中的不同称量工具

四、早期计时工具的自然演进

白天、黑夜的自然循环是古代人们最早建立起来的时间观念。为了更好地进行生产劳动，人们利用日影的移动、燃料的燃烧、物质的流动等原理，发明了最早的计时工具。

圭表是中国人最早创制的利用阳光下影子移动规律来测定二十四节气和回归年长度的天文仪器，我国在公元前 7 世纪就开始使用了。所谓"表"是一根直立在平地上的标杆或石柱；"圭"是一根与表垂直的正南北方向平放的尺，它们共同组成"圭表"(见图 18-12)。后来经过几次改进，为了使表影不落到圭外，人们又在圭的另一端立了一个相对短的"小表"，相当于圭的延伸，叫"立圭"。冬季时长的表影可以在立圭上反映出来。

使用圭表的缺点主要是计时精度不高，夜里和阴天就根本不能计量时间，应用的局限性较大。为了提高圭表的计时精度，人们在圭表的基础上发明了日晷(亦称"日圭"或"日规"，见图 18-13)。日晷是中国古代利用日影测时的计时器。它有一根固定的臂或针，还有一个刻有数字和分度的盘，将盘分成许多份，观察日影投在盘上的位置，就能分辨出不同的时间。日晷的计时精度能够达到刻(15 分)。

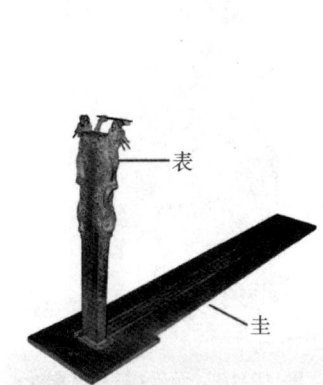 

图 18-12　圭表　　　　　　　　图 18-13　日晷

【教材对接】2022 年人教版《数学》一年级上册第七单元"认识钟表"中"你知道吗？"板块介绍了古代的计时工具，以丰富学生的知识(见图 18-14)。

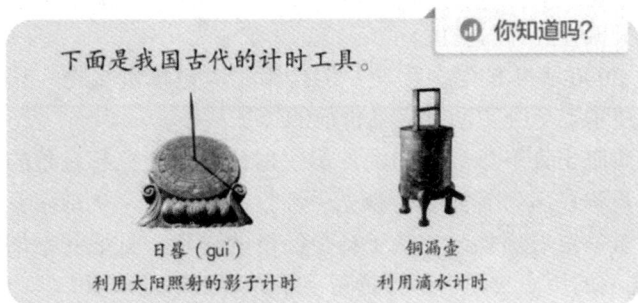

图 18-14　小学教材中的古代计时工具实例

日晷虽然在圭表的基础上计时更加准确，但日晷也是通过观察日影方位变化来推算一天的时间,因此使用时同样具有一定的局限性,在阴天或夜间就会失去效用,后来,人们根据物质的流动来计时,发明了水钟(漏刻、漏壶),利用水的流动来计时。

漏刻曾出现在古埃及、古巴比伦和中国,它也是古代的一种计时工具。漏刻由漏、刻两部分组成。漏,指漏壶,用于泄水或盛水,早期的漏刻多为泄水型。刻,指箭刻,就是标有时间刻度的标尺。使用时将其置于壶中,箭下以一支箭舟将其托起,从而浮于水面。壶中的箭能够实现上升或下沉移动,通过壶中水位的变化,由漏箭上的刻度指示时间,从而提高了计时精度。在竹木制的刻箭上,按某一昼夜在水面上浮沉的长度,分刻 100 个间距,每个间距为一刻,因此有"百刻"之称。这样就弥补了圭表和日晷只能用日影计时的不足。

漏刻的最早记载见于《周礼》。已出土的文物中最古老的漏刻是西汉遗物,共 3 件,均为泄水型。其中,1976 年内蒙古自治区伊克昭盟(现鄂尔多斯市)杭锦旗出土的青铜漏壶最为完整(见图 18-15),并刻有明确纪年。另外两个较为完整的受水型漏刻,一个藏于北京中国历史博物馆,为元延祐三年(1316)造(见图 18-16);另一个藏于故宫博物院,为清代制造。

图 18-15　青铜漏壶　　　　　　图 18-16　元延祐三年漏刻

为了提高计时精度,古人不仅在漏刻的构造上下功夫,竞相革新,还采取各种措施,努力从主客观条件上加以改进。例如,保持漏刻用水的水质、水温,精选漏壶材料等。在中国古人孜孜不倦的努力下,漏刻在古代中国得到了高度的发展。在东汉以后相当长的一段历史时期内,中国漏刻的日误差,大多都在 1 分钟之内,有些甚至只有 20 秒左右,远远领先于同时期西方机械钟的计时精度。

中华民族有着 5000 多年的悠久历史,流传下了大量珍贵文物,其中许多都与计量有关。它们记录并讲述了一个个生动且极具价值的历史故事。

如今,我国已研制出许多国际领先的计量仪器仪表,建立起完善的与国际接轨的计量体系。从"身为度,称以出"到如今的激光干涉仪、测距仪,从指南罗盘到北斗卫星导航系统,我国古代计量的发展历程,反映了社会经济的进步,见证着中华民族的复兴。在中国 5000 多年科学文明的历史长河中,计量留下了光辉灿烂的一页!

第四节　小学数学案例分享

课题："度量衡的故事"主题二[①]
——体验计量单位及其发展

教学内容： 2022版课标第二学段"综合与实践"建议的主题活动，借鉴2022版课标中例57"度量衡的故事"的说明，本案例是主题二：体验计量单位及其发展。

教学目标： (1)培养学生学会查找资料，了解计量单位的历史与发展，了解最初的度量方法借助了身体以及日常用品，感悟计量单位由多元到统一、由粗略到精细的过程，培养科学精神；(2)知道计量对于日常生活与生产实践的重要性，丰富并发展数感。

教学过程如下。

1. 以"尺"为单位，测量木条长度

生1分享：长度单位的名称产生很早，上古时期都是以人体的某个部分或某种动作为命名依据，如寸、咫、尺、丈、寻、常、仞等。

师总结：度量衡单位最初与人体、日常生活和生产实践密切相关。

然后，教师带领学生一起张开手指体会，食指和大拇指之间的长度为古代一尺的长度，最后以"尺"为单位尝试测量。

师：谁愿意像古人一样，用"尺"做单位测量这根木条的长度？

两名学生以"尺"为单位测量了木条的长度，一人说是6尺，另一人说是5尺。

师：为什么都是用"尺"做单位进行测量，得到的结果不一样呢？

生2：各人的手的长短不一样。

生3：需要所有人都是统一的、标准的"手"。

生4：这就是统一长度单位的必要性。

师：古人也遇到了这样的问题。还有同学找到了一个有关度量衡不统一的小视频，我们一起来看一下。

师生共同观看以下内容的视频。

大禹在治水患的过程中，为了较准确地测量，制定了计量标准：以大禹的身高、体重分别规定长度和质量单位。春秋时期，各诸侯国纷纷改革旧制，制定了各自独特的度量工具和度量标准。

生5：计量单位不统一很不方便。

生6：统一度量衡非常重要。

接着，师生共同观看秦始皇统一度量衡的视频资料。师生共同感受到：秦始皇统一度量衡为人们的生活带来了很大的便利，具有深远的意义和影响。

【设计意图】 设计不同学生以"尺"为单位测量木条，但结果不同的活动，鼓励学生联想到古人也会遇到相同问题，由此感受统一度量衡的必要性，以及秦始皇统一度量衡具

[①] 本案例由北京小学天宁寺分校教师郭帅设计。

有深远意义，感悟计量单位由多元到统一的过程。

2. 细化单位，再次测量木条长度

师：刚才测量木条长度时，单位不统一，现在统一测量单位，大家认为用什么做单位比较合适呢？

生 7：这个木条不够 1 米，用分米做单位。(同学们表示赞同)

教师将准备好的以分米为单位的尺子提供给学生进行测量。学生发现最后剩下的一段不到 1 分米，体会到用分米做单位还是不够准确。

生 8：剩余的一段不到 1 分米，要用更小的单位——厘米。

教师拿出准备好的以厘米为单位的尺子，学生再次测量，发现最后剩下的一小段还是不到 1 厘米。学生主动提出用自己的最小单位是毫米的尺子进行测量，这样得到的结果会更精确。学生再次测量木条的长度，得到较为准确的木条长度是 40.6 厘米。

活动之后，师生共同交流。

生 9：古人在测量长度时，一定也想测量得特别精准。

生 10：是的，他们的测量工具肯定也是不断细化的。所以有了"尺"这个长度单位，还会有"寸"这个更小的单位。

生 11：单位越小，测量的结果就会越精确。

师：(总结)确实如同学们所经历的那样，计量单位就是根据人们的需要不断细化，从而产生了新的单位。计量单位就是这样，由粗略慢慢发展到精细。现在我们用更先进的仪器测量，可以测量出更精准的长度，并应用于科技和医学领域。

【设计意图】通过选择合适的单位实际测量木条的长度，让学生感受到根据生活需要细化单位，进而产生新单位的过程。感悟计量单位是由多元到统一、由粗略到精细的过程。

本章练习

1. "度量衡"的含义是什么？
2. 解释"布手知尺，布指知寸"。
3. 查阅文献，简述"记里鼓车"的构造和作用。
4. 查阅文献，简述"米制"的起源与发展。
5. 宋代是古代更鼓制度发展和完善的重要时期。这一时期，与更鼓制度密切相关的计时工具、计时方式、谯楼等物质和技术基础都日臻成熟。查阅文献，对宋代的更鼓制度做 1000 字左右的介绍。

参 考 文 献

1. 严敦杰. 阿拉伯数码字传到中国来的历史[J]. 数学通报，1957(10)：1-4.
2. 李俨. 计算尺发展史[M]. 上海：上海科学技术出版社，1962.
3. 国家计量总局，中国历史博物馆，故宫博物院. 中国古代度量衡图集[M]. 北京：文物出版社，1984.
4. 唐汉良，舒英发. 历法漫谈[M]. 西安：陕西科学技术出版社，1984.
5. 眭秋生. 我国十进小数发展简史[J]. 南京师范大学学报(自然科学版)，1985(2)：91-95.
6. 王青建. 希腊计数板[J]. 辽宁师范大学学报(自然科学版)，1986(S1)：80-84.
7. 袁玉霞. 乘法概念的发展及其数学表达式[J]. 江西教育，1986(3)：16-17.
8. 梁宗巨. 数学家传略辞典[M]. 济南：山东教育出版社，1989.
9. 郭书春. 古代世界数学泰斗刘徽[M]. 济南：山东科学技术出版社，1992.
10. 刘云章. 数学符号学概论[M]. 合肥：安徽教育出版社，1993.
11. 李继闵. 九章算术校证[M]. 西安：陕西科学技术出版社，1993.
12. 王忠华. 计算工具发展简史[J]. 华中师范大学学报(自然科学版)，1995(2)：248-254.
13. 王秋海. 负数的使用、定义和确立[J]. 数学教师，1996(4)：48-50.
14. 孙宏安. 陈景润与哥德巴赫猜想[J]. 数学通报，1996(6)：50+1-3.
15. 平非. 自然科学五千年：数学篇[M]. 南宁：广西民族出版社，1996.
16. 张奠宙. 数学史选讲[M]. 上海：上海科学技术出版社，1997.
17. 王青建. 《古筹算考释》研究[J]. 自然科学史研究，1998(2)：113.
18. 吴文俊. 中国数学史大系(第一卷)：上古到西汉[M]. 北京：北京师范大学出版社，1998.
19. 程民德. 中国现代数学家传[M]. 南京：江苏教育出版社，1995.
20. 郭书春. 九章算术[M]. 沈阳：辽宁教育出版社，1998.
21. 吴芯雯. 离哥德巴赫猜想最近的人[M]. 沈阳：辽宁教育出版社，1999.
22. 常庚哲，齐东旭，等. 中学数学竞赛专题辅导[M]. 长春：吉林教育出版社，1987.
23. 潘红丽. 九九歌诀的历史[J]. 珠算，2000(4)：14.
24. 郭世荣. 算法统宗导读[M]. 武汉：湖北教育出版社，2000.
25. 陈景润. 陈景润文集[M]. 南昌：江西教育出版社，1998.
26. 邹大海. 中国数学的兴起与先秦数学[M]. 石家庄：河北科学技术出版社，2001.
27. 田载今. 欧几里得《原本》的中文译本的产生[J]，数学通报，2001(1)：33-35.
28. 梁宗巨. 世界数学通史(上册)[M]. 沈阳：辽宁教育出版社，2005.
29. 彭浩. 张家山汉简《算数书》注释[M]. 北京：科学出版社，2001.
30. 罗其精. 珠算考[J]. 吉首大学学报(社会科学版)，2002(1)：105-109.
31. 顾迈南. 回忆对华罗庚和陈景润的采访[J]. 新闻爱好者，2002(6)：9-11.
32. 徐庄，傅起凤. 七巧世界[M]. 北京：大众文艺出版社，2002.
33. 骆祖英. 欧拉与哥尼斯堡七桥问题[J]. 初中生之友，2004(36)：47-48.
34. 王丽丽，李小凝. "文革"中陈景润的坎坷人生路[J]. 档案时空，2004(1)：38-40.
35. 吴鹤龄. 七巧板、九连环和华容道——中国古典智力游戏三绝[M]. 北京：科学出版社，2004.

36. [美]Victor. J. Katz. 数学史通论[M]. 2版. 李文林，邹建成，胥鸣伟，译. 北京：高等教育出版社，2004.

37. 梁建. 试论数学符号对数学发展的影响[D]. 南京：南京师范大学，2005.

38. 王焕林. 里耶秦简九九表初探[J]. 吉首大学学报(社会科学版)，2006(1)：46-51.

39. 刘旻，齐晓东. 东西方对负数认知的历史比较[J]. 西安电子科技大学学报(社会科学版)，2006(4)：153-158.

40. 徐品方，张红. 数学符号史[M]. 北京：科学出版社，2006.

41. 贺晓恒. 从分数的历史看分数的教学[J]. 湖南教育(数学教师)，2007(5)：11-12.

42. 许可. 抽屉原理在数学竞赛中的应用[J]. 四川文理学院学报，2007(S1)：98-100.

43. 谭青兰，袁箭卫. 分数与小数的发展简史[J]. 湖南教育(下旬刊)，2008(3)：42-44.

44. [美]热维尔•内兹，威廉•诺尔. 阿基米德羊皮书[M]. 曾晓彪，译. 长沙：湖南科学技术出版社，2008.

45. 房元霞. 小数的起源与发展[J]. 中学数学杂志(初中版)，2008(06)：65-66.

46. 邵艳秋. "统筹法与图论初步"的教学设计与实验研究[D]，贵阳：贵州师范大学，2008.

47. 王宪. 魔带的世界——莫比乌斯圈的秘密[M]. 长沙：湖南科学技术出版社，2009.

48. 张翠. "数与代数"部分概念和符号的历史探源[D]. 北京：首都师范大学，2009.

49. 蔡天新. 难以企及的人物：数学天空的群星闪耀[M]. 桂林：广西师范大学出版社，2009.

50. 彭爱波. 从哲学的角度论非欧几何的发现[J]. 中国科教创新导刊，2010(1)：79.

51. 蔡良娃，曾鹏. 交织与连续——莫比乌斯概念在建筑设计中的运用[J]，新建筑，2010(3)：61-65.

52. 吕雷. 哥德巴赫猜想与陈景润的科研精神[J]. 兰台世界，2010(7)：29-30.

53. 肖莹莹. "天河一号"：全球最快超级计算机中国"速度"震惊中外[J]. 中国科技产业，2010(11)：66.

54. 张小虎. 敦煌算经九九表探析[J]. 温州大学学报(自然科学版)，2011(2)：1-6.

55. 辜鸿鹄. 说说算盘的产生及其发展[J]. 文史杂志，2011(2)：44-47.

56. 朱家生. 数学史[M]. 北京：高等教育出版社，2011.

57. 胡重光. "七桥问题"及其对数学教育的启示[J]. 湖南第一师范学院学报，2011(6)：14-16+28.

58. 常庚哲. 抽屉原理[M]. 合肥：中国科学技术大学出版社，2012.

59. 关增建. 计量史话[M]. 北京：社会科学文献出版社，2012.

60. [英]Herbert Fleischner. 欧拉图与相关专题[M]. 孙志人，李皓，刘桂真，等，译. 北京：科学出版社，2012.

61. 程贞一，闻人军. 周髀算经译注[M]. 上海：上海古籍出版社，2012.

62. 李俨. 中国算学史[M]. 郑州：河南人民出版社，2016.

63. 马珂. 分数概念的认识及其教学研究[D]. 北京：首都师范大学，2014.

64. 林文力. 陈景润的故事[M]. 呼和浩特：内蒙古文化出版社，2012.

65. 施楠. 从莫比乌斯圈中的空间趣味谈图形创意[D]. 南京：南京师范大学，2015.

66. 刘博. 计算工具发展研究[D]. 大连：辽宁师范大学，2015.

67. 崔晓彬. 神奇的莫比乌斯带[J]. 初中生世界•七年级，2015(12)：75-76.

68. 黄丽君，刘赛之，李建霞，等. "鸽巢问题"教学研究报告[J]. 湖南教育(下)，2015(7)：26-31.

69. 张奠宙. 扩大文化视野，弘扬人文精神：关于小学数学教材里数学文化因素的设计[J]. 小学教学(数学版)，2015(11)：6-10.

70. 江献. 小学数学教材中的数学史——计算工具的发展[J]. 教育现代化，2016(10)：275-276+280.

71. 李学数. 数学和数学家的故事(第 6 册)[M]. 上海：上海科学技术出版社，2017.

72. 金顺利，刘宝炜. 九九歌考[J]. 沧州师范学院学报，2017(2)：14-17.

73. 恩刚. 立体单侧面曲面的图形魅力——埃舍尔作品中莫比乌斯带图形艺术表现解析[J]. 美术大观，2017(9)：52-53.

74. 汪晓勤. HPM 视角下的小学数学教学[J]. 小学数学教师，2017(Z1)：77-83+2.

75. 李约瑟. 中国科学技术史第三卷：数学、天学和地学[M]. 梅荣照，译. 北京：科学出版社，2018.

76. 张琦. 强化符号意识发展代数思维——以"字母代替数的神奇"教学为例[J]，小学数学教师，2018(5)：60-63.

77. 吴鹏. 馆藏度量衡器鉴赏[J]. 文物鉴定与鉴赏，2018(17)：20-22.

78. 大卫·韦尔斯. 游戏遇见数学——趣味与理性的微妙关系[M]. 张珍真，译. 上海：上海科技教育出版社，2019.

79. 李小凝.《哥德巴赫猜想》创作发表逸事——陈景润秘书的回忆[J]. 秘书工作，2019(1)：72-74.

80. 卢昌海. 欧几里得与《几何原本》(下篇)[J]. 科学世界，2019(3)：126-127.

81. 林革. 符号代数的创始人——韦达[J]. 中小学数学(初中版)，2019(3)：63-64.

82. 冯跃峰. 巧用抽屉原理[M]. 合肥：中国科技大学出版社，2019.

83. 蔡天新. 完美数与黄金分割比[J]. 数学进展，2019(4)：509-511.

84. 吴娱. 中国童玩之七巧图研究[D]. 南京：南京艺术学院，2019.

85. 卢昌海. 阿基米德的传说[J]. 科学世界，2019(7)：132-133.

86. [美]比尔·伯林霍夫，费尔南多·辜维亚. 这才是好读的数学史[M]. 胡坦，生云鹤，译. 北京：北京时代华文书局，2019.

87. [古希腊]欧几里得. 几何原本[M]. 张卜天，译. 南昌：江西人民出版社，2019.

88. 蒋高崎. 乘法的初步认识教学研究[M]. 南昌：江西教育出版社，2020.

89. 史宁中. 小学数学中的度量[J]. 小学教学(数学版)，2020(3)：13-15.

90. [英]马丁·坎贝尔-凯利，[美]威廉·阿斯普雷，内森·恩斯门格，等. 计算机简史[M]. 3 版. 蒋楠，译. 北京：人民邮电出版社，2020.

91. 位惠女. 数学好玩，"玩"出数学魔力——"神奇的莫比乌斯带"教学与思考[J]，小学教学(数学版)，2020(4)：42-46.

92. 张焕颖，康世刚，彭帝. 游戏点燃学习激情，故事再现数学家思维："神奇的莫比乌斯带"教学与评析[J]. 小学教学(数学版)，2020(7)：16-21.

93. 李织兰. 引领小学生品味"哥德巴赫猜想"的途径[J]. 广西教育，2020(29)：3.

94. 李勇，尹云峰. 数学家精神思想之《几何原本》赏析[J]. 中国统计，2020(8)：43-46.

95. 韩志涛. 非欧几何带给我们的启示[J]. 课程教育研究，2020(17)：229-230.

96. 肖尧. 郭守敬四丈高表测影再探究——兼论中国古代圭表测影技术的革新[J]. 中国科技史杂志，2020(4)：549-559.

97. 章勤琼，唐娟. 由亲和数谈起：整数的因数个数与因数和问题[J]. 小学教学(数学版)，2020(12)：64-66.

98. 卓小仃. HPM 视角下小学分数教学史料探微[D]. 漳州：闽南师范大学，2021.

99. 陈登连. "数"说变化抒情理动感课堂话行知——北师大版六年级数学《神奇的莫比乌斯带》一课教学实践与思考[J]. 国家通用语言文字教学与研究，2021(5)：88-90.

100. 李文林. 数学史概论[M]. 4 版. 北京：高等教育出版社，2021.

101. 张伟振. "神奇的莫比乌斯带"教学设计[J]. 新课程，2021(43)：21.

102. 姚静依，姚美芳. 丰富核心活动课　促进活动数学化——"有趣的七巧板"教学设计与说明[J]. 小学数学教育，2021(12)：68-70.

103. 何丹，刘银. 让数学文化走进课堂——以"黄金分割"的内涵与赏析课为例[J]. 读写算，2022(6)：198-200.

104. 蔡思明. 哥尼斯堡七桥问题与图论[J]. 语数外学习：数学教育，2022(8)：58-60.

105. 刘劲苓，石雪纳，裴杰. 数学文化素养话题之九：神奇的莫比乌斯带[J]. 教育视界，2022(17)：77-80.

106. 林益弘，王晓琳. 狄考文在华对阿拉伯数字的推广与影响[J]. 中国科技史杂志，2022(4)：556-564.

107. 黄苏萍，陈六一. "三角形三边的关系"教学片断与思考[J]. 小学数学教育，2023(18)：48-50.

108. 刘钢. 让算术更容易——计算工具发展小史[J]. 发明与创新(中学生)，2017(21)：11-13.